配电网线损分析

主　编	郝建成	孙　峰	孟晓芳	程绪可		
副主编	李胜辉	张楠楠	李家珏	董鹤楠	张冠锋	
参　编	金　英	郭志彤	李　平	李　健	赵清松	禹加强
	白　雪	王世成	郭尚民	戈阳阳	韩子娇	张　尧
	刘　凯	谢赐戬	张潇桐	王　超	曾　辉	付　冰
	齐　全	巩晓伟	李明珠	王志伟	孙俊杰	谢　祺
	马欣彤	李欣蔚	袁　鹏	郑志勤	周　骊	贾
	张晓珩	胡姝博	孙广宇	刘宛菘		

机械工业出版社

配电网线损分析，旨在深入分析线损的起因、性质及构成比例等因素，找出影响线损的主要因素，并有针对性地采取相应的降损措施，以较少的投入取得较大的降损效果和经济效益。本书系统地阐述了配电网线损计算、降损措施及台区线损分析方法。全书共 6 章，主要内容包括概述、电网各元件的特性和数学模型、线损理论计算、含有分布式电源配电网的线损计算、降低配电网线损的措施以及农村典型台区线损分析与计算，同时附有一些简单明了的应用例题或实例分析。

本书可供从事配电系统工程的技术人员学习参考，也可作为高等院校电气工程及其自动化、农业电气化专业的高年级本科生及研究生的专业参考书。

图书在版编目（CIP）数据

配电网线损分析/郝建成等主编 . —北京：机械工业出版社，2022.5（2023.9 重印）
ISBN 978-7-111-70415-7

Ⅰ . ①配… Ⅱ . ①郝… Ⅲ . ①配电系统-线损计算 Ⅳ . ①TM744

中国版本图书馆 CIP 数据核字（2022）第 047757 号

机械工业出版社（北京市百万庄大街 22 号 邮政编码 100037）
策划编辑：汤 枫 责任编辑：汤 枫 尚 晨
责任校对：张艳霞 责任印制：邓 博

北京盛通商印快线网络科技有限公司印刷

2023 年 9 月第 1 版·第 2 次印刷
184mm×260mm·13.5 印张·332 千字
标准书号：ISBN 978-7-111-70415-7
定价：99.00 元

电话服务 网络服务
客服电话：010-88361066 机 工 官 网：www.cmpbook.com
　　　　　010-88379833 机 工 官 博：weibo.com/cmp1952
　　　　　010-68326294 金 书 网：www.golden-book.com
封底无防伪标均为盗版 机工教育服务网：www.cmpedu.com

前　言

电能在输送和分配过程中要产生电能损耗（线损），线损是电力企业运营中一项重要的综合性技术经济指标。降低电网线损能够有效节约电能，对于减少能源消耗和缓解环境问题意义重大。在实际运行中，配电网线损占整个电网损耗很大一部分，降低配电网的线损率是提高电能传输效率的关键因素，也是电力企业一项长期的战略目标。采取有效措施降低线损，是各级供电部门的首要任务。当前，我国电网正处在新设备、新技术、新工艺、新线材等重大的技术改革时期，在这种技术急剧变革的背景下，有效解决配电网中的线损分析、计算以及降损问题，将具有十分重要的意义。

本书在大量借鉴有关资料的基础上，吸纳了编者近几年来在降损节能方面撰写的著作及论文的部分内容，同时归纳了编者近几年来项目研究和实施中的一些经验。在内容上，从线损的基本概念、电网各元件的特性分析入手，系统地阐述了高压、中压及低压配电网的线损理论计算方法，介绍了多电源供电配电网线损理论计算的方法，整理了含有分布式电源配电网的线损计算方法；并且系统地阐述了降低配电网线损的措施，以及农村典型台区线损的分析与计算。

在本书的编写过程中参考和引用了许多专家学者的著作，在此表示衷心的感谢。由于编者的水平所限，不妥之处在所难免，恳请读者批评指正。

编　者

目　录

第1章 概　　述

发电厂生产的电能，在通过电网输送到用户的过程中会产生电能损耗（即线损），主要表现在电网元件如导线、变压器、开关设备、用电设备的发热，即电能变成热能散发在周围空气中。另外，还有管理方面的因素造成的电能损耗等。线损是电能在电网传输、分配过程中客观存在的物理现象。线损是供电企业的一项综合性的经济指标，其大小取决于电网结构、技术状况、运行方式和潮流分布、电压水平，以及功率因数等多种因素。

1.1　与线损相关的基本概念

1. 线损

电力系统是由发电、输电、供电和用电四个环节组成的统一整体。电力系统中，由变压器、电力线路等变换、输送和分配电能设备所组成的部分常称为电网。电网作为传输电能的载体，包括输电网和配电网。而配电网肩负着直接给用户供电的重任，拥有大量的电力设备，是保证电能质量以及供电可靠性的关键环节。配电网也分为三类：35 kV ~ 110 kV（220 kV）为高压配电网；10 kV、20 kV 为中压配电网 [6~10 kV（20 kV）]；380/220 V 为低压配电网。降压变压器的电力线路和用电单位的 35 kV 及以上的高压电力线路称为送电线路。

发电厂生产的电能，在通过电网输送到用户的过程中会产生功率损耗，电网中功率损耗随时间而变化。有功功率损耗对时间的积分就是电能损耗。或者说，从发电厂发出来的电能，在电网输送、变压、配电及营销各环节中所造成的损耗，称为电网的电能损耗，简称为线损。即电网的线损是发电厂（站）发出来的输入电网的电能量与电力用户用电时所消耗的电能量之差。按线损存在的自然性，线损可分为两大类：理论线损和管理线损。

电网的理论线损，又称为电网的技术线损，是由电网元件的技术性能优劣状况、电网结构与布局合理程度、电网运行状况与方式是否经济合理等因素决定的。理论线损是电能以热能、电晕、电弧等形式散失于电网元件的周围空间或介质中，即电网的理论线损是电网固有的、自然的物理现象。因此，电网的理论线损是线损电量中可以降低或减小，但却是不可以避免的组成部分。

管理线损，又称为营业损耗或不明损耗，是由电网的管理企业或部门的管理水平（如生产运行管理水平、企业经营管理水平、电网及设备管理水平、电能计量管理水平等）的差异所决定的。管理线损的产生并非电网固有的、自然的物理现象，而是电网线损电量中不合理且可以避免的部分，即可以减少为零或接近零值。因此，各个电网总线损量大小是有区别的，管理部门只要采取适当和有效的措施，就可以把线损降低到合理值或控制在国家要求的达标值范围内，即努力做到：理论线损最佳化，管理线损最小化。

2. 电量

（1）供电量

供电量是指供电企业在供电生产活动中全部投入的电量。供电量可运用表计（电能表）测量获得。供电量的构成主要有以下几个方面：

1）发电厂上网电量。上网电量是指计量点在发电厂的出线侧，发电厂送入电网的电量。

2）外购电量。它是指本电网向地方发电厂（站）、客户自备电厂购入的电量。

3）电网送入、输出电量。它是指电网（或地区）之间的互供电量。

供电量根据式（1-1）计算，其表达式如下：

$$供电量 = 发电厂上网电量 + 外购电量 + 电网送入电量 - 电网输出电量 \qquad (1-1)$$

（2）售电量

售电量是指电力企业卖给用电客户（包括趸售客户）的电量、电力企业供给本企业非电力生产、基建和非生产部门所使用电量的总和。售电量可运用表计测量获得。

（3）用电量

用电量是指售电量与自备电厂用电量的总和。自备电厂用电量是指自备电厂供给本企业生产、非生产和基本建设的用电量。

（4）线损电量

电网在输送和分配电能的过程中，由于输、变、配电设备存在着阻抗，电流在流过这些阻抗时就会产生一定数量的有功功率损耗。在一定时间段（时、日、月、季、年）内，输、变、配电设备以及营销各环节中所消耗的全部电量称为线损电量，其表达式如下：

$$线损电量 = 供电量 - 售电量 \qquad (1-2)$$

在实际工作中，线损电量有两个值，即实际线损电量与理论线损电量。理论线损电量可运用计算方法求得。

3. 线损率

所谓线损率或网损率，是指电网中损耗的电能与向电网供应电能的百分比。线损率可以根据式（1-3）计算，即线损电量占供电量的百分比。

$$\begin{aligned}线损率 &= （线损电量 \div 供电量）\times 100\% = （供电量 - 售电量）/ 供电量 \times 100\% \\ &= （1 - 售电量 \div 供电量）\times 100\% \qquad (1-3)\end{aligned}$$

电网供电量和用户用电量均可以用表计计量出来。

对应实际线损电量与理论线损电量，线损率也有两个对应值，即实际线损率与理论线损率，表达式如下：

$$实际线损率 = \frac{实际线损电量}{供（购）电量} \times 100\% = \frac{供电量 - 售电量}{供（购）电量} \times 100\% \qquad (1-4)$$

$$理论线损率 = \frac{理论线损电量}{供（购）电量} \times 100\% = \frac{固定损耗电量 + 可变损耗电量}{供（购）电量} \times 100\% \qquad (1-5)$$

由于线损率不同于线损电量，它是一个用百分比表示的相对值，因此，线损率是表征电网技术装备水平及其组成元件的质量与性能是否精良、结构与布局是否合理，衡量电网运行是否经济的主要指标；并且该参数对于相同电压等级、处于相同地理地形的线路及其管理的企业与地区具有一定可比性；同时，线损率也是考核供电企业经营管理和技术管理水平是否先进、所采取的措施是否得力有效的一项重要技术经济指标。

又因实际线损电量中包含理论线损电量和管理线损电量，且欲使管理线损电量降为零，有一定工作难度，故对多数地区或多数供电企业而言，在正常情况下，电网的实际线损率总是高于或略高于理论线损率。

1.2　线损的产生原因、分类与组成

1.2.1　电网线损产生的原因

电网中产生线损（电能损耗）的原因归纳起来，主要有以下几个方面：电阻和电感/感抗的作用、磁场的作用、管理方面的因素及其他方面的因素，如电晕作用等。

1. 电阻和电感/感抗的作用

电网中的负载绕组及连接的导线具有电阻性能，需要吸取消耗有功功率；绕组又具有电感性能，需要吸取消耗无功功率。有功和无功功率引起电能在电网中的传输，电流在导体中的流通，不仅电阻对其有阻碍作用，而且电感在交流电的作用下产生自感电动势，对电流的流通也产生阻碍作用。而有功功率和无功功率在导体中传输，电流必须克服电阻作用而流通，必然引起导体或负载温度升高或发热，即电能转换为热能，并以热能的形式散失于导体周围的介质中，即产生了有功损耗即线损。因为这种损耗是由导体电阻对电流的阻碍作用而产生的，故称为电阻损耗。这种损耗随着导体中通过的电流或有功功率、无功功率的大小而变化，故又称为可变损耗。

2. 磁场的作用

在交流电路中，电流通过电气设备建立并维持磁场，电气设备才能正常运转，带上负载而做功。如电动机需要建立并维持旋转磁场，才能正常运转，带动机械负荷做功。又如变压器需要建立并维持交变磁场，才能起到升压或降压的作用，把电能输送到远方，而后又把电能变压为便于用户使用的电能。众所周知，在交流电路系统中，电流通过电气设备，电气设备从系统电源吸取无功功率，并按周期不断地与其交换，从而建立并维持磁场，这一过程即为电磁转换过程（电生磁）。在此过程中，由于磁场的作用，在电气设备的铁心中产生磁滞和涡流现象，使电气设备的铁心温度升高和发热，从而产生了电能损耗。因这种损耗是由交流电在电气设备铁心中建立和维持磁场的作用而产生的，故称为励磁损耗（其中以磁滞损耗为主，涡流损耗极小）。这种损耗与电气设备通过的电流大小无关，而与设备接入的电网电压等级有关，即电网电压等级固定，这种损耗亦固定，故又称为固定损耗。

3. 管理方面的因素

有极少数电业管理部门，由于其管理水平相对落后，制度不够健全，致使工作中出现一些问题。例如，用户违章用电和窃电，造成电量丢失；电网绝缘水平差，造成漏电；计量表计配备不合理、修校调换不及时，造成误差损失；营业管理松弛，造成抄核收工作的差错损失；电网及设备发生事故或故障造成的电量损失。由于这种损失没有一定的规律，不能运用表计和计算方法测算取得，只能由最后的统计数据确定，而且其数值也不能够确切预知，故称为不明损耗。这种损失是由电业管理部门的管理方面因素（或在营业过程中）造成的，故又称为管理线损（或营业损耗）。管理线损的确定如下：

管理线损=营业损耗=不明损耗=电网供电量–售电量–理论线损电量　　　　(1-6)

4. 其他方面的因素

其他方面比如电晕作用，即在高压和超高压架空输电线路导线表面周围存在一个电场，当其电场强度超过导线表面周围空气分子的游离强度（一般为 20~30 kV/cm）时，导线表面周围空气薄层就被击穿电离为带电的离子，这个过程为不完全自励放电过程，其间会发出"嗞、嗞……"放电声，在夜间沿线可看见一条长长的紫蓝色的荧光，这种现象即为"电晕"。电晕放电与导线表面的电场强度、光洁程度、导线所处地理环境、天气情况以及导线的直径、每相导线数等因素有关。电晕放电必将产生线路的有功功率损耗（同时还产生无线电干扰和高频干扰，还可能引起导线舞动及损伤）。

1.2.2　线损的分类与组成

1. 按线损产生的原因分类

电网线损按产生的原因，可分为电阻损耗、励磁损耗和管理线损，具体包括：

1）与电流二次方成正比的电阻发热而引起的损耗。

2）与电压二次方成正比的泄漏损耗。

3）与电流二次方和频率成正比的介质磁化损耗。

4）与电压二次方和频率成正比的介质极化损耗。

5）高压输电导线的电晕损耗。

……

电阻发热引起的电能损耗、介质产生的电能损耗、设备在有电压时产生的电能损耗、各种电器工作绕组的铁损和铜损、线路的电能损耗等都属于理论线损。理论线损主要有：

1）35 kV 及以上电压等级线路的电能损耗。

2）降压变电站主变压器的电能损耗。

3）20 kV、10 kV、6 kV 配电线路的电能损耗。

4）配电变压器的电能损耗。

5）低压线路的电能损耗。

6）无功补偿设备的电能损耗。

2. 按与电网中负荷电流的关系分类

电网线损按与电网中负荷电流的关系，又可分为固定损耗、可变损耗与其他损耗，具体包括：

1）固定损耗，也称为空载损耗（铁损）或基本损耗。一般情况下，它不随负荷变化而变化，只要设备带有电压，就要产生电能损耗，但是固定损耗也不是绝对固定不变的，它将随着外施电压的升降而发生变化。实际运行中，由于电网的电压变化不大，认为电压是恒定的，因此这部分损耗基本也是固定的，固定损耗主要包括：

① 发电厂、变电站的升压变压器、降压变压器及配电变压器的铁损。

② 高压输电线路的电晕损耗。

③ 调相机、调压器、电抗器、互感器、消弧线圈等设备的铁损及绝缘子的损耗。

④ 电容器和电缆的介质损耗。

⑤ 电能表电压线圈的损耗。

2）可变损耗，也称为变动损耗。它是随着负荷的变动而变化的，与流过其中电流的二次方成正比。电流越大，损耗就越大。可变损耗主要包括：

① 各级变压器的铜损，即电流流过线圈而产生的损耗，电流越大，铜损也就越大。

② 输、配电线路的铜（铝）损耗，即电流流过导线所产生的损耗。

③ 调相机、调压器、电抗器、消弧线圈等设备的铜（铝）损耗。

④ 接户线的钢（铝）损耗。

⑤ 电能表电流线圈的铜损。

3）其他损耗。其他损耗也称为管理线损或不明损耗，是由于管理不善，在供用电的过程中偷、漏、丢、送等原因所造成的各种损耗。

3. 按实际工作需要分类

电业管理部门根据工作需要，还将电网线损分为实际线损、管理线损、理论线损、考核线损和规划线损等。从线损的计算方法及原则，或按目前实际工作需要分类，电网线损可分为统计线损、理论线损、经济线损、管理线损和定额线损等。

1）统计线损。根据电能表指示数据计算出来的供电量与售电量，进行计算所得出的线损称为统计线损。

2）理论线损。根据供电设备参数和电网当时运行方式、潮流分布以及负荷情况，由理论计算得出的线损称为理论线损。

3）经济线损与经济电流。对于设备状况固定的线路，理论线损并非一个固定的数值，而是随着供电负荷大小的变化而变化的，实际上存在一个最低的线损率，这个最低的理论线损称为经济线损，相应的电流称为经济电流。

4）管理线损。在电网运行和电力供应的营销管理过程中，由于管理原因造成的电量不明损耗，即为管理线损。

管理线损，体现出线损升降与供电企业的供电营销管理有关，而供电营销管理不论在时间上或者空间中无处不在。管理线损所涉及的范围归纳如下：

① 电能计量装置的误差。如表计的错接线、计量装置配置不合理与故障、二次回路电压降低、熔断器熔断等引起的电能损失。

② 供电营销中由于抄表不到位，存在估抄、漏抄、错抄等现象而引起的电能损失。

③ 在核算电费过程中错算、倍率差错等所引起的电能损失。

④ 用电客户违章用电与窃电所引起的电能损失等。

⑤ 供、售电量抄表时间不一致（或不固定）所引起的电能损失。

⑥ 带电设备绝缘不良引起泄漏电流造成的电能损失。

⑦ 带电设备接地或与地面竹木之间放电所造成的电能损失。

⑧ 三相负荷不平衡额外增加损耗所造成的损失。

⑨ 无功负荷得不到就地补偿，线路（电网）输送无功造成的损失。

⑩ 电气连接接触电阻过大造成的电能损失。

⑪ 高能耗设备，即非节电设备（含用电器件）造成多增加的损耗。

⑫ 迂回线路、超供电半径、过负荷供电等情况增加的损耗等。

5）定额线损。定额线损也称为考核线损或线损指标，它是指根据电网实际线损情况和综合下一考核期内电网结构、负荷潮流情况以及降损措施安排情况，再经过测算、主管上级批准的线损指标。

6）上级规定的线损指标。如农网改造后要求低压电网线损率达 12% 及以下。

7）规划线损。规划线损也称为计划线损，即预计经过努力可以完成的线损指标。

8）实际线损。实际线损类似于统计线损，所不同的是在正常情况下，电网的实际线损一般略高于理论线损。

它们之间的正常关系应该是：考核线损（率）≥实际线损（率）≥理论线损（率）≥规划损（率）≥管理线损≥0

另外，按产生在电网元件的部位，电网线损又可分为线路导线线损、变压器铜损、变压器铁损、电容器介质损耗和计量表计中的损失等。

4. 配电网线损的分类关系

配电网输送的负荷电量及线损电量都比较大，与市县供电企业经济效益的关系较为密切，并且线路较长，分布面较广，变压器等设备较多，线损种类较杂，管理工作较为繁重。配电网线损分类的相互关系见表 1-1。

表 1-1　配电网线损分类的相互关系

项　目		分　类	构　成
电能总损耗（实际线损、统计线损）	理论线损（技术线损）	可变损耗	（1）线路导线中的电能损耗 （2）变压器、电动机绕组中的损耗（铜损） （3）电能表电流线圈中的损耗
		固定损耗	（1）变压器铁损（空载损耗） （2）线路导线电晕损耗 （3）电容器的介质损耗 （4）电能表电压线圈和铁心中的损耗
	管理线损（营业损耗）	不明损耗	（1）用户违章用电和窃电损失 （2）电网漏电损失 （3）抄表中的错抄、漏抄损失 （4）电能计量装置误差损失

由表 1-1 可知，在正常情况下，实际线损应略高于理论线损，实际线损与理论线损的差值即为管理线损（或不明损耗）。另外，所统计出来的公用线路损失率与其理论线损率、同一单位前后的线损率、各单位之间的线损率，它们相互间是具有可比性的。

1.3　线损的影响因素

1. 电能量的计算

电能量 A 的计算如下：

$$A = Pt = UI\cos\varphi = 10^{-3} \times I^2 Rt\cos\varphi \tag{1-7}$$

式中，P 为有功功率（kW）；t 为时间（h）；U 为电压（kV）；I 为电流（A）；$\cos\varphi$ 为功率因数。

2. 影响线损的基本因素及其分析

根据式（1-7）可见，影响线损的基本因素有电流、电压、功率因数、电阻及负荷曲线形状系数这 5 个方面。

（1）电流、经济负荷电流对线损的影响

同一条线路，负荷电流增大则线损增大。一条运行中的配电线路都有一个经济负荷电流范围，若实际负荷电流保持在这个范围内运行，就可以使线损接近极小值。

线路的经济负荷电流，是从经济方面综合考虑线路上电能损耗与线路（整体）投资，选择一个比较合理的截面，故在工程中常引出线路"经济电流密度"的概念。导线的经济电流远小于它的安全允许电流，即不能把导线的安全允许电流误认为线路的经济负荷电流。表 1-2 是我国目前规定的导线和电缆经济电流密度。

表 1-2 导线和电缆经济电流密度 （单位：A/mm²）

线 路 类 别	导 线 材 料	年最大负荷利用小时数/h		
		3000 以下	3000~5000	5000 以上
架空线路	铝	1.65	1.15	0.9
	铜	3.00	2.25	1.75
电缆线路	铝	1.95	1.73	1.54
	铜	2.5	2.25	2.00

导线的经济电流可以根据经济电流密度求得：

$$I_J = SJ \tag{1-8}$$

式中，I_J 为导线的经济电流（A）；J 为导体材质的经济电流密度（A/mm²）；S 为导线截面积（mm²）。

（2）变压器的经济负荷率对线损的影响

变压器的负荷率（或称负荷系数），是指变压器所带实际负荷与额定负荷之比。变压器的负荷率并不能衡量变压器的经济运行，而变压器的经济负荷率是衡量变压器运行的一个重要指标，变压器的经济负荷率可表示如下：

$$\beta_0 = \sqrt{\frac{P_0}{P_k}} \tag{1-9}$$

式中，β_0 为变压器的经济负荷率；P_0 为变压器的空载损耗（W）；P_k 为变压器的短路损耗（W）。

变压器的负荷率为经济负荷率时，变压器总有功损耗 ΔP 最小，变压器的功率损失率最低，变压器运行最经济，工作效率最高，变压器处在最经济运行状态。变压器总有功损耗 ΔP 包括变压器空载损耗（又称为变压器的铁心损耗）P_0 及变压器负载损耗 $\beta^2 P_k$，即 $\Delta P = P_0 + \beta^2 P_k$。

（3）运行电压对线损的影响

供电电压升高，线损中的可变损耗减小，但不变损耗却随着电压的升高而增加。故总的线损随着电压的升高是降低还是升高，应根据线损中的不变损耗（即变压器铁损）在线损中所占的比重而定。当不变损耗在总损耗中所占的比重小于 50% 时，供电电压升高，线损中可变损耗减少较多，因而总的线损下降。

变压器在设计时，已确定了自身铁心，磁化曲线随电压的升高会逐渐饱和，如果电压继续升高，其励磁电流就会急速增加，从而增大磁滞损耗和涡流损耗，即铁损增大。在此特别要指出的是，当前的节能变压器磁通密度选取较高，也就是说，当变压器运行电压一旦升高，就面临磁饱和状态，即必然导致励磁电流急速增加。

（4）功率因数 $\cos\varphi$ 对线损的影响

由功率三角形可知 $P = S\cos\varphi$，而有功功率又可写成 $P = \sqrt{3}\,UI\cos\varphi$，故有 $I = P/(\sqrt{3}\,U\cos\varphi)$，可见当分母中的 $\cos\varphi$ 降低，其他参数不变时，负荷电流将随 $\cos\varphi$ 的降低而增加。因此线损中可变损耗随功率因数值降低而增加。

（5）电阻 R 对线损的影响

线路有功功率损耗 $\Delta P = I^2 R$，可见减小电阻可以减少线损。电阻的表达式为 $R = \rho L/S$，该式表示电阻与线路长度 L、导线截面积 S 及电阻率 ρ 有关，即缩短线路长度 L，或增大导线截面 S，或选用导电率较高的材料都可以减少线损。

（6）负荷曲线形状系数（K）对线损的影响

前面已讲到了经济负荷电流以及经济运行状态，但在实际运行中不可能长期保持为经济负荷状态，即一昼夜（24h）、一个月、一季度不可能一样，因此为了了解负荷情况，需要引用负荷曲线及其形状系数 K 来描述负荷变化情况，K 值越大，负荷曲线起伏变化越大，峰谷差越大，则线损越大。当 K 值接近 1.0 时，负荷曲线趋于平坦，线损最小。

（7）电气设备的绝缘状况对线损的影响

电气设备的绝缘状况不好将引起泄漏电流增加，从而增加电气设备的损耗。

（8）电网的不同运行方式对线损的影响

从两个或两个以上地方取得电源的区域性闭环运行电网，应进行各种运行方式功率分布计算。在某一种运行方式下还要进行电网功率分布计算，力求采取线损为最低的运行方式。

（9）三相负荷不平衡对线损的影响

三相负荷越不平衡，线损将越大。因为三相负荷不平衡时，将在相间产生不平衡电流，这些不平衡电流除在相线上引起损耗外，还将在中性线上引起损耗，从而增加总的损耗。三相负荷不平衡以农村配电网比较突出，严重时中性线上有较大电流通过，甚至比某些相线电流还大，有的接近最大相电流。

若运行中三相负荷不对称，中性点就会发生偏移，致使负载三相电压严重不对称，电压高的相会很快烧毁设备。中性线电流不得超过额定线电流的 25% 就是这个道理。

1.4 线损管理

线损率是电力行业的一项重要的经济技术指标，是衡量企业管理水平的重要标志。加强线损管理，采取有效措施降低线损，是各级供电部门的首要任务。

1. 建立健全线损管理组织

（1）管理体制

根据国家电网有限公司《电力网电能损耗管理规定》（国家电网生〔2004〕123 号），线损管理按照统一领导、分级管理、分工负责的原则，实行线损的全过程管理。各级电网经营企业要建立健全线损管理领导小组，由公司主管领导担任组长。领导小组成员由有关部门的负责人组成，分工负责、协同合作。日常工作由归口管理部门负责，并设置线损管理岗位，配备专责人员。

（2）管理职责

国家电网有限公司负责贯彻国家节能方针、政策和法律、法规，根据国家电网有限公司系统各单位的运营情况研究节能降损技术，制定规则、标准、奖惩办法等；组织、协调各电网经营企业的节能降损工作，制定、审批节能规划和重大节能措施。

各级电网经营企业负责贯彻国家和国家电网有限公司的节能降损方针、政策、法律、法规及有关指令，制定本企业的线损管理制度，负责分解下达线损率指标计划；制订近期和中期的控制目标；监督、检查、考核所属各单位的贯彻执行情况。

线损管理员的职责：①制定和下达各配电台区的低压线损指标；②督促、检查各配电台区降损措施的落实；③负责各配电台区线损率的统计并上报用电科；④检查各配电台区的线损率完成情况并进行奖惩。

2. 制定线损管理制度

为了做好线损管理工作，必须有相应的制度保证，各供电企业要根据本单位的具体情况，制定线损管理制度，并逐步完善，以建立健全线损工作的正常秩序。这些制度包括：①电网负荷测量记录制度；②线损分析制度；③电能计量装置的定期校验和轮换制度；④用电营业普查制度；⑤营业工作中的抄、核、收制度；⑥功率因数考核和奖惩制度等。

3. 互相配合，共同做好线损管理工作

线损管理工作涉及面广，各有关部门要互相配合。计划部门应做好电网的合理布局及功率平衡规划，编制线损计划指标；生技部门应安排降损措施计划项目，并组织实施，组织研究和推广先进的降损技术，及时解决技术问题；电力调度部门应根据电力系统的负荷和潮流变化，及时调整运行方式，做好无功调度，改善电压质量；用电管理部门应加强用电管理，大力开展调荷节电，杜绝窃电，做好计划管理，严格抄表制度，保证抄表质量；线损管理领导小组和管理小组应认真总结线损管理经验，积极组织好各种形式的降损节电经验交流，不断提高线损管理水平。

4. 认真做好线损的理论计算

由于线路的结构参数和运行参数每年都可能发生变化，线损的理论计算每年应进行一次，以便掌握较为准确的理论线损量值和线损的组成，并以此为依据，衡量实际线损的高低，明确降损重点，以便及时采取措施，降低线损。

5. 线损指标的制定与考核

（1）线损指标的制定

配电网的线损率是一个综合指标，受电网电压与供、售电量多少的影响很大。线损指标的制定应根据上述原因，结合理论线损的计算，参照上年或上年同期的线损率，结合各条线路、各配电台区的实际情况制定出比较合理的线损指标。

（2）线损指标的考核

年度线损率是大指标，为了保证大指标的完成，常常将其分解成若干个小指标，通过考核、督促小指标的完成来确保大指标的完成。这些小指标主要有：

1）线路和变压器的经济运行。

2）变压器负荷率的考核与提高。

3）迂回线路和"卡脖子"线路的调整改造。

4）高能耗变压器和电动机的改造与更新。

5）负荷率、三相不平衡率的考核。

6）功率因数、无功补偿设备的可投运率及可调率的考核。

7）电压质量的考核。

8）电网综合线损率的计算与分析。

9）为减少漏电损失的瓷件清污和树障清除。

10）为减少误差损失的电能计量装置的修、校、调、换。

11）为减少差错损失的营业工作的抄、核、收。

12）为减少偷电损失的用电普查。

13）变电站（所）用电率的考核。

14）电压互感器的二次回路电压降周期受检率的考核。

由于各单位电网结构状况的不同和各个时期运行参数的差异，在确定以上小指标时，不同单位、不同时期应有所侧重和取舍，因地、因时制宜。

6. 分电压、分线路、分台区管理线损

随着电力企业改革工作的不断深入以及经济责任制的落实，线损管理已实行分级管理、分级考核。为了使线损统计、分析能够反映电网结构的实际情况，便于承包，线损指标必须在分级管理、分级考核的基础上，实行按电压等级的分电压、分线路、分台区统计与分析，按不同的电压等级、不同的线路、不同的配电台区分别进行线损的理论计算和统计，避免抄表时差、售电量对统计线损的影响，使线损率指标既有比较准确的实际统计值，又有比较可靠的理论计算值，便于互相比较、发现问题。同时通过分电压、分线路、分台区统计与计算分析，便于将线损管理的综合小指标按管理范围分解为独立的小指标，使其更具科学性、实用性，能更清楚地掌握线损的构成情况，明确降损的主攻方向，避免盲目性，为降损措施提供合理依据。其主要操作方法是分线路、分台区进行抄表、统计和计算，一般按变电站所出线路和以每台配电变压器为单位分别进行。

7. 推行降损承包责任制

为提高企业、单位和职工降损的积极性，充分调动其主观能动性，使人人都关心降损工作，应将责、权、利结合起来，用经济手段促进降损节能工作。有效的方法是推行降损承包责任制，在制定承包方案时，应合理制定线损考核指标，实行目标管理。线损管理机构要帮助他们采取行之有效的措施和手段降低线损，为国家、企业和职工创造效益。

8. 定期开展线损分析工作

所谓线损分析，就是在线损管理中，对线损完成情况所采取的线损指标之间，实际线损和理论线损之间，线路和设备之间，月、季度和年度之间进行对比的方法，以及查找线损升降原因、确定今后降损主攻方向等项工作。

（1）线损分析的作用

进行线损分析的作用如下：

1）可以找出线损管理工作的不足和降损方向。

2）针对线损较高或居高不下的情况，可以找出电网结构的薄弱环节，以及管理方面存在的问题，确定改善电网结构工作的重点，加强管理，降低线损。

3）可以及时查找出线损升降原因，特别是上升原因，准确地掌握每条线路在不同用电季节、各种用电负荷所引起的线损变化的规律及特点，以确定降损的主攻方向，以便有针对性地采取降损措施，使电网的线损率降到合理范围，提高企业的经济效益和社会效益。

4）可以找出电网运行存在的问题，确定最佳运行方案。

5）可以找出降损措施中存在的问题，使今后制定的降损措施更有针对性、效果更好。

（2）线损分析的方法

线损分析的主要方法是采取对比的方法，根据线损理论计算提供的数据资料，查阅有关的运行记录、营业账目和技术档案材料等，还要进行实地调研，而后进行全面、具体的对比分析。

（3）线损分析的主要内容

线损分析的主要内容有以下几个方面：

1）实际线损率与理论线损率的对比。正常情况是实际线损率接近或略高于理论线损率，如果实际线损率过高，则说明电网漏电严重，或者管理方面存在的问题较多，致使管理线损过大。实际线损率越大，降损的潜力也越大。

2）理论线损率和最佳线损率的对比。如果理论线损率过高，则说明电网结构和布局不合理，或者电网运行不经济，或者两种情况都存在。

3）固定损耗比重与可变损耗比重的对比。如果固定损耗比重较大，则说明线路处于轻负荷运行、配电变压器的负荷率低、电网中高能耗设备较多，或者电网长时间在高于额定电压下运行。

4）线路或设备之间的线损对比、季度或年度之间的线损对比等。

第2章 电网各元件的特性和数学模型

在分析和计算电网中元件的有功和无功功率损耗，以及元件在一定时间内的电能损耗时，需要先分析元件和负荷的特性和数学模型，建立元件的等效电路。变压器和线路是电网中的重要元件，在电网的线损分析和计算中具有重要的作用。

2.1 变压器的参数和数学模型

2.1.1 变压器的等效电路

在电力系统计算中，双绕组变压器的近似等效电路常将励磁支路前移到电源侧。在这个等效电路中，一般将变压器二次绕组的电阻和漏抗折算到一次侧，并和一次绕组的电阻和漏抗合并，用等效阻抗 R_T+jX_T 来表示，如图 2-1a 所示。对于三绕组变压器，采用励磁支路前移的星形等效电路，如图 2-1b 所示，图中的所有参数值都是折算到一次侧的值。

自耦变压器的等效电路与普通变压器的相同。

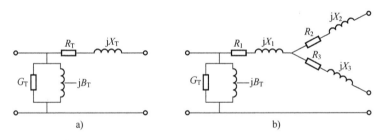

图 2-1　变压器的等效电路
a）双绕组变压器　b）三绕组变压器

2.1.2 双绕组变压器的参数计算

双绕组变压器的参数一般是指其等效电路中的电阻 R_T、电抗 X_T、电导 G_T 和电纳 B_T。这 4 个参数可以从变压器铭牌上代表电气特性的 4 个数据计算得到。这 4 个数据分别是短路损耗 ΔP_k、短路电压 $U_k\%$、空载损耗 ΔP_0 和空载电流 $I_0\%$。前两个数据由短路试验得到，用以确定 R_T 和 X_T；后两个数据由空载试验得到，用以确定 G_T 和 B_T。

1. 电阻 R_T

变压器做短路试验时，将一侧绕组短接，在另一侧绕组施加电压，使短路绕组的电流达到额定值。由于此时外加电压较小，相应的铁耗也小，可以认为短路损耗等于变压器通过额定电流时一、二次绕组电阻的总损耗（亦称铜耗），即 $\Delta P_k = 3I_N^2 R_T$，于是

$$R_{\mathrm{T}} = \frac{\Delta P_{\mathrm{k}}}{3 I_{\mathrm{N}}^2} \tag{2-1}$$

在电力系统计算中，常用变压器三相额定容量 S_{N} 和额定线电压 U_{N} 进行参数计算，故可把式（2-1）改写为

$$R_{\mathrm{T}} = \frac{\Delta P_{\mathrm{k}} U_{\mathrm{N}}^2}{S_{\mathrm{N}}^2} \times 10^3 \tag{2-2}$$

式中，R_{T} 为变压器一、二次绕组的总电阻（Ω）；ΔP_{k} 为变压器的短路损耗（kW）；U_{N} 为变压器的额定线电压（kV）；S_{N} 为变压器的额定容量（kV·A）。

2. 电抗 X_{T}

当变压器通过额定电流时，在电抗 X_{T} 上产生的电压降的大小，可以用额定电压的百分数表示，即

$$U_{\mathrm{X}}\% = \frac{I_{\mathrm{N}} X_{\mathrm{T}}}{\dfrac{U_{\mathrm{N}}}{\sqrt{3}}} \times 100 = \frac{\sqrt{3} I_{\mathrm{N}} X_{\mathrm{T}}}{U_{\mathrm{N}}} \times 100$$

因此

$$X_{\mathrm{T}} = \frac{U_{\mathrm{X}}\%}{100} \frac{U_{\mathrm{N}}}{\sqrt{3} I_{\mathrm{N}}} = \frac{U_{\mathrm{X}}\%}{100} \frac{U_{\mathrm{N}}^2}{S_{\mathrm{N}}} \times 10^3 \tag{2-3}$$

变压器铭牌上给出的短路电压百分数 $U_{\mathrm{k}}\%$，是变压器通过额定电流时在阻抗上产生的电压降的百分数，即

$$U_{\mathrm{k}}\% = \frac{\sqrt{3} I_{\mathrm{N}} Z_{\mathrm{T}}}{U_{\mathrm{N}}} \times 100$$

对于大容量变压器，其绕组电阻比电抗小得多，可以近似地认为 $U_{\mathrm{X}}\% \approx U_{\mathrm{k}}\%$，故

$$X_{\mathrm{T}} = \frac{U_{\mathrm{k}}\%}{100} \frac{U_{\mathrm{N}}^2}{S_{\mathrm{N}}} \times 10^3 \tag{2-4}$$

式中，X_{T} 为变压器一、二次绕组的总电抗（Ω）；$U_{\mathrm{k}}\%$ 为变压器的短路电压百分比。

3. 电导 G_{T}

变压器的电导是用来表示铁心损耗的。由于空载电流相对额定电流来说很小，绕组中的铜耗也很小，所以，可以近似认为变压器的铁耗等于空载损耗，即 $\Delta P_{\mathrm{Fe}} \approx \Delta P_0$，于是

$$G_{\mathrm{T}} = \frac{\Delta P_{\mathrm{Fe}}}{U_{\mathrm{N}}^2} \times 10^{-3} = \frac{\Delta P_0}{U_{\mathrm{N}}^2} \times 10^{-3} \tag{2-5}$$

式中，G_{T} 为变压器的电导（S）；ΔP_0 为变压器空载损耗（kW）。

4. 电纳 B_{T}

变压器的电纳代表变压器的励磁功率。变压器的空载电流包含有功分量和无功分量，与励磁功率对应的是无功分量。由于有功分量很小，无功分量和空载电流在数值上几乎相等。

根据变压器铭牌上给出的 $I_0\% = \dfrac{I_0}{I_{\mathrm{N}}} \times 100$，可以算出

$$B_{\mathrm{T}} = \frac{I_0\%}{100} \frac{\sqrt{3} I_{\mathrm{N}}}{U_{\mathrm{N}}} = \frac{I_0\%}{100} \frac{S_{\mathrm{N}}}{U_{\mathrm{N}}^2} \times 10^{-3} \tag{2-6}$$

式中，B_T 为变压器的电纳（S）；$I_0\%$ 为变压器的空载电流百分比。

2.1.3 三绕组变压器的参数计算

三绕组变压器等效电路中的参数计算原则与双绕组变压器的相同，下面分别确定各参数的计算公式。

1. 电阻 R_1、R_2、R_3

为了确定三个绕组的等效阻抗，要有三个方程，为此，需要有三种短路试验的数据。三绕组变压器的短路试验是依次让一个绕组开路，按双绕组变压器来做的。若测得短路损耗分别为 $\Delta P_{k(1-2)}$、$\Delta P_{k(2-3)}$、$\Delta P_{k(3-1)}$，则可以直接按照下式求取各绕组的短路损耗 ΔP_{k1}、ΔP_{k2}、ΔP_{k3}：

$$\begin{cases} \Delta P_{k1} = \dfrac{1}{2}\left[\Delta P_{k(1-2)} + \Delta P_{k(3-1)} - \Delta P_{k(2-3)}\right] \\[2mm] \Delta P_{k2} = \dfrac{1}{2}\left[\Delta P_{k(1-2)} + \Delta P_{k(2-3)} - \Delta P_{k(3-1)}\right] \\[2mm] \Delta P_{k3} = \dfrac{1}{2}\left[\Delta P_{k(2-3)} + \Delta P_{k(3-1)} - \Delta P_{k(1-2)}\right] \end{cases} \tag{2-7}$$

求出各绕组的短路损耗后，便可导出与计算双绕组变压器 R_T 相同形式的算式，即

$$R_i = \frac{\Delta P_{ki} U_N^2}{S_N^2} \times 10^3, \quad i = 1, 2, 3 \tag{2-8}$$

式（2-8）适用于三个绕组的额定容量都相同的情况。各绕组额定容量相等的三绕组变压器不可能使三个绕组同时都满载运行。根据电力系统运行的实际需要，三个绕组的额定容量可以制造得不相等。我国目前生产的变压器三个绕组的容量比，按高、中、低压绕组的顺序有 100/100/100、100/100/50、100/50/100 三种。变压器铭牌上的额定容量是指容量最大的一个绕组的容量，也就是高压绕组的容量。式（2-8）中的 ΔP_{k1}、ΔP_{k2}、ΔP_{k3} 是指绕组流过与变压器额定容量 S_N 相对应的额定电流 I_N 时所产生的损耗。做短路试验时，三个绕组容量不相等的变压器将受到较小容量绕组额定电流的限制。因此，要应用式（2-7）及式（2-8）进行计算，必须对制造厂提供的短路试验的数据进行折算。若制造厂提供的试验值为 $\Delta P'_{k(1-2)}$、$\Delta P'_{k(2-3)}$、$\Delta P'_{k(3-1)}$，且编号 1 为高压绕组，则

$$\begin{cases} \Delta P_{k(1-2)} = \Delta P'_{k(1-2)}\left(\dfrac{S_N}{S_{2N}}\right)^2 \\[3mm] \Delta P_{k(2-3)} = \Delta P'_{k(2-3)}\left(\dfrac{S_N}{\min\{S_{2N}, S_{3N}\}}\right)^2 \\[3mm] \Delta P_{k(3-1)} = \Delta P'_{k(3-1)}\left(\dfrac{S_N}{S_{3N}}\right)^2 \end{cases} \tag{2-9}$$

2. 电抗 X_1、X_2、X_3

和双绕组变压器一样，可近似地认为电抗上的电压降就等于短路电压。在给出短路电压 $U_{k(1-2)}\%$、$U_{k(2-3)}\%$、$U_{k(3-1)}\%$ 后，与电阻的计算公式相似，各绕组的短路电压为

$$\begin{cases} U_{k1}\% = \dfrac{1}{2}\Big[\, U_{k(1-2)}\% + U_{k(3-1)}\% - U_{k(2-3)}\% \,\Big] \\[2mm] U_{k2}\% = \dfrac{1}{2}\Big[\, U_{k(1-2)}\% + U_{k(2-3)}\% - U_{k(3-1)}\% \,\Big] \\[2mm] U_{k3}\% = \dfrac{1}{2}\Big[\, U_{k(2-3)}\% + U_{k(3-1)}\% - U_{k(1-2)}\% \,\Big] \end{cases} \tag{2-10}$$

各绕组的等效电抗为

$$X_i = \frac{U_{ki}\%}{100}\frac{U_{\mathrm{N}}^2}{S_{\mathrm{N}}}\times 10^3, \quad i = 1,\ 2,\ 3 \tag{2-11}$$

应该指出，手册和制造厂提供的短路电压值，不论变压器各绕组的容量比如何，一般都已折算为与变压器额定容量相对应的值，因此，可以直接用式（2-10）及式（2-11）计算。

各绕组等效电抗的相对大小，与三个绕组在铁心上的排列位置有关。高压绕组因绝缘要求排在外层，中压和低压绕组均有可能排在中层。排在中层的绕组，其等效电抗较小，或具有不大的负值。

求取三绕组变压器导纳的方法和求取双绕组变压器导纳的方法相同。

2.1.4　自耦变压器的参数计算

自耦变压器的等效电路及其参数计算的原理和普通变压器相同。通常，三绕组自耦变压器的第三绕组（低压绕组）总是接成三角形，以消除由于铁心饱和引起的三次谐波，并且它的容量比变压器的额定容量（高、中压绕组的通过容量）小。因此，计算等效电阻时要对短路试验的数据进行折算。如果由手册或制造厂提供的短路电压是未经折算的值，那么，在计算等效电抗时，也要对它们先进行折算，其公式如下：

$$\begin{cases} U_{k(2-3)}\% = U'_{k(2-3)}\%\left(\dfrac{S_{\mathrm{N}}}{S_{3\mathrm{N}}}\right) \\[3mm] U_{k(3-1)}\% = U'_{k(3-1)}\%\left(\dfrac{S_{\mathrm{N}}}{S_{3\mathrm{N}}}\right) \end{cases} \tag{2-12}$$

2.1.5　变压器的电压降落和功率损耗

变压器的电压降落和功率损耗的计算是以 Γ 形等效电路来进行的，如图 2-2 所示，变压器的导纳支路为感性，设末端电压为 $\dot{U}_2$，末端功率为 $\widetilde{S}_2 = P_2 + jQ_2$，则阻抗末端的功率 $\widetilde{S}'_2$ 为

$$\widetilde{S}'_2 = \widetilde{S}_2 = P'_2 + jQ'_2$$

变压器阻抗支路中损耗的功率 $\Delta\widetilde{S}_{\mathrm{ZT}}$ 为

$$\Delta\widetilde{S}_{\mathrm{ZT}} = \left(\frac{S'_2}{U_2}\right)^2 Z_{\mathrm{T}} = \frac{P'^2_2 + jQ'^2_2}{U_2^2}(R_{\mathrm{T}} + jX_{\mathrm{T}}) = \Delta P_{\mathrm{ZT}} + jQ_{\mathrm{ZT}} \tag{2-13}$$

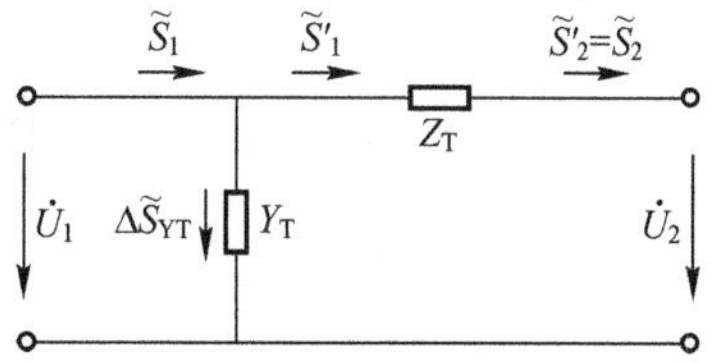

变压器导纳支路的功率损耗 $\Delta\widetilde{S}_{\mathrm{YT}}$ 为

图 2-2　变压器中的电压和功率

$$\Delta \widetilde{S}_{\mathrm{YT}} = (Y_{\mathrm{T}} \dot{U}_1)^* \dot{U}_1 = \overset{*}{Y}_{\mathrm{T}} \dot{U}_1 \overset{*}{U}_1 = (G_{\mathrm{T}} + jB_{\mathrm{T}}) U_1^2 = \Delta P_{\mathrm{YT}} + jQ_{\mathrm{YT}} \qquad (2\text{-}14)$$

变压器阻抗中电压降落的纵分量、横分量为

$$\Delta U_{\mathrm{T}} = \left(\frac{P_2' R_{\mathrm{T}} + jQ_2' X_{\mathrm{T}}}{U_2} \right); \quad \delta U_{\mathrm{T}} = \left(\frac{P_2' X_{\mathrm{T}} - jQ_2' R_{\mathrm{T}}}{U_2} \right) \qquad (2\text{-}15)$$

则变压器电源端的电压 U_1 为

$$U_1 = \sqrt{(U_2 + \Delta U_{\mathrm{T}})^2 + (\delta U_{\mathrm{T}})^2} \qquad (2\text{-}16)$$

变压器电源端和负荷端间的相位角 δ_{T} 为

$$\delta_{\mathrm{T}} = \arctan \frac{\delta U_{\mathrm{T}}}{U_2 + \Delta U_{\mathrm{T}}} \qquad (2\text{-}17)$$

如将变压器阻抗、导纳参数的计算公式代入式（2-13）、式（2-14），可得

$$\Delta P_{\mathrm{ZT}} = \frac{\Delta P_{\mathrm{k}} U_{\mathrm{N}}^2 S_2'^2}{1000 U_2^2 S_{\mathrm{N}}^2}; \quad \Delta Q_{\mathrm{ZT}} = \frac{U_{\mathrm{k}}\% U_{\mathrm{N}}^2 S_2'^2}{100 U_2^2 S_{\mathrm{N}}} \qquad (2\text{-}18)$$

$$\Delta P_{\mathrm{YT}} = \frac{\Delta P_0 U_1^2}{1000 U_{\mathrm{N}}^2}; \quad \Delta Q_{\mathrm{YT}} = \frac{I_0\% U_1^2 S_{\mathrm{N}}}{100 U_{\mathrm{N}}^2} \qquad (2\text{-}19)$$

需要说明的是，如果变压器电源侧的功率为已知，则应从电源侧算起，$\widetilde{S}_1' = \widetilde{S}_1 - \Delta \widetilde{S}_{\mathrm{YT}} = P_1' + jQ_1'$，变压器阻抗支路中损耗的功率 $\Delta \widetilde{S}_{\mathrm{ZT}}$ 为

$$\Delta \widetilde{S}_{\mathrm{ZT}} = \left(\frac{S_1'}{U_1} \right)^2 Z_{\mathrm{T}} = \frac{P_1'^2 + jQ_1'^2}{U_1^2} (R_{\mathrm{T}} + jX_{\mathrm{T}}) = \Delta P_{\mathrm{ZT}} + jQ_{\mathrm{ZT}} \qquad (2\text{-}20)$$

而计算电压的部分应改为

$$\dot{U}_2 = (U_1 - \Delta U_{\mathrm{T}}') - j\delta U_{\mathrm{T}}'$$

$$\Delta U_{\mathrm{T}}' = \left(\frac{P_1' R_{\mathrm{T}} + jQ_1' X_{\mathrm{T}}}{U_1} \right); \quad \delta U_{\mathrm{T}}' = \left(\frac{P_1' X_{\mathrm{T}} - jQ_1' R_{\mathrm{T}}}{U_1} \right) \qquad (2\text{-}21)$$

$$U_2 = \sqrt{(U_1 - \Delta U_{\mathrm{T}}')^2 + (\delta U_{\mathrm{T}}')^2} \qquad (2\text{-}22)$$

$$\delta = \arctan \frac{-\delta U_{\mathrm{T}}'}{U_1 - \Delta U_{\mathrm{T}}'} \qquad (2\text{-}23)$$

将变压器阻抗、导纳参数的计算公式代入式（2-20），则有

$$\Delta P_{\mathrm{ZT}} = \frac{\Delta P_{\mathrm{k}} U_{\mathrm{N}}^2 S_1'^2}{1000 U_1^2 S_{\mathrm{N}}^2}; \quad \Delta Q_{\mathrm{ZT}} = \frac{U_{\mathrm{k}}\% U_{\mathrm{N}}^2 S_1'^2}{100 U_1^2 S_{\mathrm{N}}} \qquad (2\text{-}24)$$

近似计算时，计及 $S_2 = S_2'$，并取 $S_1 \approx S_1'$、$U_1 \approx U_2 \approx U_{\mathrm{N}}$，式（2-18）、式（2-19）、式（2-24）可简化为

$$\Delta P_{\mathrm{ZT}} = \frac{\Delta P_{\mathrm{k}} S_2^2}{1000 S_{\mathrm{N}}^2}; \quad \Delta Q_{\mathrm{ZT}} = \frac{U_{\mathrm{k}}\%}{100} \frac{S_2^2}{S_{\mathrm{N}}} \qquad (2\text{-}25)$$

$$\Delta P_{\mathrm{YT}} = \frac{\Delta P_0}{1000}; \quad \Delta Q_{\mathrm{YT}} = \frac{I_0\%}{100} S_{\mathrm{N}} \qquad (2\text{-}26)$$

$$\Delta P_{\mathrm{ZT}} = \frac{\Delta P_{\mathrm{k}} S_1^2}{1000 S_{\mathrm{N}}^2}; \quad \Delta Q_{\mathrm{ZT}} = \frac{U_{\mathrm{k}}\%}{100} \frac{S_1^2}{S_{\mathrm{N}}} \qquad (2\text{-}27)$$

2.2　电力线路的参数和数学模型

2.2.1　一般线路的等效电路和参数

所谓一般线路，是指中等及中等以下长度线路。对架空线路，长度大约为 300 km；电缆线路大约为 100 km。线路长度不超过这些数值时，可不考虑它们的分布参数特性，而用将线路参数简单地集中起来的电路来表示。

一般线路中，又有短线路和中等长度线路之分。所谓短线路，是指长度不超过 100 km 的架空线路。所谓中等长度线路，是指长度在 100～300 km 之间的架空线路和不超过 100 km 的电缆线路。

在以下的讨论中，以 $R(\Omega)$、$X(\Omega)$、$G(\mathrm{S})$、$B(\mathrm{S})$ 分别表示全线路每相的总电阻、电抗、电导和电纳。设线路长度为 $L(\mathrm{km})$，则

$$\begin{cases} R=r_1 L; & X=x_1 L \\ G=g_1 L; & B=b_1 L \end{cases} \tag{2-28}$$

式中，r_1 为导线单位长度的电阻（Ω/km）；x_1 为导线单位长度的电抗（Ω/km）；g_1 为导线单位长度的电导（$\mathrm{S/km}$）；b_1 为导线单位长度的电纳（$\mathrm{S/km}$）。

通常，由于线路导线截面积的选择以晴朗天气不发生电晕为前提，而沿绝缘子的泄漏电流又很小，可设 $G=0$。

1. 中等长度线路的等效电路和参数

中等长度线路的等效电路有两种：Π 形等效电路和 T 形等效电路，如图 2-3a、b 所示。其中，常用的是 Π 形等效电路。这种线路的电纳 B 一般不能略去。

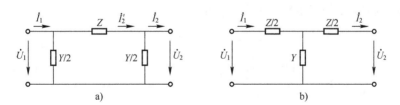

图 2-3　中等长度线路的等效电路

a）线路的 Π 型等效电路　b）线路的 T 型等效电路

图 2-3 中，线路总阻抗 $Z=R+\mathrm{j}X$，设 $G=0$，线路的总导纳 $Y=\mathrm{j}B$。在 Π 形等效电路中，除串联的线路总阻抗 Z 外，还将线路的总导纳 Y 分为两半，分别并联在线路的始末端。在 T 形等效电路中，线路的总导纳 Y 集中在中间，而线路的总阻抗 Z 则分为两半，分别串联在它的两侧。这两种电路都是近似的等效电路，而且，相互间并不等效，即它们不能用 △—Ｙ 变换公式相互变换。

由图 2-3a 可得，流过串联阻抗 Z 的电流为

$$\dot{I}_2'=\dot{I}_2+\frac{Y}{2}\dot{U}_2 \tag{2-29}$$

从而可以得到如下关系：

$$\dot{U}_1 = \dot{U}_2 + Z\left(\dot{I}_2 + \frac{Y\dot{U}_2}{2}\right) = \left(1 + \frac{YZ}{2}\right)\dot{U}_2 + Z\dot{I}_2 \tag{2-30}$$

$$\dot{I}_1 = \dot{I}_2 + \frac{Y\dot{U}_2}{2} + \frac{Y\dot{U}_1}{2} = Y\left(1 + \frac{YZ}{4}\right)\dot{U}_2 + \left(1 + \frac{YZ}{2}\right)\dot{I}_2 \tag{2-31}$$

用 **T** 参数描述的二端口网络方程可表示为

$$\begin{bmatrix} \dot{U}_1 \\ \dot{I}_1 \end{bmatrix} = \begin{bmatrix} 1 + \dfrac{YZ}{2} & Z \\ Y\left(1 + \dfrac{YZ}{4}\right) & 1 + \dfrac{YZ}{2} \end{bmatrix} \begin{bmatrix} \dot{U}_2 \\ \dot{I}_2 \end{bmatrix} \tag{2-32}$$

其中，**T** 参数矩阵为

$$T = \begin{bmatrix} A & B \\ C & D \end{bmatrix} = \begin{bmatrix} 1 + \dfrac{YZ}{2} & Z \\ Y\left(1 + \dfrac{YZ}{4}\right) & 1 + \dfrac{YZ}{2} \end{bmatrix} \tag{2-33}$$

类似地，可得图 2-3b 所示等效电路的 **T** 参数矩阵。

2. 短线路的等效电路和参数

线路电压不高时，线路电纳 B 的影响一般不大，可以略去。短线路的等效电路最简单，只有一个串联的总阻抗，如图 2-4 所示。显然，如电缆线路不长、电纳的影响不大时，也可采用这种等效电路。

由图 2-4 可得

$$\dot{I}_1 = \dot{I}_2; \quad \dot{U}_1 = \dot{U}_2 + \dot{I}_2 Z \tag{2-34}$$

用 **T** 参数描述的二端口网络方程可表示为

$$\begin{bmatrix} \dot{U}_1 \\ \dot{I}_1 \end{bmatrix} = \begin{bmatrix} 1 & Z \\ 0 & 1 \end{bmatrix} \begin{bmatrix} \dot{U}_2 \\ \dot{I}_2 \end{bmatrix} \tag{2-35}$$

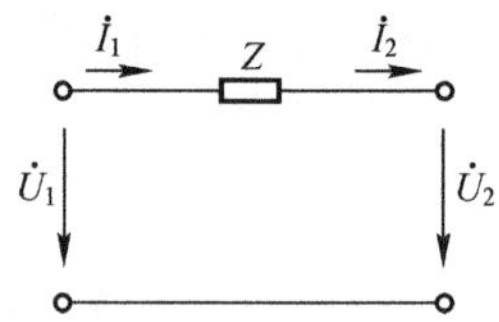

图 2-4　短线路的 T 型等效电路

其中，**T** 参数矩阵为

$$T = \begin{bmatrix} 1 & Z \\ 0 & 1 \end{bmatrix} \tag{2-36}$$

2.2.2　长线路的等效电路和参数

所谓长线路，是指长度超过 300km 架空线路和长度超过 100km 电缆线路。长线路的集中参数等效电路有 Π 形等效电路和 T 形等效电路，如图 2-5a、b 所示。实际计算中大多采用 Π 型等效电路。

图 2-5 中 Π 型等效电路的参数为

$$\begin{cases} Z' = B = Z_c \text{sh}\gamma l \\ Y' = \dfrac{2(A-1)}{B} = \dfrac{2(\text{ch}\gamma l - 1)}{Z_c \text{sh}\gamma l} = \dfrac{2}{Z_c} \text{th}\dfrac{\gamma l}{2} \end{cases} \tag{2-37}$$

T 型等效电路的参数为

$$\begin{cases} Z'' = \dfrac{Z_c \mathrm{sh}\gamma l}{\mathrm{ch}\gamma l} \\[3mm] Y'' = \dfrac{\mathrm{sh}\gamma l}{Z_c} \end{cases} \tag{2-38}$$

式中，γ 为线路的传播常数；Z_c 为线路的物理阻抗。

γ 和 Z_c 的大小由下式确定：

$$\gamma = \sqrt{(g_1 + jb_1)(r_1 + jx_1)} \tag{2-39}$$

$$Z_c = \sqrt{\dfrac{r_1 + jx_1}{g_1 + jb_1}} \tag{2-40}$$

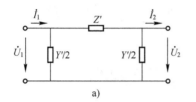 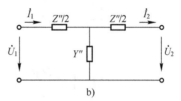

图 2-5　长线路的等效电路

a）线路的 Π 型等效电路　b）线路的 T 型等效电路

2.2.3　电力线路上的电压降落和功率损耗

在图 2-6 中，设末端电压为 $\dot{U}_2$，末端功率为 $\widetilde{S}_2 = P_2 + jQ_2$，则线路末端导纳支路的功率损耗 $\Delta\widetilde{S}_{Y2}$ 为

$$\Delta\widetilde{S}_{Y2} = \left(\dfrac{Y}{2}\dot{U}_2\right)^* \dot{U} = \dfrac{\overset{*}{Y}}{2}\dot{U}_2 \overset{*}{\dot{U}}_2 = \dfrac{1}{2}(G - jB)U_2^2 = \dfrac{1}{2}GU_2^2 - \dfrac{1}{2}jBU_2^2$$
$$= \Delta P_{Y2} - j\Delta Q_{Y2} \tag{2-41}$$

阻抗末端的功率 $\widetilde{S}_2'$ 为

$$\widetilde{S}_2' = \widetilde{S}_2 + \Delta\widetilde{S}_{Y2} = P_2' + jQ_2' \tag{2-42}$$

阻抗支路中损耗的功率 $\Delta\widetilde{S}_Z$ 为

$$\Delta\widetilde{S}_Z = \left(\dfrac{S_2'}{U_2}\right)^2 Z = \dfrac{P_2'^2 + jQ_2'^2}{U_2^2}(R + jX) = \Delta P_Z + jQ_Z \tag{2-43}$$

阻抗支路始端的功率 $\widetilde{S}_1'$ 为

$$\widetilde{S}_1' = \widetilde{S}_2' + \Delta\widetilde{S}_Z = P_1' + jQ_1' \tag{2-44}$$

线路始端导纳支路的功率损耗 $\Delta\widetilde{S}_{Y1}$ 为

$$\Delta\widetilde{S}_{Y1} = \left(\dfrac{Y}{2}\dot{U}_1\right)^* \dot{U}_1 = \dfrac{\overset{*}{Y}}{2}\dot{U}_1 \overset{*}{\dot{U}}_1 = \dfrac{1}{2}(G - jB)U_1^2 = \dfrac{1}{2}GU_1^2 - \dfrac{1}{2}jBU_1^2 = \Delta P_{Y1} - j\Delta Q_{Y1} \tag{2-45}$$

线路首端功率 $\widetilde{S}_1$ 为

$$\widetilde{S}_1 = \widetilde{S}_1' + \Delta\widetilde{S}_{Y1} = P_1' + jQ_1' \tag{2-46}$$

从以上推导不难看出，要想求出始端导纳支路的功率损耗 $\Delta\widetilde{S}_1'$ 从而求得 $\widetilde{S}_1$，必须先求出始端电压 $\dot{U}_1$。设 $\dot{U}_2$ 与实轴重合，即 $\dot{U}_2 = U_2\underline{/0^0}$，如图 2-7 所示。

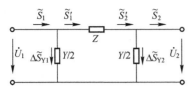

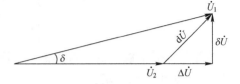

图 2-6 电力线路的电压和功率   图 2-7 电力线路的电压相量图

由 $\dot{U}_1 = \dot{U}_2 + \left[\dfrac{\widetilde{S}_2'}{\dot{U}_2}\right]^* Z$ 可得

$$\dot{U}_1 = U_2 + \frac{P_2' - jQ_2'}{U_2}(R + jX) = \left(U_2 + \frac{P_2'R + Q_2'X}{U_2}\right) + j\left(\frac{P_2'X - Q_2'R}{U_2}\right) \qquad (2\text{-}47)$$

令

$$\Delta U = \left(\frac{P_2'R + jQ_2'X}{U_2}\right); \qquad \delta U = \left(\frac{P_2 X - jQ_2 R}{U_2}\right) \qquad (2\text{-}48)$$

则有

$$\dot{U}_1 = (U_2 + \Delta U) + j\delta U \qquad (2\text{-}49)$$

从而得出

$$U_1 = \sqrt{(U_2 + \Delta U)^2 + (\delta U)^2} \qquad (2\text{-}50)$$

图 2-7 中的功率角为

$$\delta = \arctan\frac{\delta U}{U_2 + \Delta U} \qquad (2\text{-}51)$$

在一般电力系统中，$U_2 + \Delta U$ 远远大于 δU，也即电压降落横分量的值 δU 对电压 U_1 的大小影响很小，可忽略不计，所以

$$U_1 \approx U_2 + \Delta U = U_2 + \frac{P_2'R + Q_2'X}{U_2} \qquad (2\text{-}52)$$

同理，也可推导出从始端电压 $\dot{U}_1$、始端功率 $\widetilde{S}_1$ 求取末端电压 $\dot{U}_2$、末端功率 $\widetilde{S}_2$ 的计算公式。有关功率的推导与式（2-41）~式（2-46）类似，而计算电压的部分应改为

$$\dot{U}_2 = (U_1 - \Delta U') - j\delta U' \qquad (2\text{-}53)$$

$$\Delta U' = \left(\frac{P_1'R + jQ_1'X}{U_1}\right); \quad \delta U' = \left(\frac{P_1'X - jQ_1'R}{U_1}\right) \qquad (2\text{-}54)$$

$$U_2 = \sqrt{(U_1 - \Delta U')^2 + (\delta U')^2} \qquad (2\text{-}55)$$

$$\delta = \arctan\frac{-\delta U'}{U_1 - \Delta U'} \qquad (2\text{-}56)$$

式（2-53）~式（2-56）是以 $\dot{U}_1$ 为基准参考轴推出的。

将上述两种情况的相量的相对关系在同一相量图上表示，如图 2-8 所示。

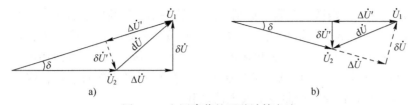

图 2-8　电压降落的两种计算方法

a）自末端算起　b）自始端算起

2.3　负荷的运行特性和数学模型

1. 负荷组成

电力系统中所有电力用户的用电设备所消耗的电功率就是电力系统的负荷，又称为综合用电负荷。综合用电负荷在电网中传输会引起网络损耗，则综合用电负荷加上电网的网络损耗就是各发电厂向外输送的功率，称为系统的供电负荷。发电厂内，为了保证发电机及其辅助设备的正常运行，设置了大量的电动机拖动的机械设备以及运行、操作、试验、照明等设备，它们所消耗的功率总和称为厂用电消耗的功率。供电负荷加上发电厂厂用电消耗的功率就是电力系统的发电负荷。

电力用户的用电设备主要为异步电动机、同步电动机、电热装置和照明设备等。根据用户的性质，用电负荷又可分为工业负荷、农业负荷、交通运输业负荷和人民生活用电负荷等。用户性质不同，各种用电设备消耗功率所占比重也不同。

电力系统负荷的运行特性广义地可分两大类：负荷随时间而变化的规律，即负荷曲线；负荷随电压或频率而变化的规律，即负荷特性。

2. 负荷曲线

电力系统各用户的用电情况不同，并且经常发生变化，因此，实际系统的负荷是随时间变化的。描述负荷随时间变化规律的曲线称为负荷曲线。负荷曲线按负荷种类可分为有功负荷曲线和无功负荷曲线；按时间的长短可分为日负荷曲线和年负荷曲线；也可按计量地点分为个别用户、电力线路、变电所、发电厂和电力系统的负荷曲线。将上述三种特征相结合，就确定了某一种特定的负荷曲线，如电力系统的日有功负荷曲线。下面介绍几种常用的负荷曲线。

（1）日负荷曲线

日负荷曲线描述系统负荷在一天 24 h 内所需功率的变化情况，分为日有功负荷曲线和日无功负荷曲线。它是调度部门制定各发电厂发电负荷计划的依据。图 2-9a 为某系统的日负荷曲线，实线为日有功负荷曲线，虚线为日无功负荷曲线。为了方便计算，常把负荷曲线绘成阶梯形，如图 2-9b 所示。负荷曲线中的最大值称为日最大负荷 P_{max}（峰荷），最小值称为日最小负荷 P_{min}（谷荷）。从图 2-9a 可见，有功功率和无功功率最大负荷不一定同时出现，低谷负荷时功率因数较低，高峰负荷时功率因数较高。

根据日负荷曲线可估算负荷的日耗电量 ΔA，即

$$\Delta A = \int_0^{24} P \mathrm{d}t \tag{2-57}$$

在数值上 ΔA 就是日有功负荷曲线 P 包含的曲边梯形的面积。

不同行业、不同季节的日负荷曲线差别很大，图 2-10 所示为几种行业在冬季的日有功

负荷曲线。图2-10中，钢铁工业属三班制生产，图2-10a 负荷曲线较平坦，最小负荷达最大负荷的85%；食品工业属一班制生产，图2-10b 负荷曲线变化幅度较大，最小负荷仅达最大负荷的13%；农村加工负荷每天仅用电 12 h（图2-10c）；市政生活用电有明显的用电高峰（图2-10d）。由图2-10可见，各行业的最大负荷不可能同时出现，因此系统负荷曲线上的最大值恒小于各行业负荷曲线上最大值之和。

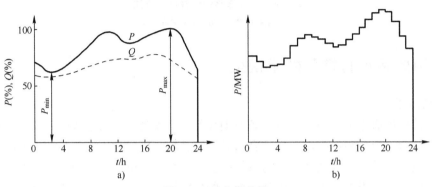

图 2-9　日负荷曲线

a）逐点描绘的日负荷曲线　b）阶梯形的日有功负荷曲线

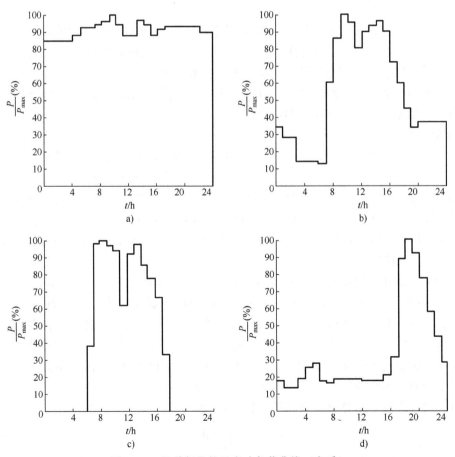

图 2-10　几种行业的日有功负荷曲线（冬季）

a）钢铁工业负荷　b）食品工业负荷　c）农村加工负荷　d）市政生活负荷

（2）年最大负荷曲线

年最大负荷曲线是描述一年内每月电力系统综合用电负荷变化规律的曲线，可为调度、计划部门有计划地安排发电设备的检修、扩建或新建发电厂提供依据。图 2-11 所示为某系统的年最大负荷曲线，其中，阴影面积 A 为检修机组的容量与检修时间的乘积；B 为系统扩建或新建的机组容量。年持续负荷曲线如图 2-12 所示。

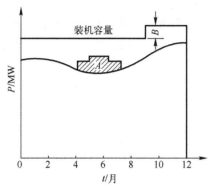

图 2-11　年最大负荷曲线

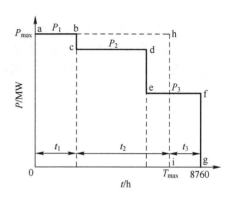

图 2-12　年持续负荷曲线

全年耗电量 A 在数值上等于曲线 P 包围的面积。如果负荷始终等于最大值 P_{max}，经 T_{max} 后消耗的电能恰好等于全年的实际耗电量，则称 T_{max} 为最大负荷利用小时数，即

$$T_{max} = \frac{A}{P_{max}} = \frac{1}{P_{max}} \int_0^{8760} P\mathrm{d}t \tag{2-58}$$

可见 T_{max} 表示全年用电量若以最大负荷运行时可供耗用的时间。因此在已知 P_{max} 和 T_{max} 的情况下，可估算出电力系统的全年耗电量：

$$A = P_{max} T_{max} \tag{2-59}$$

各类用户的 T_{max} 大体见表 2-1。

表 2-1　各类用户的 T_{max} 值

负 荷 类 型	T_{max}/h
户内照明及生活用电	2000~3000
一班制企业用电	1500~2200
二班制企业用电	3000~4500
三班制企业用电	6000~7000
农灌用电	1000~1500

由于系统发电能力是按最大负荷需要再加上适当的备用容量确定的，所以 T_{max} 也反映了系统发电设备的利用率。

3. 负荷的数学模型

负荷的数学模型比较简单，就是以给定的有功功率和无功功率表示。在对计算精度要求较高时，需要计及负荷的静态特性。负荷的静态特性可以采用超越函数或多项式表示。一般

情况下，以含有高次项的多项式表示静态特性较以超越函数表示时适用的范围宽。静态电压特性可为

$$P=P_N (U/U_N)^p; \quad Q=Q_N (U/U_N)^p \tag{2-60}$$

也可为

$$\begin{cases} P=P_N[a_P+b_P(U/U_N)+c_P(U/U_N)^2+\cdots] \\ Q=Q_N[a_Q+b_Q(U/U_N)+c_Q(U/U_N)^2+\cdots] \end{cases} \tag{2-61}$$

式中，P_N、Q_N分别为在额定电压 U_N 下的有功功率、无功功率负荷；P、Q 分别为在电压 U（偏离额定值）时的有功功率、无功功率负荷；p、q、a_P、a_Q、b_P、b_Q、c_P、c_Q 为待定的系数，它们的数值可通过拟合相应的特性曲线而得到。

第3章 线损理论计算

准确合理的线损理论计算是电力企业分析线损构成、制定降损措施的技术依据。通过线损理论计算，了解和掌握电网中每一元件的电能损耗，能够科学、准确地找出电网中存在的问题，有针对性地采取有效措施，将线损降低到比较合理的水平，这对提高供电企业的生产技术和经营管理水平有着重要意义。由于各电压等级电网具有不同的结构特点，因此具体采用的线损理论计算方法也不同。

3.1 线损理论计算概述

1. 线损理论计算及其作用

线损理论计算，是指从事线损管理的工作人员根据掌握的电网结构参数和运行参数，运用电工原理和电学中的理论，计算电网元件中的理论线损电量及其所占比例、电网的理论线损率、最佳理论线损率和经济负荷电流等数值以及功率（电流）分布，并进行定性和定量分析。电网线损理论计算属于电网计算技术之一，是一项对线损管理具有一定指导性的超前工作，可为确定电网线损变化规律和进行线损分析提供理论依据。其作用具体表现在：

1）计算出来的理论线损率，可以为实际线损率提供一个"对比"，根据这个"对比"可以确定电网中不明损耗是多少，审定企业的管理水平是高还是低，其实际线损率的统计是否合理。

2）计算出来的最佳线损率，可以为理论线损率提供一个"对比"，根据这个"对比"可以知道电网的运行是否经济，电网的结构和布局是否合理，电网的技术装备水平及其组成元件的质量与性能是否精良。

3）计算出来的各种线损电量所占比重，可以为线损分析提供可靠依据，进而摸清电网中线损的存在特点、变化规律，寻找出电网的薄弱环节或线损过大的元件，乃至线损过高的原因，确定降损主攻方向，采取有针对性的措施，以期获取事半功倍的降损节电效果。

4）线损理论计算所提供的各种数据，是合理下达线损考核指标、按线路或设备分解指标，推行电网降损承包责任制的基础。

5）线损理论计算所提供的各种资料，是企业的技术管理和基础工作的一个重要组成部分，因此，线损理论计算是推动企业做好此两项工作的一个重要环节。

6）电网线损理论计算所提供的各种数据和资料，及其分析得到的线损变化规律，是进行新电网规划、建设的必要参考蓝本，也是进行老电网调整改造的重要依据。只要有意识地吸取过去的有益教训，借鉴现有的成功经验，遵循电网内在客观规律，就可以避免电网规划、建设和调整改造中的盲目性和新电网（含经调整改造后的电网）的"先天不足"；这样的电网，就是一个布局和结构基本合理、运行损耗相应较低而安全经济的电网。

7）企业供用电管理人员，尤其是电网线损管理人员，通过参加线损管理培训，特别是参加线损理论计算分析、降损节电计划拟定及实施等实际工作，将促进其电气理论、技术水平的进一步提高和实践经验的大大丰富，从而使企业中懂业务、有技术、通管理的人才更多，进而更有利于创一流企业或企业升级。

2. 开展线损理论计算的条件

线损理论计算是在一定条件下进行的，必须事先做好以下准备工作：

1）计量仪表要配备齐全。电网线路出口应装设电压表、电流表、有功电能表、无功电能表等仪表；每台配电变压器二次侧应装设有功电能表、无功电能表（或功率因数表）等；并要求准确、完整地做好这些仪表的运行记录。

2）绘制网络接线图。网络接线图上，应能反映出线路上各种型号导线的配置、连接状况以及每台配电变压器的安放位置、挂接方式等。

3）计算用的数据和资料齐全。计算用的数据和资料是指线路结构参数，包括线路导线型号及其长度、配电变压器的型号容量及台数等；线路运行参数包括有功供电量、无功供电量、运行时间、负荷曲线特征系数、每台配电变压器二次侧总表抄见电量等。为了计算使用方便起见，要求把这些数据标在网络接线图上。

3. 线损理论计算的要求

目前，线损理论计算的方法很多，不同的方法适用于不同的场合或电网［城市电网和农村电网（以下简称农网）、配电网和输电网、高压电网和低压电网］。但是，不管采用哪种方法进行计算，都应达到下列要求：

1）所采用的方法不应过于复杂或烦琐，而应较为简便、易于操作，计算过程应简洁而明晰。

2）计算用的数据或资料，在电网一般常用（或现有）计量仪表配置下，应易于采集获取，而不是再装设昂贵的特殊（或专用）记录仪表或仪器。某些参数的取值也应较为简便易得。

3）所采用方法的计算结果应达到足够的准确度，应能满足实际工作的需要。如有误差，则应在允许范围之内。

4）高压配电网的线损计算应该用潮流分布计算法或矩阵法，中压配电网的线损计算应该用电量法，$0.4\,\text{kV}$ 配电网的线损计算应该运用考虑其三相负荷不平衡影响的方法。

3.2 线损理论计算方法

1. 均方根电流法（亦称代表日负荷电流法）

设某线路首端负荷电流随时间变化的日负荷曲线为 $i = f(t)$，由于该负荷曲线没有一个固定的规律，而不能用一个确定的函数式表示，不能直接用式（2-57）计算该线路的日线损电量。如果把这个负荷电流一昼夜变化的曲线分成 24 个等份，每个时间段相等，记为 Δt（显然 $\Delta t = 1$），可以认为每个时间段 Δt 内负荷电流是恒定不变值，这样便将一条日负荷曲线变成一条折线，它实质就是原实际日负荷电流曲线的近似形式，而这样一来即可较为方便地将其在 24 h 内的线损电量 ΔA 用积分方法计算出来，即有

$$\begin{aligned}
\Delta A &= 3R_{\text{dz}} \int_0^{24} i^2 \mathrm{d}t \\
&= 3R_{\text{dz}}(I_1^2 \Delta t + I_2^2 \Delta t + \cdots + I_{24}^2 \Delta t) \times 10^{-3} \\
&= 3R_{\text{dz}} \left(\frac{I_1^2 + I_2^2 + \cdots + I_{24}^2}{24} \right) 24 \times 10^{-3} \quad (\text{kW} \cdot \text{h})
\end{aligned} \qquad (3\text{-}1)$$

式中，R_{dz} 为线路总等效电阻（Ω）；I_1、I_2、$\cdots$、I_{24} 为线路在每小时的负荷电流值（A）。

设

$$I_{jf} = \sqrt{\frac{I_1^2 + I_2^2 + \cdots + I_{24}^2}{24}} \tag{3-2}$$

式（3-1）可以写为

$$\Delta A = 3R_{dz}I_{jf}^2 \times 24 \times 10^{-3} \quad (\text{kW} \cdot \text{h}) \tag{3-3}$$

式中，I_{jf} 为线路首端负荷电流一日 24 h 内的各时间段电流二次方和平均值的二次方根，故称为均方根电流，实质上它是负荷电流一日（昼夜）的平均值的一种表达和计算方式。也就是说，均方根电流是用来近似代表实际随时间变化的负荷电流，从而可使计算简化。

如果线路的实际运行时间不是 24 h，而是任意时间 T，则线路的线损电量为

$$\Delta A = 3R_{dz}I_{jf}^2 T \times 10^{-3} \quad (\text{kW} \cdot \text{h}) \tag{3-4}$$

2. 平均电流法（亦称形状系数法）

均方根电流与平均电流的比值称为负荷曲线形状系数（或线路负荷曲线特征系数），即

$$K = I_{jf}/I_{pj} \tag{3-5}$$

式中，K 为负荷曲线形状系数；I_{pj} 为线路首端平均负荷电流（A），由下式计算得到

$$I_{pj} = \frac{1}{n}\sum_{i=1}^{n} I_i \tag{3-6}$$

线损电量 ΔA 的计算公式为

$$\Delta A = 3R_{dz}K^2 I_{pj}^2 T \times 10^{-3} \quad (\text{kW} \cdot \text{h}) \tag{3-7}$$

3. 最大电流法（亦称损失因数法）

均方根电流的二次方与最大电流的二次方的比值称为损失因数，即有

$$F_0 = I_{jf}^2/I_{max}^2 \tag{3-8}$$

式中，F_0 为损失因数；I_{max} 为线路首端最大负荷电流（A）。

对于配电网，损失因数按照式（3-9）计算，输电网损失因数按照式（3-10）计算，即

$$F_0 = 0.2\beta + 0.8\beta^2 \tag{3-9}$$

$$F_0 = 0.083\beta + 1.036\beta^2 - 0.12\beta^3 \tag{3-10}$$

式中，β 为线路负荷率，$\beta = I_{pj}/I_{max}$。

线损电量 ΔA 计算公式为

$$\Delta A = 3R_{dz}F_0 I_{max}^2 T \times 10^{-3} \quad (\text{kW} \cdot \text{h}) \tag{3-11}$$

4. 最大负荷损耗小时数法

利用最大负荷电流、最大负荷损耗小时数计算线损电量 ΔA 的计算公式为

$$\Delta A = 3R_{dz}I_{max}^2 \tau \times 10^{-3} \quad (\text{kW} \cdot \text{h}) \tag{3-12}$$

式中，τ 为最大负荷损耗小时数（h）。

5. 电量法（亦称等效电阻法或包含电能表取数法）

线损电量 ΔA 的计算公式为

$$\Delta A = (A_P^2 + A_Q^2)\frac{K^2 R_{dz}}{U_{pj}^2 T} \times 10^{-3} \quad (\text{kW} \cdot \text{h}) \tag{3-13}$$

式中，A_P 为线路首端平均有功供电量（kW·h）；A_Q 为线路首端平均无功供电量（kvar·h）；U_{pj} 为线路平均运行电压（kV），可以用额定电压代替。

3.3 高压配电网的线损理论计算方法

在高压配电网中，通常一条线路中所包含的分支线、导线型号数、变压器台数等都较少，可见高压配电网的结构较为简单，而且其计量仪表和测量装置较为齐全，加之一般都有比较齐全的运行记录，因此高压配电网的线损理论计算较为简便。

但是，高压配电网中线路的导线截面和变压器的容量，以及输送的负荷都较大，对线损的高低影响也较大。何况高压配电网中线路的理论线损率本来就很低，如果对各个参数和各个计算环节把关不严格，将会造成不可允许的误差，所以，对线损计算的准确度要求会更高。鉴于输电线路的上述特点，在计算其理论线损时，应尽量按各个元件分别进行计算。

3.3.1 35kV 线路的线损理论计算

35kV 线路的线损理论计算分线路的电阻损耗、变压器的空载损耗和变压器的负载损耗三部分进行。

1. 线路的电阻损耗

线路的电阻损耗 ΔA_1 计算公式如下：

$$\Delta A_1 = 3R_d I_{jf}^2 t_1 \times 10^{-3} \quad (\text{kW·h}) \tag{3-14}$$

或

$$\Delta A_1 = 3R_d I_{pj}^2 K^2 t_1 \times 10^{-3} \quad (\text{kW·h}) \tag{3-15}$$

或

$$\Delta A_1 = (A_P^2 + A_Q^2)\frac{K^2 R_d}{U_{pj}^2 t_1} \times 10^{-3} \quad (\text{kW·h}) \tag{3-16}$$

式中，R_d 为线路的等效电阻（Ω）；I_{jf}、I_{pj} 分别为线路首端均方根电流、平均负荷电流（A）；K 为线路负荷曲线特征系数；t_1 为线路实际运行时间（h）；A_P 为线路有功供电量（kW·h）；A_Q 为线路无功供电量（kvar·h）；U_{pj} 为线路平均运行电压（kV），一般取线路的额定电压。

2. 变压器的空载损耗

变压器的空载损耗 ΔA_0 计算公式如下：

$$\Delta A_0 = \Delta P_0 t_b \times 10^{-3} \quad (\text{kW·h}) \tag{3-17}$$

式中，ΔP_0 为变压器空载时的功率损耗（W）；t_b 为变压器总运行时间（h），其值等于空载运行时间 t_0 和带负荷时的运行时间 t_f 之和。

3. 变压器的负载损耗

变压器的负载损耗 ΔA_f 计算公式如下：

$$\Delta A_f = \beta^2 \Delta P_k t_f \times 10^{-3} \quad (\text{kW·h}) \tag{3-18}$$

或

$$\Delta A_f = \left(\frac{I_{jf}}{I_N}\right)^2 \Delta P_k t_f \times 10^{-3} \quad (\text{kW·h}) \tag{3-19}$$

或

$$\Delta A_f = \left(\frac{I_{pj}}{I_N}\right)^2 K^2 \Delta P_k t_f \times 10^{-3} \quad (\text{kW·h}) \tag{3-20}$$

式中，ΔP_k 为变压器的短路损耗（W）；β 为变压器的实际负荷率；I_{jf}、I_{pj} 分别为变压器的均方根电流、平均负荷电流（A）；I_N 为变压器一次额定电流（A）；K 为变压器的负荷曲线特征系数（可取线路负荷曲线特征系数）。

4. 35 kV 线路的总线损以及理论线损率

35 kV 线路的总线损 ΔA_Σ 以及理论线损率 $\Delta A\%$ 为

$$\Delta A_\Sigma = \Delta A_1 + \Delta A_0 + \Delta A_f \quad (\text{kW} \cdot \text{h}) \tag{3-21}$$

$$\Delta A\% = \frac{\Delta A_\Sigma}{A_P} \times 100\% \tag{3-22}$$

5. 35 kV 线路的可变损耗所占比例

35 kV 线路的可变损耗所占比例 $\Delta A_{kb}\%$ 为

$$\Delta A_{kb}\% = \frac{\Delta A_{kb}}{\Delta A_\Sigma} \times 100\% = \frac{\Delta A_1 + \Delta A_f}{\Delta A_\Sigma} \times 100\% \tag{3-23}$$

【例 3-1】 某 35 kV 网络如图 3-1 所示，部分参数在图中给出。图中导线 LGJ-185 为 5.7 km，LCJ-150 为 2.6 km，LGJ-120 为 3.4 km；35/10 kV 电力变压器 SL7-5000×2 kV·A，SL7-3150×2 kV·A，某月运行 675 h，有功供电量为 4269947 kW·h，无功供电量为 2596128 kvar·h，测算得负荷曲线特征系数为 1.05。试计算该网络当月理论线损率和线路导线、变压器铁心、变压器绕组中的损耗所占比重。

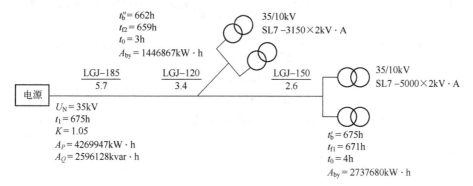

图 3-1 35 kV 网络图

解：（1）计算两座变电站 4 台主变压器的空载损耗 ΔA_0

$$\Delta A_0' = \Delta P_0' \times 2t_b' = 6.76 \times 2 \times 675 \text{ kW} \cdot \text{h} = 9126 \text{ kW} \cdot \text{h}$$

$$\Delta A_0'' = \Delta P_0'' \times 2t_b'' = 4.75 \times 2 \times 662 \text{ kW} \cdot \text{h} = 6289 \text{ kW} \cdot \text{h}$$

$$\Delta A_0 = \Delta A_0' + \Delta A_0'' = (9126 + 6289) \text{ kW} \cdot \text{h} = 15415 \text{ kW} \cdot \text{h}$$

（2）计算两座变电站 4 台主变压器的负载损耗 ΔA_f

线路的负荷功率因数为

$$\cos\varphi = \frac{A_P}{\sqrt{A_P^2 + A_Q^2}} = \frac{4269947}{\sqrt{4269947^2 + 2596128^2}} = 0.85$$

两座变电站变压器的平均负荷率分别为

$$\beta_1 = \frac{A_{by1}}{S_{N\Sigma}\cos\varphi t_{f1}} = \frac{2737680}{5000 \times 2 \times 0.85 \times 671} = 0.48$$

$$\beta_2 = \frac{A_{by2}}{S_{N\Sigma}\cos\varphi t_{f2}} = \frac{1446867}{3150\times 2\times 0.85\times 659} = 0.41$$

故两座变电站 4 台主变压器的负载损耗 ΔA_{f1}、ΔA_{f2} 分别为

$$\Delta A_{f1} = K^2\beta_1^2\Delta P_{k1}\times 2t_{f1} = 1.05^2\times 0.48^2\times 36.7\times 2\times 671\,\text{kW}\cdot\text{h} = 12510.64\,\text{kW}\cdot\text{h}$$

$$\Delta A_{f2} = K^2\beta_2^2\Delta P_{k2}\times 2t_{f2} = 1.05^2\times 0.41^2\times 27.0\times 2\times 659\,\text{kW}\cdot\text{h} = 6595.16\,\text{kW}\cdot\text{h}$$

$$\Delta A_f = \Delta A_{f1} + \Delta A_{f2} = (12510.64 + 6595.16)\,\text{kW}\cdot\text{h} = 19105.8\,\text{kW}\cdot\text{h}$$

（3）计算线路导线中的电阻损耗 ΔA_1

根据式（2-28）计算线路导线电阻：

对 LGJ-185，$R_{d1} = r_1 L_1 = 0.17\times 5.7\,\Omega = 0.97\,\Omega$

对 LGJ-150，$R_{d2} = r_1 L_2 = 0.21\times 2.6\,\Omega = 0.55\,\Omega$

对 LGJ-120，$R_{d3} = r_1 L_3 = 0.27\times 3.4\,\Omega = 0.92\,\Omega$

线路对两座变电站（SL7-5000×2 kV·A 和 SL7-3150×2 kV·A）的有功供电量和无功供电量分别为

$$A_{P1} = A_P\frac{A_{by1}}{A_{by1}+A_{by2}} = 4269947\times\frac{2737680}{2737680+1446867}\,\text{kW}\cdot\text{h} = 2793551.73\,\text{kW}\cdot\text{h}$$

$$A_{Q1} = A_Q\frac{A_{by1}}{A_{by1}+A_{by2}} = 2596128\times\frac{2737680}{2737680+1446867}\,\text{kvar}\cdot\text{h} = 1698479.6\,\text{kvar}\cdot\text{h}$$

$$A_{P2} = A_P\frac{A_{by2}}{A_{by1}+A_{by2}} = 4269947\times\frac{1446867}{2737680+1446867}\,\text{kW}\cdot\text{h} = 1476395.27\,\text{kW}\cdot\text{h}$$

$$A_{Q2} = A_Q\frac{A_{by2}}{A_{by1}+A_{by2}} = 2596128\times\frac{1446867}{2737680+1446867}\,\text{kvar}\cdot\text{h} = 897648.4\,\text{kvar}\cdot\text{h}$$

线路 LGJ-185、LGJ-150、LGJ-120 的电阻损耗 $\Delta A_{1.1}$、$\Delta A_{1.2}$、$\Delta A_{1.3}$ 分别为

$$\Delta A_{1.1} = (A_P^2+A_Q^2)\frac{K^2 R_{d1}}{U_N^2 t_1}\times 10^{-3} = (4269947^2+2596128^2)\times\frac{1.05^2\times 0.97}{35^2\times 675}\times 10^{-3}\,\text{kW}\cdot\text{h}$$

$$= 32298\,\text{kW}\cdot\text{h}$$

$$\Delta A_{1.2} = (A_{P1}^2+A_{Q1}^2)\frac{K^2 R_{d2}}{U_N^2 t_b'}\times 10^{-3} = (2793551.73^2+1698479.6^2)\times\frac{1.05^2\times 0.55}{35^2\times 675}\times 10^{-3}\,\text{kW}\cdot\text{h}$$

$$= 7838\,\text{kW}\cdot\text{h}$$

$$\Delta A_{1.3} = (A_{P2}^2+A_{Q2}^2)\frac{K^2 R_{d3}}{U_N^2 t_b''}\times 10^{-3} = (1476395.27^2+897648.4^2)\times\frac{1.05^2\times 0.92}{35^2\times 662}\times 10^{-3}\,\text{kW}\cdot\text{h}$$

$$= 3734\,\text{kW}\cdot\text{h}$$

$$\Delta A_1 = \Delta A_{1.1}+\Delta A_{1.2}+\Delta A_{1.3} = (32298+7838+3734)\,\text{kW}\cdot\text{h} = 43870\,\text{kW}\cdot\text{h}$$

线路总电能损耗 ΔA_Σ 和理论线损率 $\Delta A\%$、线路导线中的损耗比重 $\Delta A_{xd}\%$、变压器绕组中的负载损耗比重 $\Delta A_f\%$，以及变压器空载损耗比重 $\Delta A_0\%$ 的计算如下：

$$\Delta A_\Sigma = \Delta A_1+\Delta A_f+\Delta A_0 = (43870+19105.8+15415)\,\text{kW}\cdot\text{h} = 78390.8\,\text{kW}\cdot\text{h}$$

$$\Delta A\% = \frac{\Delta A_\Sigma}{\Delta A_P}\times 100\% = \frac{78390.8}{4269947}\times 100\% = 1.84\%$$

而线路的实际线损率为

$$\Delta A_s\% = \frac{A_P - A_{by1} - A_{by2}}{A_P} \times 100\% = \frac{4269947 - 2737680 - 1446867}{4269947} \times 100\% = 2.00\%$$

各种损耗在总损耗中所占百分比为

$$\Delta A_{xd}\% = \frac{\Delta A_1}{\Delta A_\Sigma} \times 100\% = \frac{43870}{78390.8} \times 100\% = 55.96\%$$

$$\Delta A_f\% = \frac{\Delta A_f}{\Delta A_\Sigma} \times 100\% = \frac{19105.8}{78390.8} \times 100\% = 24.37\%$$

$$\Delta A_0\% = \frac{\Delta A_0}{\Delta A_\Sigma} \times 100\% = \frac{15415}{78390.8} \times 100\% = 19.67\%$$

3.3.2　110kV 线路的线损理论计算

在 110kV 线路中，除了存在与 35kV 线路相同的三部分损耗，即线路导线中的电阻损耗、变压器的空载损耗和变压器的负载损耗之外，还存在着线路的电晕损耗和线路的绝缘子泄漏损耗。因此，110kV 线路的总电能损耗 ΔA_Σ 包括：线路导线中的电阻损耗 ΔA_1、变压器的空载损耗 ΔA_0、变压器的负载损耗 ΔA_f、线路的电晕损耗 ΔA_{dy} 和线路的绝缘子泄漏损耗 ΔA_{xL}。

110kV 双绕组变压器的损耗的计算方法与 35kV 变压器相同。而 110kV 三绕组变压器，其空载损耗的计算方法与 35kV 变压器相同，但负载损耗的计算要较为复杂一些。

110kV 线路的电阻损耗的计算与 35kV 线路相同，110kV 变压器空载损耗的计算与 35kV 变压器相同。下面就 110kV 线路中的变压器的负载损耗、线路的电晕损耗和线路的绝缘子泄漏损耗的计算确定方法分别叙述。

1. 变压器的负载损耗

三绕组变压器的负载损耗 ΔA_f 计算公式如下：

$$\Delta A_f = \Delta A_{f1} + \Delta A_{f2} + \Delta A_{f3} \quad (kW \cdot h) \tag{3-24}$$

$$\Delta A_{f1} = \Delta P_{k1} \left(\frac{I_{jf1}}{I_{N1}}\right)^2 t_f \quad (kW \cdot h) \tag{3-25}$$

$$\Delta A_{f2} = \Delta P_{k2} \left(\frac{I_{jf2}}{I_{N2}}\right)^2 t_f \quad (kW \cdot h) \tag{3-26}$$

$$\Delta A_{f3} = \Delta P_{k3} \left(\frac{I_{jf3}}{I_{N3}}\right)^2 t_f \quad (kW \cdot h) \tag{3-27}$$

式中，ΔA_{f1}、ΔA_{f2}、ΔA_{f3} 为变压器三个绕组的实际负载损耗（kW·h）；ΔP_{k1}、ΔP_{k2}、ΔP_{k3} 为三个绕组的额定负载功率损耗（kW），见式（2-7）；I_{jf1}、I_{jf2}、I_{jf3} 为变压器三个绕组的均方根电流（A）；I_{N1}、I_{N2}、I_{N3} 为变压器三个绕组的额定负荷电流（A）；t_f 为变压器带负载的实际运行时间（h）。

2. 110kV 线路的电晕损耗 ΔA_{dy}

110kV 输电线路的电晕损耗大小主要和下列因素有关：

1）导线表面的电场强度。由于导线表面电场强度和线路实际运行电压水平、导线截面积、导线表面状况、导线对地距离及导线间距等有关，故影响电晕损耗的因素很多，其计算相当复杂。

2）天气条件。在晴天可能没有电晕，但在雨天、雾天、雪天很可能有电晕。比如在雨天，当雨水在导线下侧聚积成成串的小水珠时，电场就使这些水珠变成针状突出物体，在此处将使导线出现长条状的电晕现象。

3）受线路通过地区海拔高度的影响。

鉴于上述情况，110kV线路的电晕损耗值通常是根据由实验数值所导出的近似计算方法进行估算确定的。即为了计算方便起见，对110kV线路的电晕损耗量可从表3-1查取其对线路导线电阻损耗电量（$3I^2R\tau$）的比值，进行估算确定。

表3-1　110kV架空线路电晕损耗与电阻损耗的对比

线路平均运行电压/kV		115.5				
导线截面/mm²		70	95	120	150	185
最大电场强度 /(kV/cm)	边相	26.4	22.6	20.7	19.0	17.0
	中相	28.2	24.1	22.1	20.1	18.0
三相电晕功率损耗 /(kW/km)	冰雪天	1.1	0.54	0.36	0.22	0.14
	雨天	0.80	0.42	0.27	0.17	0.11
	雾天	0.17	0.102	0.085	0.067	0.044
	晴天	0	0	0	0	0
三相年均电晕功率损耗/(kW/km)		0.24	0.13	0.08	0.05	0.03
年均电晕损失电量/(kW·h/km)		2096.5	1105.3	720.9	460.4	298.1
当导线运行在经济电流密度1.15A/mm²时的$3I^2R$值/(kW/km)		8.9	11.8	15.4	18.7	23.1
在最大负荷损耗时间$\tau=5000$h下的$3I^2R$值/(kW·h/km)		44500	59000	77000	93500	115500
年均电晕损失电量对$3I^2R\tau$（$\tau=5000$h）之比值（%）		4.7	1.9	0.9	0.5	0.3

表3-1给出了110kV架空输电线路导线截面积为70~185mm²的5个单位长度的年均电晕损耗电量。当计算某月某条110kV架空输电线路的电晕损耗时，可直接运用此数字除以12再乘以该线路的总长度即可得之。

对于220kV及以上电压等级的架空线路的电晕损耗，亦可按上述类似方法进行计算，但要考虑其单位长度的年均电晕损耗电量与110kV线路不同。

3. 110kV线路的绝缘子泄漏损耗 ΔA_{xL}

110kV线路的绝缘子泄漏损耗和绝缘子的型式、沿线路地区大气的污染程度及其空气的湿度等因素有关。历年积累的调查统计资料表明，对于110kV及以上的架空线路的绝缘子泄漏损耗，约为相应线路电阻损耗电量$3I^2Rt\times10^{-3}$的1%。因此，为了避免计算过程过于烦琐，对于相应线路的绝缘子泄漏损耗，可直接按这一百分比进行估算。

3.3.3　线路理论线损的潮流计算方法

电网理论线损的潮流计算，是指在电网一定结构与布局情况下，运用收集到的电网输送功率、负荷电流、运行电压等参数的实际值（即瞬时值），计算求取电网中各个组成元件的功率损耗和电压损耗，确定电网的功率分布状况及相关点（即需要监测、监控的点）的电压水平，进而计算出全电网的理论线损（即总功率损耗）及理论线损率。

实践表明，运用电网潮流计算方法求取线路理论线损值，不仅方便可行，而且较为适宜，能够满足较高准确度的要求。

引起电网功率损耗、电能损耗及电压损耗的一个因素是结构参数，包括线路导线的电阻和电抗、变压器绕组的电阻和电抗；另一个因素是电网的运行参数。电网结构参数的确定详见第 2 章中线路和变压器参数的相关内容，然后可以根据第 2 章中变压器和电力线路的电压降落和功率损耗计算确定变压器和线路的有功功率损耗、无功功率损耗和电压损耗。

电网一般分为开式电网（即辐射形电网）和闭式电网两种。开式电网是其中任何一个负荷点都只能由一个方向供电的电网。开式电网潮流的分析计算，主要是求取网络首端功率、电压和末端功率、电压 4 个参数中的未知量。闭式电网有两端供电网络和环形电网两种基本形式。下面先介绍较为简单的开式电网的理论线损潮流计算。

1. 开式电网理论线损的潮流计算

以图 3-2 所示简单的开式电网为例，说明开式电网理论线损的潮流计算。电网的相关结构参数和运行参数标于图中，图中变压器额定容量 $S_N = 31.5\ \text{MV} \cdot \text{A}$，空载损耗 $\Delta P_0 = 41.13\ \text{kW}$，短路损耗 $\Delta P_k = 180\ \text{kW}$，空载电流 $I_0 = 0.65\%$，短路电压 $U_k\% = 10.46\%$。理论线损的潮流计算包括 4 步。

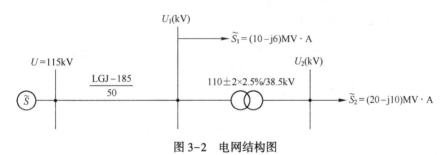

图 3-2　电网结构图

第 1 步：计算电网各元件的结构参数，并绘制电网的等效电路图，如图 3-3 所示。

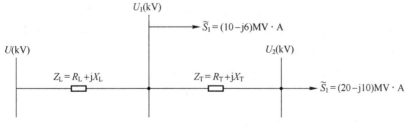

图 3-3　电网的等效电路图

线路的电阻值 R_L 和电抗值 X_L 分别为
$$R_L = r_1 L = 0.17 \times 50\ \Omega = 8.5\ \Omega$$

$$X_L = x_1 L = 0.38 \times 50 \ \Omega = 19 \ \Omega$$

变压器绕组的电阻值 R_T 和电抗值 X_T（归算到一次侧）分别为

$$R_T = \Delta P_k \left(\frac{U_{N1}}{S_N} \right)^2 \times 10^3 = 180 \times \left(\frac{110}{31500} \right)^2 \times 10^3 \ \Omega = 2.2 \ \Omega$$

$$X_T = \frac{U_k \% U_{N1}^2}{S_N \times 100} \times 10^3 = 10.46 \times \frac{110^2}{3150} \ \Omega = 40.18 \ \Omega$$

第2步：从网络末端开始，依次求出电网各元件的功率损耗，并从末端向首端进行功率相加，求出功率分布。

变压器末端的功率为 $\widetilde{S}_{T2} = \widetilde{S}_2 = P_2 + jQ_2$，变压器的功率损耗为

$$\Delta P_T = \Delta P_0 + \frac{P_2^2 + Q_2^2}{U_{N1}^2} R_T = \left(0.04113 + \frac{20^2 + 10^2}{110^2} \times 2.20 \right) \text{MW} = 0.132 \ \text{MW}$$

$$\Delta Q_T = \frac{I_0 \%}{100} S_N + \frac{P_2^2 + Q_2^2}{U_{N1}^2} X_T = \left(\frac{0.65}{100} \times 31.5 + \frac{20^2 + 10^2}{110^2} \times 40.18 \right) \text{Mvar} = 1.87 \ \text{Mvar}$$

变压器高压侧的功率 $\widetilde{S}_{T1} = P_{T1} + jQ_{T1}$ 为

$$P_{T1} = P_2 + \Delta P_T = (20 + 0.132) \text{MW} = 20.132 \ \text{MW}$$

$$Q_{T1} = Q_2 + \Delta Q_T = (10 + 1.87) \text{Mvar} = 11.87 \ \text{Mvar}$$

线路末端功率 $\widetilde{S}_{L2} = P_{L2} + jQ_{L2}$ 为变压器高压侧功率 $\widetilde{S}_{T1}$ 与其负荷功率 $\widetilde{S}_1$ 之和，即

$$P_{L2} = P_{T1} + P_1 = (20.132 + 10) \text{MW} = 30.132 \ \text{MW}$$

$$Q_{L2} = Q_{T1} + Q_1 = (11.87 + 6) \text{Mvar} = 17.87 \ \text{Mvar}$$

线路的功率损耗 $\Delta \widetilde{S}_L = \Delta P_L + j\Delta Q_L$ 为

$$\Delta P_L = \frac{P_{L2}^2 + Q_{L2}^2}{U_1^2} R_L = \frac{30.132^2 + 17.87^2}{110^2} \times 8.5 \ \text{MW} = 0.862 \ \text{MW}$$

$$\Delta Q_L = \frac{P_{L2}^2 + Q_{L2}^2}{U_1^2} X_L = \frac{30.132^2 + 17.87^2}{110^2} \times 19 \ \text{Mvar} = 1.927 \ \text{Mvar}$$

将线路末端的功率 $\widetilde{S}_{L2}$ 加上线路的功率损耗 $\Delta \widetilde{S}_L$，可得到该网络首端的输出功率 $\widetilde{S}_{L1}$，$\widetilde{S}_{L1} = P_{L1} + jQ_{L1}$，计算如下：

$$P_{L1} = P_{L2} + \Delta P_L = (30.132 + 0.862) \text{MW} = 30.994 \ \text{MW}$$

$$Q_{L1} = Q_{L2} + \Delta Q_L = (17.87 + 1.927) \text{Mvar} = 19.797 \ \text{Mvar}$$

至此，网络中各元件的功率损耗和网络初步功率分布的计算确定完毕。

第3步：从网络首端开始向末端，依次求出电网各元件的电压损耗及各点的电压值。

求取线路导线的电压损耗 ΔU_1 为

$$\Delta U_1 = \frac{P_{L1} R_L + Q_{L1} X_L}{U} = \frac{30.994 \times 8.5 + 19.797 \times 19}{115} \ \text{kV} = 5.56 \ \text{kV}$$

因此求得线路末端的电压 U_1 为

$$U_1 = U - \Delta U_1 = (115 - 5.56) \text{kV} = 109.44 \ \text{kV}$$

变压器绕组的电压损耗 ΔU_2 为

$$\Delta U_2 = \frac{(P_{T1} - \Delta P_0) R_T + (Q_{T1} - \Delta Q_0) X_T}{U_2}$$

$$= \frac{(20.132-0.04113)\times2.2+(11.87-0.65\times31.5/100)\times40.18}{109.44} \text{kV}$$

$$= 4.69 \text{kV}$$

因此求得变压器末端的电压计算值为

$$U_2 = U_1 - \Delta U_2 = (109.44-4.69)\text{kV} = 104.75 \text{kV}$$

运用变压器的电压比将 U_2 进行归算，可得变压器低压侧的电压实际值 $U_{bⅡ}$，即

$$U_{bⅡ} = U_2 \frac{38.5}{110} = 104.75 \times \frac{38.5}{110} \text{kV} = 36.7 \text{kV}$$

至此，网络的潮流分布计算全部完毕。

第 4 步：计算求取电网的理论线损值。

由上述潮流计算得变压器的总有功损耗为

$$\Delta P_T = \Delta P_0 + \Delta P_{Tf} = \Delta P_0 + \frac{P_2^2+Q_2^2}{U_{N1}^2}R_T$$

$$= \left(0.04113+\frac{20^2+10^2}{110^2}\times2.20\right)\text{MW} = (0.04113+0.091)\text{MW} = 0.132 \text{MW}$$

其中变压器绕组的有功损耗 $\Delta P_{Tf} = 0.091 \text{MW}$，变压器的铁损即空载损耗为 $\Delta P_0 = 0.04113 \text{MW}$。

线路导线的有功损耗为 $\Delta P_L = 0.862 \text{MW}$。

110 kV 线路还要考虑绝缘子泄漏损耗和电晕损耗。线路绝缘子泄露损耗按线路导线有功损耗的 1% 计算，得

$$\Delta P_{xL} = \Delta P_L \times 1\% = 0.862 \times 1\% \text{MW} = 0.00862 \text{MW}$$

因导线截面为 185mm^2 大于 150mm^2 的截面，故不必计算该线路的电晕损耗 ΔP_{dy}。这样，电网的（总）理论线损为线路导线有功损耗、变压器铜损、变压器铁损及线路绝缘子泄露损耗（4 部分）之和，即

$$\Delta P_\Sigma = \Delta P_L + \Delta P_{Tf} + \Delta P_0 + \Delta P_{xL} = (0.862+0.091+0.04113+0.00862)\text{MW} = 1.003 \text{MW}$$

电网理论线损率为电网理论线损对网络首端有功功率的比值，即

$$\Delta P\% = \frac{\Delta P_\Sigma}{P_{L1}} \times 100\% = \frac{1.003}{30.994} \times 100\% = 3.24\%$$

线路导线线损占电网总线损的比重为

$$\lambda\% = \frac{\Delta P_L}{\Delta P_\Sigma} \times 100\% = \frac{0.862}{1.003} \times 100\% = 85.9\%$$

根据以上计算得到的网络潮流分布图如图 3-4 所示。

由线路首端开始向末端（对各个元件）计算确定网络各点的电压值。ΔU_1 为线路导线的电压损耗，由网络首端电压 U 减去 ΔU_1 得到电压 U_1，即线路末端或变压器一次电压。ΔU_2 为变压器绕组的电压损耗，由电压 U_1 减去 ΔU_2 得到电压 U_2，即变压器二次电压。

2. 闭式电网理论线损的潮流计算

要精确求出闭式电网的功率分布，采用手工计算是非常困难的。因此，在工程实际计算中常采用近似计算的方法。首先，假设全网电压为额定电压，求出各变电站、发电厂的运算负荷和运算功率，以得到简化的等效电路；其次，仍设全网电压为额定电压，在不计功率损

耗的情况下求网络的功率分布，即初步功率分布；最后，按初步功率分布将闭式电网分解成两个开式电网，对它们分别按开式电网进行计算，得出最终结果。对于复杂的闭式电网，则先要利用网络化简的方法，将其化简成简单的环网后再进行计算。

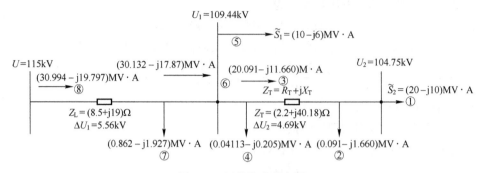

图 3-4　网络潮流分布图

①网络末端潮流，题中已给出；②变压器绕组功率损耗，由计算求得；③通过变压器绕组的功率，由②、①相加而得；④变压器空载功率损耗，属于固定性损耗潮流；⑤网络分支潮流，题中已给出；⑥线路末端之功率，由⑤、④、③相加而得；⑦线路导线的功率损耗，由计算求得；⑧网络首端输出功率，由⑦、⑥相加而得

　　闭式电网理论线损采用潮流计算法时，计算过程要比开式电网复杂，大致的处理步骤如下：

　　1）计算环形电网和两端供电网络的初步功率分布。

　　2）确定功率分点及流向功率分点的功率。

　　3）由于功率分点总是网络电压水平最低点，可在功率分点将环形网解开，得到两个开式电网，如图3-5所示，将网络在功率分点（C点处分解）。

　　4）由功率分点开始分别从其两侧逐级向电源端推算电压和功率损耗，其计算公式与计算开式电网时完全相同。

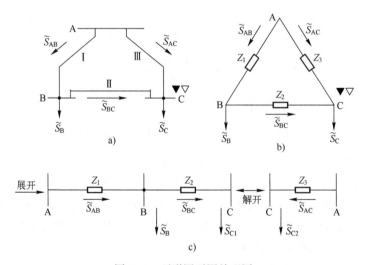

图 3-5　环形网开网处理图

a）网络接线　b）等效网络图　c）分解的网络图

对较复杂的网络进行潮流计算时，可以采用网络变换将复杂的网络逐步化简成简单环网或两端供电网络，求出其功率分布，然后通过网络变换将网络逐步还原，确定实际网络的功率分布。对于包括大量母线、线路的复杂网络，对这样的系统进行潮流分析时，采用人工计算的方法已不适用，需要采用计算机算法分析复杂系统潮流分布，计算机算法包括建立数学模型、确定计算方法和编制计算程序三方面的内容。

3.4　中压配电网的线损理论计算方法

由于中压配电网的节点多、分支线多、元件多，且多数元件不具备测录运行参数功能，因此，要求精确地计算中压配电网电能损耗是困难的，在满足实际工程计算精度的前提下，一般采用平均电流法及等效电阻法在计算机上进行计算。有条件时也可采用 35kV 及以上电网电能损耗的潮流计算方法进行。中压配电网络中的线路，以下简称为中压配电线路。

1. 中压配电线路理论线损计算方法

中压配电线路（如 10kV、6kV）的线路长，输送的负荷较大、线损率较高，对县级供电企业的经济效益影响很大，因此，做好中压配电网的理论线损计算工作很有必要。中压配电线路出口处线路首端都装有有功电能表、无功电能表和电压表等。每月都要抄取有功电量和无功电量，因此，采用电量法计算理论线损是一种简便易行、准确度较高的适用方法。

（1）线路可变损耗

$$\Delta A_{kb} = (A_{Pg}^2 + A_{Qg}^2) \frac{K^2 R_{d\Sigma}}{U_{pj} T} \times 10^{-3} \quad (kW \cdot h) \tag{3-28}$$

（2）线路固定损耗

$$\Delta A_{gd} = \left(\sum_{i=1}^{m} \Delta P_{0i} \right) T_b \times 10^{-3} \quad (kW \cdot h) \tag{3-29}$$

（3）线路总损耗

$$\Delta A_{\Sigma} = \Delta A_{kb} + \Delta A_{gd} \quad (kW \cdot h) \tag{3-30}$$

（4）线路理论线损率

$$\Delta A_L \% = \frac{\Delta A_{\Sigma}}{A_{Pg}} \times 100\% = \frac{\Delta A_{kb} + \Delta A_{gd}}{A_{Pg}} \times 100\% \tag{3-31}$$

（5）线路最佳理论线损率

$$\Delta A_{zj} \% = \frac{2K \times 10^{-3}}{U_N \cos\varphi} \sqrt{R_{d\Sigma} \sum_{i=1}^{m} \Delta P_{0i}} \times 100\% \tag{3-32}$$

（6）线路中固定损耗所占百分比

$$\Delta A_{gd} \% = \frac{\Delta A_{gd}}{\Delta A_{\Sigma}} \times 100\% = \frac{\Delta A_{gd}}{\Delta A_{gd} + \Delta A_{kb}} \times 100\% \tag{3-33}$$

（7）线路经济负荷电流

$$I_{jj} = \sqrt{\frac{\sum_{i=1}^{m} \Delta P_{0i}}{3K^2 R_{d\Sigma}}} \quad (A) \tag{3-34}$$

（8）线路上配电变压器综合经济负荷率

$$\beta_j\% = \frac{U_N}{K\sum_{i=1}^{m} S_{Ni}} \sqrt{\frac{\sum_{i=1}^{m} \Delta P_{0i}}{R_{d\Sigma}}} \times 100\% \qquad (3-35)$$

以上各式中，A_{Pg}、A_{Qg}分别为线路首端有功供电量（kW·h）、无功供电量（kvar·h）；K为线路负荷曲线形状系数；$R_{d\Sigma}$为线路总等效电阻（Ω）；U_{pj}为线路平均运行电压（kV）；T为线路在线损测算月份的实际运行时间（h）；T_b为线路上变压器的综合运行时间（h）；P_{0i}为线路上投运的每台变压器的空载损耗（W）；U_N为线路额定电压（kV）；$\cos\varphi$为线路的功率因数；S_{Ni}为线路上每台配电变压器额定容量（kV·A）。

2. 有关参数的确定

从中压配电线路理论线损计算式可以看出，$R_{d\Sigma}$、K等参数的计算与确定是关键，只有确定了这些参数，才可以进行线路理论线损相关量的计算，如ΔA_{kb}、ΔA_{Σ}、$\Delta A_L\%$、$\Delta A_{zj}\%$等。

（1）$R_{d\Sigma}$的计算

$$R_{d\Sigma} = R_{dd} + R_{db} \qquad (3-36)$$

式中，R_{dd}为线路导线的等效电阻（Ω）；R_{db}为变压器绕组的等效电阻（Ω）。

要计算$R_{d\Sigma}$的值，必须先求出R_{dd}和R_{db}的值，由于中压配电线路分支线和配置的导线型号较多，挂接的变压器和用电负荷点也较多，配电网的结构与负荷变化比较复杂，因此，R_{dd}和R_{db}的计算是烦琐的，现介绍三种方法，可根据实际情况灵活选用。

1）电量法（精算法）。电量法是以变压器实抄电量为依据的计算方法。在计算前，首先按照从线路末端到首端，从分支线到主干线的次序，将计算线段划分出来，并编上序号；将线路上投运的配电变压器按台（处）也编上序号，然后按序号逐一进行计算。其计算公式如下：

$$R_{dd} = \frac{\sum_{j=1}^{n} A_{bj\Sigma}^2 R_j}{\left(\sum_{i=1}^{m} A_{bi}\right)^2} \quad (\Omega) \qquad (3-37)$$

$$R_j = r_{1j} L_j \quad (\Omega) \qquad (3-38)$$

$$R_{db} = \frac{\sum_{i=1}^{n} A_{bi}^2 R_i}{\left(\sum_{i=1}^{m} A_{bi}\right)^2} \quad (\Omega) \qquad (3-39)$$

$$R_i = \Delta P_{ki} \left(\frac{U_{N1}}{S_{Ni}}\right)^2 \quad (\Omega) \qquad (3-40)$$

式中，A_{bi}为线路上每台变压器二次侧总表的实抄电量（kW·h）；$A_{bj\Sigma}$为任意一线段供电的变压器实抄电量之和（kW·h）；R_j为一段线路的电阻（Ω）；r_{1j}为单位长度电阻（Ω/km）；L_j为一段线路的长度（km）；U_{N1}为变压器一次侧额定电压（kV）；R_i为变压器绕组归算到一次侧的电阻（Ω）；S_{Ni}为每台变压器的额定容量（kV·A）；ΔP_{ki}为每台变压器的短路损耗（W）。

用电量法计算等效电阻，不受变压器负荷率的影响，其缺点是变压器抄见电量较大且变化不定，用起来极为不便。

2）容量法（近似计算法）。容量法，是以变压器容量为依据的计算方法。在计算前，同电量法一样，将线路和变压器分段分台编号，然后按号逐一计算，其计算公式为

$$R_{dd} = \frac{\sum_{j=1}^{n} S_{N\Sigma.j}^2 R_j}{\left(\sum_{i=1}^{m} S_{Ni}\right)^2} \quad (\Omega) \tag{3-41}$$

$$R_{db} = \frac{U_{N1}^2 \sum_{i=1}^{m} \Delta P_{ki}}{\left(\sum_{i=1}^{m} S_{Ni}\right)^2} \quad (\Omega) \tag{3-42}$$

式中，S_{Ni} 为线路中每台变压器的额定容量（kV·A）；$S_{N\Sigma.j}$ 为某一段内变压器额定容量之和（kV·A）；其他符号含义同前。

用容量法求等效电阻，优点是变压器容量标准化，有一组固定数字，比较简单，不仅好记，使用时也较为方便；缺点是受变压器负荷率差异的影响。

3）速算法。速算法是假定线路输送的负荷与导线截面积成正比例分配，并以此为原理进行计算的。速算法对 R_{dd} 而言，不是按线路划分的计算线段逐一计算，而是按线路上各导线型号输送的容量进行计算；对 R_{db} 而言，不是按线路上每台变压器逐一计算，而是按线路上某一台代表型变压器进行计算。

采用速算法必须符合以下条件：一是线路上配置的导线型号要在 3 种及以上，且配置合理，即首端的导线截面大于后端的导线截面，主干线的导线截面大于分支线的导线截面；二是线路上的变压器台数较多。总之电网结构越复杂越适用此法，越显示此法的优越性。速算法计算起来较为快速、方便；但是一般会有一定的误差，经验不足者误差较大。

线路导线等效电阻的速算式为

$$R_{dd} = \frac{S_{zd}^2 R_1 + S_{cd}^2 R_2 + S_{sd}^2 R_3 + S_{zx}^2 R_4}{S_{zd}^2} \tag{3-43}$$

$$S_{sd} = \left(\frac{S_{cd}}{F_{cd}} + \frac{S_{pj}}{F_{zx}}\right)\frac{F_{sd}}{2} \tag{3-44}$$

式中，R_1 为最大线号（作首端线）电阻（Ω），根据式（2-28）计算；S_{zd} 为最大线号输送的容量（kV·A），$S_{zd} = \sum_{i=1}^{m} S_{Ni}$；$R_4$ 为最小线号（作分支线）电阻（Ω），根据式（2-28）计算；S_{zx} 为最小线号输送的容量（kV·A），$S_{zx} = S_{pj}$；R_2 为次大线号（作主干线）电阻（Ω），根据式（2-28）计算；S_{cd} 为次大线号输送的容量（kV·A），$S_{cd} = \sum_{i=1}^{m} S_{Ni}\frac{F_{cd}}{F_{zd}}$；$R_3$ 为第三大线号（作主干、分支线）电阻（Ω），根据式（2-28）计算；S_{sd} 为第三大线号输送的容量（kV·A）；F_{zd}、F_{cd}、F_{sd}、F_{zx} 分别为最大、次大、第三大、最小导线型号的截面积（mm²）。

采用速算法，首先需要确定线路首端线即最大型号导线的输送容量 S_{zd}，即为线路上投运的配电变压器的总容量；其后确定线路分支线即最小型号导线的输送容量 S_{zx}，即为单个配电台区的平均容量 S_{pj}；最后确定次大型号导线的输送容量 S_{cd}。

当线路上的导线型号比速算式少一种或多一种时，其输送容量同上，按其用途计算确定。

采用速算法计算线路导线等效电阻的另一种形式，是直接以各种型号导线的截面积为依据，并对后面型号导线的计算项考虑一个小于 1 的经验修正系数后进行计算，但误差较大。

变压器绕组等效电阻的速算式为

$$R_{db} = \frac{U_{N1}^2 \Delta P_{kd}}{S_{pj} S_{Nd} m} \quad (\Omega) \tag{3-45}$$

式中，S_{pj} 为线路上变压器的平均单台容量（kV·A），$S_{pj} = \dfrac{\sum\limits_{i=1}^{m} S_{Ni}}{m}$；$m$ 为线路上投运的变压器台数；S_{Nd} 为线路上代表型变压器容量（kV·A），即变压器参数表中与 S_{pj} 最接近的变压器额定容量；ΔP_{kd} 为代表型变压器的短路损耗（W）；U_{N1} 为变压器一次额定电压（kV）。

当线路上有多种标准（或系列）的变压器时，ΔP_{kd} 按下式计算确定：

$$\Delta P_{kd} = \frac{\sum \Delta P_{ki} m_i}{\sum m_i} \tag{3-46}$$

当 S_{Nd} 处于两种标准（或系列）值时，也按式（3-46）类似方法确定。

速算法的计算结果虽不一定准确，但要比电量法和容量法快得多、方便得多。

（2）线路负荷曲线形状系数 K 的计算

线路负荷曲线形状系数 K 是描述负荷起伏变化特征的一个参数，它表征了线路负荷曲线陡急平缓的程度。线路负荷曲线形状系数 K 可以根据式（3-5）计算。K 是一个大于或等于 1 的系数。在用电高峰季节，变压器和线路的负荷率都较高，供用电较为均衡，K 值较小；反之，在用电低谷季节，线路负荷起伏变化较大，峰谷差较大，负荷极不均衡，K 值就较大。大量的计算实例表明，对于多数配电线路 $K = 1.05 \sim 1.25$，其中，纯工业负荷线路 $K = 1.05 \sim 1.10$，纯农业负荷线路 $K = 1.10 \sim 1.25$，混合负荷线路 $K = 1.08 \sim 1.18$。因此，线路负荷曲线形状系数可根据负荷情况，按照上述经验数据酌情确定。

（3）线路平均运行电压 U_{pj} 的确定

线路的实际运行电压是随着负荷变化而变化的，线路平均运行电压 U_{pj} 的计算较为烦琐，考虑到 U_{pj} 对计算结果的准确度影响不大，为方便起见，一般采用线路额定电压代替 U_{pj}，即 $U_{pj} = U_N$。

（4）线路和变压器运行时间 T 的计算

由于线路和变压器的运行时间对线损（特别是固定损耗）的影响较大，因此应力求准确。

线路运行时间 T 有两种确定方法：一是如果线路首端装有计时钟，可按计时钟记录时间直接确定；二是线路首端未安装计时钟时，运行时间按式（3-47）计算。

$$T = 24 \times \text{当月天数} - \text{当月停电时间} \tag{3-47}$$

停电时间可从变电站运行记录中查取。

（5）变压器运行时间 T_b 的计算

当线路上的配电变压器都安装有计时钟，并且台数较少时，可按照式（3-48）式（3-49）计算确定。

$$T_{b} = \frac{\sum\limits_{i=1}^{m} T_{i}S_{Ni}}{\sum\limits_{i=1}^{m} S_{Ni}} \tag{3-48}$$

$$T_{b} = \frac{\sum\limits_{i=1}^{m} T_{i}}{m} \tag{3-49}$$

式中，T_i 为线路上每一台配电变压器的实际运行时间（h）。

对于变压器的运行时间 T_b，当线路上挂接的变压器较多（30 台以上）时，为简便起见，变压器运行时间 T_b 可以取为线路的运行时间 T。

（6）线路负荷功率因数 $\cos\varphi$ 的计算

线路负荷功率因数 $\cos\varphi$ 的计算如下：

$$\cos\varphi = \frac{A_{Pg}}{\sqrt{A_{Pg}^2 + A_{Qg}^2}} \tag{3-50}$$

将 $R_{d\Sigma}$、K、U_{pj}、T、T_b、$\cos\varphi$ 等参数计算确定后，即可把它们代入式（3-28）~式（3-35）进行计算。

3. 中压配电线路理论线损计算步骤

中压配电线路理论线损计算步骤如下：

1）绘制线路单线图。

① 将计算线路的主干线、分支节点与分支线、配电变压器的位置用一条单线绘制出来。

② 标注线段编号、线段长度及导线规格。在单线图上自变电站出线开始，标出各节点间的每段线路的编号，如①、②、③等。标注导线长度（单位 km）和规格型号（截面积单位 mm²），可用"分数"形式进行标注，如 $\frac{LJ\text{-}50}{1.6}$，分母部分表示线段长度（如 1.6），分子部分表示导线规格（如 LJ-50）。

③ 标注节点或节点杆号。节点可用阿拉伯数字表示；杆号可用阿拉伯数字和在其右上角加标"#"号表示。

④ 变压器及其容量和用电量的标注。在单线图上还应标注变压器的规格型号、额定容量，计算月（季）供电量，并对变压器按台（处）也编上号码。

2）确定有关参数。计算各线路导线的等效电阻 R_{dd}、线路上所接变压器绕组的等效电阻 R_{db}、线路负荷曲线形状系数 K，确定线路平均运行电压 U_{pj}、线路和变压器运行时间，计算线路负荷功率因数 $\cos\varphi$。

3）根据式（3-28）~式（3-35）进行线路理论线损计算。

4. 10kV 线路理论线损计算实例

【例 3-2】一条 10kV 配电线路，共装有配电变压器 7 台，共计容量 390kV·A，某月投运时间为 550h，有功供电量为 35460kW·h，无功供电量为 26140kvar·h，各配电变压器总抄见电量为 33590kW·h，已测算得线路负荷曲线形状系数 $K = 1.08$，线路使用导线型号有 LJ-50、LJ-35、LJ-25 三种，其他参数已标在线路结构图上，如图 3-6 所示，试进行理论线损各量的计算。

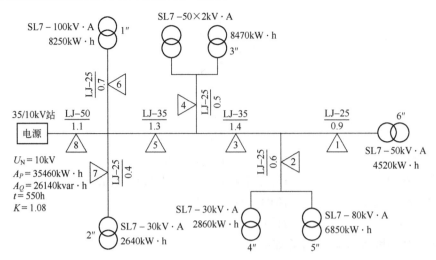

图 3-6   10 kV 配电线路

解：首先将线路的计算线段划分出来并编上序号，将变压器按台（处）也编上号码，其次将导线的单位长度电阻、变压器的空载损耗和短路损耗从有关手册查找出来。导线的单位长度电阻：LJ-25 为 1.28 Ω/km，LJ-35 为 0.92 Ω/km，LJ-50 为 0.64 Ω/km。变压器的空载损耗和短路损耗：SL7-30 kV·A，$\Delta P_{0i} = 150$ W，$\Delta P_{ki} = 800$ W；SL7-50 kV·A，$\Delta P_{0i} = 190$ W，$\Delta P_{ki} = 1150$ W；SL7-80 kV·A，$\Delta P_{0i} = 270$ W，$\Delta P_{ki} = 1650$ W；SL7-100 kV·A，$\Delta P_{0i} = 320$ W，$\Delta P_{ki} = 2000$ W。

1）根据上述有关参数的计算方法，先将线路导线等效电阻、变压器绕组等效电阻和线路总等效电阻计算出来。为使读者掌握其计算方法，现把精算、近似计算及速算三种方法都加以介绍。

① R_{dd} 的精算法（电量法）：先计算 R_{dd} 的分子部分，按划分的 8 个计算线段计算。

第 1 段：$4520^2 \times 1.28 \times 0.9 = 23535820.8$

第 2 段：$(2860+6850)^2 \times 1.28 \times 0.9 = 72410188.8$

第 3 段：$(4520+2860+6850)^2 \times 0.92 \times 1.4 = 260810855.2$

第 4 段：$8470^2 \times 1.28 \times 0.5 = 45914176$

第 5 段：$(4520+2860+6850+8470)^2 \times 0.92 \times 1.3 = 616286840$

第 6 段：$8250^2 \times 1.28 \times 0.7 = 60984000$

第 7 段：$2640^2 \times 1.28 \times 0.4 = 35684352$

第 8 段：$33590^2 \times 0.64 \times 1.1 = 794314822.4$

所以

$$R_{dd} = \frac{\sum_{j=1}^{n} A_{bj\Sigma}^2 R_j}{\left(\sum_{i=1}^{m} A_{bi} \right)^2} = \frac{1877825138（8 段总和）}{33590^2} \Omega = 1.66\,\Omega$$

计算式中的 1.28、0.92、0.64 为三种型号导线的单位长度电阻（Ω/km）。

② R_{dd} 的近似计算法（容量法）：亦先计算 R_{dd} 的分子部分。

第 1 段：$50^2 \times 1.28 \times 0.9 = 2880$

第 2 段：$(30+80)^2×1.28×0.6=92928$

第 3 段：$(50+30+80)^2×0.92×1.4=32972.8$

第 4 段：$(50×2)^2×1.28×0.5=6400$

第 5 段：$(50+30+80+50×2)^2×0.92×1.3=80849.6$

第 6 段：$100^2×1.28×0.7=8960$

第 7 段：$30^2×1.28×0.4=460.8$

第 8 段：$390^2×0.64×1.1=107078.4$

所以
$$R_{dd}=\frac{\sum_{j=1}^{n}S_{N\Sigma.j}^2R_j}{\left(\sum_{i=1}^{m}S_{Ni}\right)^2}=\frac{248894.4(8\ 段总和)}{390^2}\Omega=1.64\ \Omega$$

③ R_{dd} 的速算法：先确定各型导线的输送容量。

LJ-50：$S_{zd}=390\ kV·A$

LJ-25：$S_{zx}=\sum S_{Ni}/m=390/7\ kV·A=55.7\ kV·A$

LJ-35：$S_{cd}=S_{zd}\dfrac{F_{cd}}{F_{zd}}=390×\dfrac{35}{50}\ kV·A=273\ kV·A$

所以　$R_{dd}=(390^2×0.64×1.1+273^2×0.92×2.7+55.7^2×1.28×3.1)/390^2\ \Omega=2.00\ \Omega$

④ R_{db} 的精算法（电量法）：先计算各台变压器 $A_{bi}^2\Delta P_{ki}/S_{Ni}^2$ 的值。

第 1 台：$8250^2×2000/100^2=13612500$

第 2 台：$2640^2×800/30^2=6195200$

第 3 台：$8470^2×2300/100^2=16500407$

第 4 台：$2860^2×800/30^2=7270755.5$

第 5 台：$6850^2×1650/80^2=12096620$

第 6 台：$4520^2×1150/50^2=9397984$

所以
$$R_{db}=\frac{\sum_{i=1}^{m}A_{bi}^2R_i}{\left(\sum_{i=1}^{m}A_{bi}\right)^2}=\frac{U_{N1}^2\sum_{i=1}^{m}A_{bi}^2\Delta R_{ki}}{\left(\sum_{i=1}^{m}A_{bi}\right)^2S_{Ni}^2}=\frac{10^2×65073466.5(6\ 台总和)}{33590^2}=5.76\ \Omega$$

计算式中，800、1150、1650、2000、2300 分别为配电变压器 SL7-30、SL7-50、SL7-80、SL7-100 及 SL7-50×2 的短路损耗，查附表 A-1 得之。

⑤ R_{db} 的近似计算法（容量法）：

$$R_{db}=\frac{U_{N1}^2\sum_{i=1}^{m}\Delta P_{ki}}{\left(\sum_{i=1}^{m}S_{Ni}\right)^2}=\frac{10^2×(2000+800+2300+800+1650+1150)}{390^2}\Omega=5.71\ \Omega$$

⑥ R_{db} 的速算法：

因为 $S_{zx}=S_{pj}=\sum_{i=1}^{m}S_{Ni}/m=390/7\ kV·A=55.7\ kV·A$，故取 $S_{cd}=50\ kV·A$，查 $50\ kV·A$ 容量变压器得 $\Delta P_{ki}=1150\ W$，$\Delta P_{kd}=\Delta P_{ki}$

所以
$$R_{db} = \frac{U_{N1}^2 \Delta P_{kd}}{S_{pj} S_{Nd} m} = \frac{10^2 \times 1150}{55.7 \times 50 \times 7} \Omega = 5.9 \, \Omega$$

⑦ 线路总等效电阻 $R_{d\Sigma}$ 的计算。

精算值：$R_{d\Sigma} = R_{dd} + R_{db} = (1.66 + 5.76) \, \Omega = 7.42 \, \Omega$

近似值：$R_{d\Sigma} = R_{dd} + R_{db} = (1.64 + 5.71) \, \Omega = 7.35 \, \Omega$

速算值：$R_{d\Sigma} = R_{dd} + R_{db} = (2.0 + 5.9) \, \Omega = 7.9 \, \Omega$

2) 计算线路的可变损耗、固定损耗和总损耗（用 $R_{d\Sigma}$ 的精算值）。

① 可变损耗：

$$\Delta A_{kb} = (A_{Pg}^2 + A_{Qg}^2) \frac{K^2 R_{d\Sigma}}{U_N^2 T} \times 10^{-3} = (35460^2 + 26140^2) \times \frac{1.08^2 \times 7.42}{10^2 \times 550} \times 10^{-3} \, \text{kW} \cdot \text{h}$$

$$= 305.34 \, \text{kW} \cdot \text{h}$$

② 固定损耗：

$$\Delta A_{gd} = \sum_{i=1}^{m} \Delta P_{0i} T \times 10^{-3} = (150 \times 2 + 190 \times 3 + 270 + 320) \times 550 \times 10^{-3} \, \text{kW} \cdot \text{h}$$

$$= 803 \, \text{kW} \cdot \text{h}$$

③ 总损耗：

$$\Delta A_{\Sigma} = \Delta A_{kb} + \Delta A_{gd} = (305.34 + 803) \, \text{kW} \cdot \text{h} = 1108.34 \, \text{kW} \cdot \text{h}$$

3) 理论值的计算。

① 线路理论线损率：

$$\Delta A_L \% = \frac{\Delta A_{\Sigma}}{A_{Pg}} \times 100\% = \frac{1108.34}{35460} \times 100\% = 3.13\%$$

② 线路实际线损率：

$$\Delta A_S \% = \frac{A_{Pg} - A_{gd}}{A_{Pg}} \times 100\% = \frac{35460 - 33590}{35460} \times 100\% = 5.27\%$$

③ 固定损耗所占比重：

$$\Delta A_{gd} \% = \frac{\Delta A_{gd}}{\Delta A_{\Sigma}} \times 100\% = \frac{803}{1108.34} \times 100\% = 72.5\%$$

④ 最佳理论线损率：

因为
$$\cos\varphi = \frac{A_{Pg}}{\sqrt{A_{Pg}^2 + A_{Qg}^2}} = \frac{35460}{\sqrt{35460^2 + 26140^2}} = 0.8$$

所以

$$\Delta A_{zj} \% = \frac{2K \times 10^{-3}}{U_N \cos\varphi} \sqrt{R_{d\Sigma} \sum_{i=1}^{m} \Delta P_{ki}} \times 100\%$$

$$= \frac{2 \times 1.08 \times 10^{-3}}{10 \times 0.8} \times \sqrt{7.42 \times 1460} \times 100\% = 2.81\%$$

⑤ 经济负荷电流：

$$I_{jj} = \sqrt{\dfrac{\sum\limits_{i=1}^{m} \Delta P_{0i}}{3K^2 R_{d\Sigma}}} = \sqrt{\dfrac{1460}{3 \times 1.08^2 \times 7.42}} \, \text{A} = 7.5 \, \text{A}$$

⑥ 线路上变压器经济负荷率：

$$\beta_j \% = \dfrac{U_N}{K \sum\limits_{i=1}^{m} S_{Ni}} \sqrt{\dfrac{\sum\limits_{i=1}^{m} \Delta P_{0i}}{R_{d\Sigma}}} \times 100\% = \dfrac{10}{1.08 \times 390} \times \sqrt{\dfrac{1460}{7.42}} \times 100\% = 33.3\%$$

该 10kV 线路理论线损计算完毕。

3.5　低压配电网的线损理论计算方法

低压配电线路分为三相四线制、三相三线制和单相二线制等多种供电方式。线路纵横交错，分布杂乱，每台配电变压器出线数也不一样，沿线负荷分布没有一定规律、各相负荷电流不平衡，同一干线可能由几种导线截面组成，并且还缺乏完整的线路参数和负荷资料，所以，很难准确地计算出低压配电线路的理论线损值，一般采用近似的简化计算方法。

低压电网的线损由低压线路、接户线、电能表和电动机等元件的电能损耗组成。一般以配电变压器台区的单位进行计算。

1. 低压线路理论线损计算

（1）计算式

三相三线制线路

$$\Delta A = 3I_{pj}^2 K^2 R_{dz} T \times 10^{-3} \quad (\text{kW} \cdot \text{h}) \tag{3-51}$$

三相四线制线路

$$\Delta A = 3.5I_{pj}^2 K^2 R_{dz} T \times 10^{-3} \quad (\text{kW} \cdot \text{h}) \tag{3-52}$$

单相二线制线路

$$\Delta A = 2I_{pj}^2 K^2 R_{dz} T \times 10^{-3} \quad (\text{kW} \cdot \text{h}) \tag{3-53}$$

上述低压线路的线损计算，可归纳为一个公式表示：

$$\Delta A_{XL} = NI_{pj}^2 K^2 R_{dz} T \times 10^{-3} \quad (\text{kW} \cdot \text{h}) \tag{3-54}$$

式中，N 为配电变压器低压出口电网结构常数，三相三线制 $N=3$，三相四线制 $N=3.5$，单相两线制 $N=2$；I_{pj} 为低压线路首端的平均负荷电流（A）；K 为低压线路负荷曲线形状系数，取值方法同 10kV 线路；R_{dz} 为低压线路等效电阻（Ω）；T 为低压线路运行时间（h）。

（2）平均负荷电流 I_{pj} 的计算确定

当配电变压器二次侧装有有功电能表和无功电能表时，平均负荷电流 I_{pj} 的计算确定如下：

$$I_{pj} = \dfrac{1}{U_{pj} T} \sqrt{\dfrac{1}{3}(A_{Pg}^2 + A_{Qg}^2)} \quad (\text{A}) \tag{3-55}$$

当配电变压器二次侧装有有功电能表和功率因数表时，平均负荷电流 I_{pj} 的计算确定如下：

$$I_{pj} = \frac{A_{Pg}}{\sqrt{3}\,U_{pj}\cos\varphi T} \quad (A) \tag{3-56}$$

式中，A_{Pg} 为低压线路首端有功供电量（kW·h）；A_{Qg} 为低压线路首端无功供电量（kvar·h）；U_{pj} 为低压配电线路平均运行电压，为计算方便，可取 $U_{pj}=U_N=0.38\,kV$；$\cos\varphi$ 为低压线路负荷功率因数。

（3）低压配电线路等效电阻 R_{dz} 的计算确定

计算前，将低压线路从末端到首端，由分支线到主干线，划分为若干个计算线段。线段划分的原则：凡输送的负荷、采用的导线型号、线路长度均相同者为一个线段，否则另作一计算线段。此时

$$R_{dz} = \frac{\sum\limits_{j=1}^{n} N_j A_{j\Sigma}^2 R_j}{N\left(\sum\limits_{i=1}^{m} A_i\right)^2} \tag{3-57}$$

式中，A_j 为各 380/220 V 用户电能表的抄见电量（kW·h）；$A_{j\Sigma}$ 为某一线段供电的低压用户电能表抄见电量之和（kW·h）；R_j 为某一计算线段导线电阻（Ω），根据式（2-28）计算；N_j 为某一计算线段线路结构常数，取值方法与 N 相同。

2. 低压接户线的线损计算

低压进户线是指从电能表到各用电设备或器具之间的连接线（有的地区一部分在屋外，一部分在屋内；有的地区全在屋内，称为屋内布线）。其低压接户线的理论线损电量（每月末电能损耗）按 0.005 kW·h 估算，计算式为

$$\Delta A_{jh} = 0.005L \tag{3-58}$$

式中，L 为低压接户线总长度（m）。

3. 电能表的损耗计算

1）单相电能表有一套电流、电压元件，其电能损耗每月每块按 1 kW·h 估算，即

$$\Delta A_{db} = 1 \times 单相表总块数 \quad (kW·h) \tag{3-59}$$

2）三相三线电能表有两套电流、电压元件，其电能损耗每月每块按 2 kW·h 估算，即

$$\Delta A_{db} = 2 \times 三相三线表总块数 \quad (kW·h) \tag{3-60}$$

3）三相四线电能表有三套电流、电压元件，其电能损耗每月每块按 3 kW·h 估算，即

$$\Delta A_{db} = 3 \times 三相四线表总块数 \quad (kW·h) \tag{3-61}$$

4. 电动机的电能损耗计算

三相异步电动机在运行中，转轴上输出的机械功率总是小于电源输入的功率，有一小部为克服定子和转子的铜损、铁损及机械损耗，电能变为热能消耗掉，电动机在运行中温度升高而发热就是这个缘故。其计算式为

$$\Delta A_{dj} = (\sqrt{3}\,U_N I_N \cos\varphi - P_N)T \quad (kW·h) \tag{3-62}$$

因为三相电动机的额定电流 I_N 为

$$I_N = \frac{P_N}{\sqrt{3}\,U_N \cos\varphi \eta_N} \tag{3-63}$$

所以式（3-62）可简化为

$$\Delta A_{dj} = \left(\frac{P_N}{\eta_N} - P_N\right)T = \left(\frac{1}{\eta_N} - 1\right)P_N T \quad (\text{kW} \cdot \text{h}) \tag{3-64}$$

式中，P_N 为电动机的额定功率（额定输出功率）；η_N 为电动机的额定效率；T 为电动机的运行时间（h）。

5. 低压配电网理论线损和理论线损率的计算

低压配电网理论线损电量的计算如下：

$$\Delta A_{d\Sigma} = \Delta A_{XL} + \Delta A_{jh} + \Delta A_{db} + \Delta A_{dj} \tag{3-65}$$

理论线损率的计算如下：

$$\Delta A_L\% = \frac{\Delta A_{d\Sigma}}{A_{Pg}} \times 100\% \tag{3-66}$$

6. 低压配电网理论线损计算实例

（1）低压配电线路线损计算实例

【例 3-3】有一条 380/220 V 配电线路，某月运行 400 h，有功供电量为 9740 kW·h，测算得负荷曲线形状系数为 1.12，负荷功率因数为 0.8，各分支抄见电量（售电量）为 8780 kW·h。线路结构如图 3-7 所示，结构参数和各支路用电量已标在图上，试计算该低压线路的理论线损。

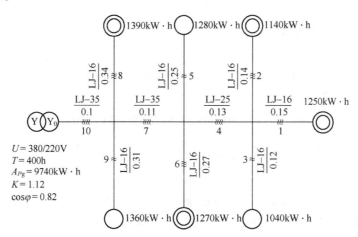

图 3-7　低压线路结构图

解：首先计算线路首端平均负荷电流。

$$I_{pj} = A_{Pg}/\sqrt{3}\,U_{pj}\cos\varphi T = 9740/\sqrt{3}\times0.38\times0.8\times400\,\text{A} = 46.3\,\text{A}$$

然后按照图 3-7 所编序号计算线路的等效电阻 R_{dz}。

第 1 段：$3\times1250^2\times1.98\times0.15 = 1392187.5$

第 2 段：$3\times1140^2\times1.98\times0.14 = 1080747.36$

第 3 段：$2\times1040^2\times1.98\times0.12 = 513976.32$

第 4 段：$3.5\times(1250+1140+1040)^2\times1.28\times0.13 = 6855307.76$

第 5 段：$2\times1280^2\times1.98\times0.25 = 1622016$

第 6 段：$3\times1270^2\times1.98\times0.27 = 2586769.02$

第 7 段：$3.5\times(8730-1390-1360)^2\times0.92\times0.11 = 12666333.68$

第 8 段：$3 \times 1390^2 \times 1.98 \times 0.34 = 3902069.16$

第 9 段：$2 \times 1360^2 \times 1.98 \times 0.31 = 2270568.96$

第 10 段：$3.5 \times 8730^2 \times 0.92 \times 0.1 = 24540553.8$

$\sum\limits_{j=1}^{n} N_j A_{j\Sigma}^2 R_j$（上面 10 段之和）$= 57430529.56$

线路等效电阻 R_{dz} 为

$$R_{dz} = \frac{\sum\limits_{j=1}^{n} N_j A_{j\Sigma}^2 R_j}{N\left(\sum\limits_{i=1}^{m} A_i\right)^2} = \frac{57430529.56}{3.5 \times 8730^2}\,\Omega = 0.215\,\Omega$$

该低压线路的理论线损为

$$\Delta A_{XL} = 3.5 I_{pj}^2 R_{dz} K^2 T \times 10^{-3} = 3.5 \times 46.3^2 \times 0.215 \times 1.12^2 \times 400 \times 10^{-3}\,kW \cdot h$$

$$= 809.4\,kW \cdot h$$

（2）电动机电能损耗计算实例

【例 3-4】 某企业一车间有一台 380 V 的三相异步电动机，额定功率为 13 kW、额定功率因数为 0.85、额定效率为 90%，某月共运行 450 h，试计算这台电动机的月损耗电能（在额定负载下运行）。

解： 电动机的额定电流为

$$I_N = \frac{P_N}{\sqrt{3}\,U_N \cos\varphi\,\eta_N} = \frac{13}{\sqrt{3} \times 0.38 \times 0.85 \times 0.90}\,A = 25.8\,A$$

电动机在额定负载下的损耗为

$$\Delta A_{dj} = (\sqrt{3}\,U_N I_N \cos\varphi - P_N)T = (\sqrt{3} \times 0.38 \times 25.8 \times 0.85 - 13) \times 450\,kW \cdot h = 645.1\,kW \cdot h$$

或

$$\Delta A_{dj} = \left(\frac{1}{\eta_N} - 1\right) P_N T = \left(\frac{1}{0.9} - 1\right) \times 13 \times 450\,kW \cdot h = 650.0\,kW \cdot h$$

$$\Sigma \Delta A = \Delta A_{XL} + \Delta A_{dj} + \Delta A_{db} + \Delta A_{jh}$$

要计算出准确的理论线损值，必须准确地收集和保存电网的结构参数和运行参数，电网结构参数是变动的（如线路的改造），需要及时加以修正。目前，计算机已在用电管理中得到广泛的应用，县级供电部门大都采用计算机进行线损的理论计算，只要将电网的结构参数和运行参数输入计算机，计算机就会按设定程序计算出理论线损的各种量值，十分方便、快捷、准确，但这也是以准确收集资料为前提的，它是理论计算的关键。

3.6 多电源供电配电网的线损理论计算方法

在有小水电站发供电的县和地区，如 10（6）kV 配电网，除由系统供电外还可能由 1~3 个小水电站供电，形成多电源供电的配电网。对于这样的电网线损理论计算，与单电源供电的配电网显然不同，相比较而言一般要复杂些。

1. 双电源供电配电网的线损计算

双电源供电配电网的形式主要有两种：一是两电源在用电负荷的同侧，其功率输出的方向在所有支路上是相同的；二是两电源在用电负荷的异侧，其功率输出的方向在相应支路上是反向的。如图 3-8 所示。

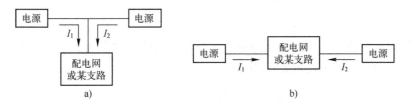

图 3-8　双电源供电配电网的两种形式

a) 电源在用电负荷的同侧　　b) 电源在用电负荷的异侧

　　为了便于叙述，这里引用一个较为重要的概念，即支路分流比（记作 K_f），这是指某支路从线路总电流中分取电流量的比例；具体地说，通常它是按某支路供电的负荷电量（或配电变压器容量）之和对全线路负荷总电量（或配电变压器总容量）之比值来确定的（$K_f \leqslant 1$）。支路分流比 K_f 的计算确定，要考虑电网中只有其中某一个电源单独存在下，逐一进行计算。

　　当两电源输出的负荷电流分别为 I_1 和 I_2，设某支路 R_j 对两电源的分流比分别为 $K_{f \cdot 1}$ 和 $K_{f \cdot 2}$，则该支路 R_j 从两电源取得的电流量分别为

$$I_{j \cdot 1} = K_{f \cdot 1} I_1 \quad （A） \tag{3-67}$$

$$I_{j \cdot 2} = K_{f \cdot 2} I_2 \quad （A） \tag{3-68}$$

　　显然，对于第一种形式的电网，两电源是同方向向支路 R_j 输送电流，因而使得 $I_{j \cdot 1}$ 与 $I_{j \cdot 2}$ 在支路 R_j 中也同方向，所以，$K_{f \cdot 1}$ 与 $K_{f \cdot 2}$ 相等。对于第二种形式的电网，两电源电流在支路 R_j 中的分流方向是相反的；当假设 $I_{j \cdot 1}$ 为正方向时，则 $I_{j \cdot 2}$ 为负方向；因而使得 $K_{f \cdot 1}$ 与 $K_{f \cdot 2}$ 不相等；但是因为正反两方向由 R_j 供电的电量（或容量）之和恰好与全线路总抄见电量（或配电变压器总容量）相等，所以有 $K_{f \cdot 1} + K_{f \cdot 2} = 1$。

　　由上述可知，流经某支路 R_j 的实际电流，应该是两个电源电流在该支路分流的叠加值，即

$$I_j = I_{j \cdot 1} + I_{j \cdot 2} = K_{f \cdot 1} I_1 + K_{f \cdot 2} I_2 \quad （A） \tag{3-69}$$

　　可想而知，叠加后的电流值，对于第一种形式电网，其值比任一电源电流在支路 R_j 中的分流值要大；相反，对于第二种形式的电网，其值比任一电源电流在支路 R_j 中的分流值要小。另外，叠加后的电流值，有可能为正值，也有可能为负值；正值表示与假设电流方向相同，负值表示与假设电流方向相反。

　　支路 R_j 中的叠加电流即实际电流求出后，即可按下式计算确定支路 R_j 的导线电能损耗：

$$\Delta A_{d \cdot j} = 3 I_j^2 K^2 R_j t \times 10^{-3} \quad （kW \cdot h） \tag{3-70}$$

或

$$\Delta A_{d \cdot j} = 3 I_j^2 K^2 r_{1j} L_j t \times 10^{-3} \quad （kW \cdot h） \tag{3-71}$$

式中，K 为线路负荷曲线特征系数；R_j 为支路导线电阻（Ω）；t 为支路通电所经历时间（h）；r_{1j} 为支路导线单位长度电阻值（Ω/km）；L_j 为支路导线长度（km）。

　　实际上，一个配电网或一条配电线路的支路数是很多的；为了使计算不致紊乱，可采取计算与列表相结合的办法，即首先将表格绘制好，填入各支路编号及其已知参数，然后逐一进行计算，并将计算结果即支路的导线电能损耗填入，最后进行合计，求得这一配电线路导线中的总电能损耗，即

$$\Delta A_{\mathrm{d}\Sigma} = \sum_{j=1}^{n} \Delta A_{\mathrm{d}\cdot j} \quad (\mathrm{kW \cdot h}) \tag{3-72}$$

式中，n 为配电网或线路的支路数。

接着计算配电网或线路中的变压器的电能损耗，其计算方法如下。

对于任意一台变压器的电能损耗为

$$\Delta A_{\mathrm{b}\cdot i} = \left(\Delta P_{0i} + K^2 \beta_i^2 \Delta P_{ki}\right) t \times 10^{-3} \quad (\mathrm{kW \cdot h}) \tag{3-73}$$

$$\beta_i = \frac{A_{\mathrm{b}\cdot i}}{S_{\mathrm{N}i} \cos\varphi_i t} \tag{3-74}$$

式中，$S_{\mathrm{N}i}$ 为某台变压器的额定容量（$\mathrm{kV \cdot A}$）；ΔP_{0i}、ΔP_{ki} 分别为某台变压器的空载损耗、短路损耗（W）；β_i、$\cos\varphi_i$ 分别为某台变压器的负荷率、负荷功率因数；t 为变压器实际运行时间（h）；$A_{\mathrm{b}\cdot i}$ 为变压器二次侧总表抄见电量（$\mathrm{kW \cdot h}$）。

同样，实际的配电网或线路的变压器也是很多的，为了计算方便，也可采取计算与列表相结合的办法，最后进行合计，求取变压器的总电能损耗，即

$$\Delta A_{\mathrm{b}\Sigma} = \sum_{i=1}^{m} \Delta A_{\mathrm{b}\cdot i} \quad (\mathrm{kW \cdot h}) \tag{3-75}$$

式中，m 为配电网或线路中的运行变压器的台数。

接着，计算配电网或线路的总电能损耗为

$$\Delta A_{\Sigma} = \Delta A_{\mathrm{d}\Sigma} + \Delta A_{\mathrm{b}\Sigma} \quad (\mathrm{kW \cdot h}) \tag{3-76}$$

最后，计算配电网或线路的理论线损率为

$$\Delta A_{\mathrm{L}}\% = \frac{\Delta A_{\Sigma}}{A_{P\cdot 1} + A_{P\cdot 2}} \times 100\% \tag{3-77}$$

式中，$A_{P\cdot 1}$、$A_{P\cdot 2}$ 为两电源的有功供电量（$\mathrm{kW \cdot h}$）。

2. 多电源供电配电网的线损计算

在多个（3 个及以上，例如 m 个）电源供电情况下，如图 3-9 所示，流经电网每一支路的电流，是由 m 个电源电流在该支路分流的电流叠加的结果。假定电源 1 在支路中的分流方向为正方向，其他电源在该支路的分流方向则需根据它们的方向与假定的正方向是否一致而确定，一致的为正方向，不一致的为负方向。

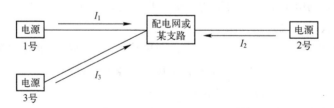

图 3-9　多电源供电配电网的示意图

设各个电源输出电流分别为 I_1、I_2、$\cdots$、I_m，各个电源对支路 R_j 的分流比分别为 $K_{\mathrm{f}\cdot 1}$、$K_{\mathrm{f}\cdot 2}$、$\cdots$、$K_{\mathrm{f}\cdot m}$；根据分流比的定义和上述原理，可求得各个电源在支路 R_j 的分流值为

$$\begin{cases} I_{j\cdot1}=K_{j\cdot1}I_1 & (\text{A}) \\ I_{j\cdot2}=K_{j\cdot2}I_2 & (\text{A}) \\ \quad\vdots \\ I_{j\cdot m}=K_{j\cdot m}I_m & (\text{A}) \end{cases} \tag{3-78}$$

由于各电源电流有正值也有负值，故上列各分流也有正值和负值；所以，流经支路 R_j 的实际电源是上列各分流的叠加值，即

$$I_j=I_{j\cdot1}+I_{j\cdot2}+I_{j\cdot3}+\cdots+I_{j\cdot m}\quad(\text{A}) \tag{3-79}$$

同双电源供电的配电网一样，对于多电源供电配电网，在求得每一支路的实际电流之后，即可计算出每一支路导线中的电能损耗；在求得每一台配电变压器负荷率的基础上，即可计算出每一台变压器的电能损耗；接着可以很方便地计算出所需配电网（和配电线路）的总电能损耗及理论线损率。

3. 多电源供电配电网线损计算步骤

对于多电源供电的配电网理论线损计算步骤大致如下：

1）绘制配电网的接线图，标出导线型号及长度，配电变压器型号、容量及抄见电量，标出各电源的有功供电量、无功供电量、供电时间，以及线路负荷曲线特征系数等有关参数。

2）划分计算线段或支路，并编上序号，制成表格。同样，将每一台配电变压器也编上号码，绘制成表格。

3）计算各电源对各计算线段（或支路）的分流比及分配的电流值；计算各线段（或支路）的叠加电流；计算各线段（或支路）的导线电阻及电能损耗；计算电网（或全线路）的导线之电能损耗；将这些计算结果填入支路参数计算表格中。

4）计算每一台配电变压器的负荷率，根据配电变压器的型号和容量查取每一台变压器的空载损耗和短路损耗；计算电网中（或全线路上）变压器的总电能损耗；将这些计算结果填入配电变压器参数计算表格中。

5）计算电网（或线路）总的电能损耗（为线路导线总损耗和线路上配电变压器总损耗之和）。

6）计算全部电源（对电网或线路）的总有功供电量（为各电源有功供电量之和）。

7）计算所需配电网（或配电线路）的理论线损率。

4. 多电源供电配电网线损实例计算

【例 3-5】某 10kV 配电线路由 3 个电源供电，某月同时供电 720h，总有功供电量为 109484kW·h（其中电源Ⅰ为 43794kW·h，电源Ⅱ为 38319kW·h，电源Ⅲ为 27371kW·h），总无功供电量为 80724kvar·h，全线路共有 SL7 型配电变压器 3 台，总抄见电量为 105782kW·h（其中 1 号配电变压器为 38102kW·h，2 号配电变压器为 28800kW·h，3 号配电变压器为 38880kW·h），已测算得线路负荷曲线特征系数为 1.14，线路结构如图 3-10 所示，其他参数标于图中，试计算该线路的理论线损率与线损构成比例。

解：（1）第一种计算方法

该方法首先把每一条支路（线段）的分流比 K_f 计算出来，然后通过分流比 K_f 计算确定每一条支路（线段）的负荷电流等，这也是一种间接的计算方法。

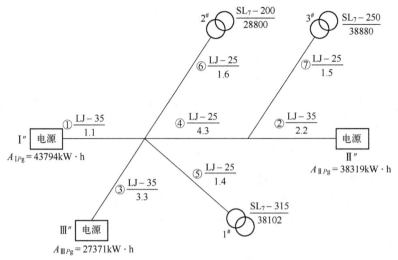

$U_N = 10\text{kV}$, $t_1 = t_2 = t_3 = 720\text{h}$, $A_{Pg} = 109484\text{kW}\cdot\text{h}$, $A_{Qg} = 80724\text{kvar}\cdot\text{h}$, $\Sigma A_{b\cdot i} = 105782\text{kW}\cdot\text{h}$, $K = 1.14$

图 3-10 三个电源供电的 10 kV 线路图

这条线路的实际线损率为

$$\Delta A_s\% = \frac{\sum A_{Pg} - \sum A_y}{\sum A_{Pg}} \times 100\% = \frac{109484 - 105782}{109484} \times 100\% = 3.38\%$$

下面计算理论线损的值。首先将线路的结构参数和运行参数标在图上，划分计算线段，将各个线段和每台变压器编上序号；接着计算各电源输出的负荷电流。

因线路的总无功电量对总有功电量的比值为

$$K_\varphi = \frac{\sum A_{Qg}}{\sum A_{Pg}} = \frac{80724}{109484} = 0.7373$$

根据此比值从有关表中查得线路负荷功率因数为 $\cos\varphi = 0.8$。

接着求得各电源的平均负荷电流为

$$I_I = \frac{A_I}{\sqrt{3}\,U_N\cos\varphi \cdot t} = \frac{43794}{\sqrt{3}\times 10\times 0.8\times 720}\text{A} = 4.39\text{ A}$$

$$I_{II} = \frac{A_{II}}{\sqrt{3}\,U_N\cos\varphi \cdot t} = \frac{38319}{\sqrt{3}\times 10\times 0.8\times 720}\text{A} = 3.84\text{ A}$$

$$I_{III} = \frac{A_{III}}{\sqrt{3}\,U_N\cos\varphi \cdot t} = \frac{27371}{\sqrt{3}\times 10\times 0.8\times 720}\text{A} = 2.74\text{ A}$$

接着计算各电源对每一支路（线段）的分流比（这要在分别考虑只有其中某一个电源单独存在下，逐一进行计算）。

对电源 I，有

$$K_{I\cdot 1} = \frac{A_{I\cdot 1}}{\sum_{i=1}^{3} A_{b\cdot i}} = \frac{105782}{105782} = 1$$

$$K_{\text{I} \cdot 4} = \frac{A_{\text{I} \cdot 4}}{\sum\limits_{i=1}^{3} A_{\text{b} \cdot i}} = \frac{38880}{105782} = 0.37$$

$$K_{\text{I} \cdot 5} = \frac{A_{\text{I} \cdot 5}}{\sum\limits_{i=1}^{3} A_{\text{b} \cdot i}} = \frac{38102}{105782} = 0.36$$

$$K_{\text{I} \cdot 6} = \frac{A_{\text{I} \cdot 6}}{\sum\limits_{i=1}^{3} A_{\text{b} \cdot i}} = \frac{28800}{105782} = 0.27$$

$$K_{\text{I} \cdot 7} = \frac{A_{\text{I} \cdot 7}}{\sum\limits_{i=1}^{3} A_{b \cdot i}} = \frac{38880}{105782} = 0.37$$

从上式可见，$K_{\text{I} \cdot 4} = K_{\text{I} \cdot 7}$，这是因为两个线段（或支路）的供电量相同，即 $A_{\text{I} \cdot 4} = A_{\text{I} \cdot 7}$。

对电源 II，有

$$K_{\text{II} \cdot 2} = \frac{A_{\text{II} \cdot 2}}{\sum\limits_{i=1}^{3} A_{\text{b} \cdot i}} = \frac{105782}{105782} = 1.0$$

$$K_{\text{II} \cdot 4} = \frac{A_{\text{II} \cdot 4}}{\sum\limits_{i=1}^{3} A_{\text{b} \cdot i}} = \frac{38102 + 28800}{105782} = 0.63$$

$$K_{\text{II} \cdot 5} = K_{\text{I} \cdot 5} = 0.36, \qquad A_{\text{II} \cdot 5} = A_{\text{I} \cdot 5}$$

$$K_{\text{II} \cdot 6} = K_{\text{I} \cdot 6} = 0.27, \qquad A_{\text{II} \cdot 6} = A_{\text{I} \cdot 6}$$

$$K_{\text{II} \cdot 7} = K_{\text{I} \cdot 7} = 0.37, \qquad A_{\text{II} \cdot 7} = A_{\text{I} \cdot 7}$$

对电源 III，有

$$K_{\text{III} \cdot 3} = \frac{A_{\text{III} \cdot 3}}{\sum A_{\text{b} \cdot i}} = \frac{105782}{105782} = 1.0$$

$$K_{\text{III} \cdot 4} = K_{\text{I} \cdot 4} = 0.37, \qquad A_{\text{III} \cdot 4} = A_{\text{I} \cdot 4}$$

$$K_{\text{III} \cdot 5} = K_{\text{I} \cdot 5} = 0.36, \qquad A_{\text{III} \cdot 5} = A_{\text{I} \cdot 5}$$

$$K_{\text{III} \cdot 6} = K_{\text{I} \cdot 6} = 0.27, \qquad A_{\text{III} \cdot 6} = A_{\text{I} \cdot 6}$$

$$K_{\text{III} \cdot 7} = K_{\text{I} \cdot 7} = 0.37, \qquad A_{\text{III} \cdot 7} = A_{\text{I} \cdot 7}$$

综上所述，两电源功率（或电流）在某支路（线段）同向，则两分流比 K_{f} 相同；反之，两电源功率（或电流）在某支路（线段）反向，则两分流比 K_{f} 之和为 1。

接着计算各线段（支路）的叠加电流值（即实际电流）。计算时，要考虑 3 个电源同时都存在的情况，并且假定电源 I 在某支路（线段）中的分流方向为正方向，其他电源分流与之同向者为正，反向者为负。则支路 1

$$I_1 = K_{\text{I} \cdot 1} I_{\text{I}} = 1.0 \times 4.39 \, \text{A} = 4.39 \, \text{A}$$

支路 2
$$I_2 = K_{\text{II} \cdot 2} I_{\text{II}} = 1.0 \times 3.84 \, \text{A} = 3.84 \, \text{A}$$

支路 3
$$I_3 = K_{\text{III} \cdot 3} I_{\text{III}} = 1.0 \times 2.74 \, \text{A} = 2.74 \, \text{A}$$

支路 4
$$I_4 = K_{\text{I} \cdot 4} I_{\text{I}} - K_{\text{II} \cdot 4} I_{\text{II}} + K_{\text{III} \cdot 4} I_{\text{III}}$$
$$= (0.37 \times 4.39 - 0.63 \times 3.84 + 0.37 \times 2.74) \, \text{A} = 0.22 \, \text{A}$$

支路 5
$$I_5 = K_{\text{I} \cdot 5} I_{\text{I}} + K_{\text{II} \cdot 5} I_{\text{II}} + K_{\text{III} \cdot 5} I_{\text{III}}$$
$$= 0.36 \times (4.39 + 3.84 + 2.74) \, \text{A} = 3.95 \, \text{A}$$

支路 6
$$I_6 = K_{\text{I} \cdot 6} I_{\text{I}} + K_{\text{II} \cdot 6} I_{\text{II}} + K_{\text{III} \cdot 6} I_{\text{III}}$$
$$= 0.27 \times (4.39 + 3.84 + 2.74) \, \text{A} = 2.96 \, \text{A}$$

支路 7
$$I_7 = K_{\text{I} \cdot 7} I_{\text{I}} + K_{\text{II} \cdot 7} I_{\text{II}} + K_{\text{III} \cdot 7} I_{\text{III}}$$
$$= 0.37 \times (4.39 + 3.84 + 2.74) \, \text{A} = 4.06 \, \text{A}$$

接着计算各支路（线段）的理论线损电量，根据下式
$$\Delta A = 3 I_j^2 K^2 r_{1 \cdot j} L_j t \times 10^{-3} \quad (\text{kW} \cdot \text{h})$$

得支路 1
$$\Delta A_1 = 3 \times 4.39^2 \times 1.14^2 \times 0.92 \times 1.1 \times 720 \times 10^{-3} \, \text{kW} \cdot \text{h} = 54.75 \, \text{kW} \cdot \text{h}$$

支路 2
$$\Delta A_2 = 3 \times 3.84^2 \times 1.14^2 \times 0.92 \times 2.2 \times 720 \times 10^{-3} \, \text{kW} \cdot \text{h} = 83.78 \, \text{kW} \cdot \text{h}$$

支路 3
$$\Delta A_3 = 3 \times 2.74^2 \times 1.14^2 \times 0.92 \times 3.3 \times 720 \times 10^{-3} \, \text{kW} \cdot \text{h} = 63.98 \, \text{kW} \cdot \text{h}$$

支路 4
$$\Delta A_4 = 3 \times 0.22^2 \times 1.14^2 \times 1.28 \times 4.3 \times 720 \times 10^{-3} \, \text{kW} \cdot \text{h} = 0.75 \, \text{kW} \cdot \text{h}$$

支路 5
$$\Delta A_5 = 3 \times 3.95^2 \times 1.14^2 \times 1.28 \times 1.4 \times 720 \times 10^{-3} \, \text{kW} \cdot \text{h} = 78.49 \, \text{kW} \cdot \text{h}$$

支路 6
$$\Delta A_6 = 3 \times 2.96^2 \times 1.14^2 \times 1.28 \times 1.6 \times 720 \times 10^{-3} \, \text{kW} \cdot \text{h} = 50.37 \, \text{kW} \cdot \text{h}$$

支路 7
$$\Delta A_7 = 3 \times 4.06^2 \times 1.14^2 \times 1.28 \times 1.5 \times 720 \times 10^{-3} \, \text{kW} \cdot \text{h} = 88.84 \, \text{kW} \cdot \text{h}$$

全线路导线中的理论线损电量为
$$\Delta A_{\text{L}} = \sum_{j=1}^{n} \Delta A_{\text{L}j} = \Delta A_1 + \Delta A_2 + \cdots + \Delta A_7 = 420.95 \, \text{kW} \cdot \text{h}$$

接着计算线路上各台配电变压器的电能损耗，先按式 $\beta_i = \dfrac{A_{\text{b} \cdot i}}{S_{\text{N}i} \cos\varphi \cdot t}$ 计算各台变压器的负荷率，得

$$\beta_1 = \frac{38102}{315 \times 0.8 \times 720} = 0.21$$

$$\beta_2 = \frac{28800}{200 \times 0.8 \times 720} = 0.25$$

$$\beta_3 = \frac{38880}{250 \times 0.8 \times 720} = 0.27$$

再按 $\Delta A_{b \cdot i} = (\Delta P_{0 \cdot i} + K^2 \beta_i^2 \Delta P_{ki})t \times 10^{-3} (kW \cdot h)$ 计算各台变压器的电能损耗电量，得

$$\Delta A_{b \cdot 1} = (760 + 1.14^2 \times 0.21^2 \times 4800) \times 720 \times 10^{-3} kW \cdot h = 745.27 kW \cdot h$$

$$\Delta A_{b \cdot 2} = (540 + 1.14^2 \times 0.25^2 \times 3454) \times 720 \times 10^{-3} kW \cdot h = 590.8 kW \cdot h$$

$$\Delta A_{b \cdot 3} = (600 + 1.14^2 \times 0.27^2 \times 4000) \times 720 \times 10^{-3} kW \cdot h = 704.85 kW \cdot h$$

线路上全部配电变压器的电能损耗电量为

$$\Delta A_b = \sum_{j=1}^{3} \Delta A_{b \cdot j} = \Delta A_{b \cdot 1} + \Delta A_{b \cdot 2} + \Delta A_{b \cdot 3} = 2040.92 kW \cdot h$$

线路上全部配电变压器的铁损电量为

$$\sum \Delta A_{0 \cdot i} = \sum_{i=1}^{3} \Delta P_{0 \cdot i} t \times 10^{-3} = (760 + 540 + 600) \times 720 \times 10^{-3} kW \cdot h = 1368 kW \cdot h$$

线路上全部配电变压器的铜损电量为

$$\sum \Delta A_{f \cdot i} = \sum_{i=1}^{3} K^2 \beta_i^2 \Delta P_{ki} t \times 10^{-3}$$

$$= (1.14^2 \times 0.21^2 \times 4800 + 1.14^2 \times 0.25^2 \times 3454 + 1.14^2 \times 0.27^2 \times 4000) \times 720 \times 10^{-3} kW \cdot h$$

$$= 672.92 kW \cdot h$$

最后计算得线路的总理论线损电量为

$$\sum \Delta A_1 = \Delta A_L + \Delta A_b = (420.96 + 2040.92) kW \cdot h$$

$$= 2461.88 kW \cdot h$$

线路的理论线损率为

$$\Delta A_1\% = \frac{\sum \Delta A_1}{\sum \Delta A_{Pg}} \times 100\% = \frac{2461.88}{109484} \times 100\% = 2.25\%$$

线路中各类损耗构成比例如下：

线路导线线损

$$\Delta A_1\% = \frac{\sum \Delta A_{Lj}}{\sum \Delta A_1} \times 100\% = \frac{420.95}{2461.88} \times 100\% = 17.1\%$$

变压器的损耗

$$\Delta A_b\% = \frac{\sum \Delta A_{b \cdot i}}{\sum \Delta A_1} \times 100\% = \frac{2040.92}{2461.88} \times 100\% = 82.9\%$$

变压器的铁损

$$\Delta A_0\% = \frac{\sum \Delta A_{0i}}{\sum \Delta A_1} \times 100\% = \frac{1368}{2461.88} \times 100\% = 55.57\%$$

变压器的铜损

$$\Delta A_{\mathrm{f}}\% = \frac{\sum \Delta A_{\mathrm{fi}}}{\sum \Delta A_1} \times 100\% = \frac{672.92}{2461.88} \times 100\% = 27.33\%$$

（2）第二种计算方法

与第一种计算方法相比较，该方法的特点有：①无须先计算确定每一条支路（线段）的分流比 K_{f}，当然也就无须通过分流比 K_{f} 间接来计算确定每一条支路（线段）的负荷电流，而是运用直接的方式来计算确定每一条支路（线段）的负荷电流；②比第一种计算方法更直观、易理解；③要分别从正方向和反方向将供出电流的电源单独存在的两种情况下进行计算，这一点同第一种计算方法是相同的。

1）正方向供出电流的电源单独存在时。

电源 I 和电源 III 供出的总电流为

$$I_{\Sigma}' = \frac{A_{\mathrm{I}Pg} + A_{\mathrm{III}Pg}}{\sqrt{3}\,Ut\cos\varphi} = \frac{43794 + 27371}{\sqrt{3} \times 10 \times 720 \times 0.8}\,\mathrm{A} = 7.13\,\mathrm{A}$$

电源 II 供出的电流为

$$I_{\Sigma}'' = \frac{A_{\mathrm{II}Pg}}{\sqrt{3}\,Ut\cos\varphi} = \frac{38319}{\sqrt{3} \times 10 \times 720 \times 0.8}\,\mathrm{A} = 3.84\,\mathrm{A}$$

3 台配电变压器的总用电量为

$$A_{\mathrm{b\cdot y\cdot\Sigma}} = A_{\mathrm{b\cdot y\cdot 1}} + A_{\mathrm{b\cdot y\cdot 2}} + A_{\mathrm{b\cdot y\cdot 3}} = (38102 + 28800 + 38880)\,\mathrm{kW\cdot h} = 105782\,\mathrm{kW\cdot h}$$

支路 5 从总电流 $I_{\Sigma}' = 7.13\,\mathrm{A}$ 中分得的电流（流向负荷）为

$$I_5' = \frac{A_{\mathrm{b\cdot y\cdot 1}}}{A_{\mathrm{b\cdot y\cdot\Sigma}}} I_{\Sigma}' = \frac{38102}{105782} \times 7.13\,\mathrm{A} = 2.57\,\mathrm{A}$$

支路 6 从总电流 $I_{\Sigma}' = 7.13\,\mathrm{A}$ 中分得的电流（流向负荷）为

$$I_6' = \frac{A_{\mathrm{b\cdot y\cdot 2}}}{A_{\mathrm{b\cdot y\cdot\Sigma}}} I_{\Sigma}' = \frac{28800}{105782} \times 7.13\,\mathrm{A} = 1.94\,\mathrm{A}$$

支路 7 从总电流 $I_{\Sigma}' = 7.13\mathrm{A}$ 中分得的电流（流向负荷）为

$$I_7' = \frac{A_{\mathrm{b\cdot y\cdot 3}}}{A_{\mathrm{b\cdot y\cdot\Sigma}}} I_{\Sigma}' = \frac{38800}{105782} \times 7.13\,\mathrm{A} = 2.62\,\mathrm{A}$$

故支路 4 从总电流 $I_{\Sigma}' = 7.13\,\mathrm{A}$ 中分得的电流为

$$I_4' = I_{\Sigma}' - I_5' - I_6' = (7.13 - 2.57 - 1.94)\,\mathrm{A} = 2.62\,\mathrm{A}\ （正方向流动）$$

2）反方向供出电流的电源单独存在时。

因支路 4 从电源电流 $I_{\Sigma}'' = 3.84\,\mathrm{A}$ 中分得的电流为

$$I_4'' = \frac{A_{\mathrm{b\cdot y\cdot 1}} + A_{\mathrm{b\cdot y\cdot 2}}}{A_{\mathrm{b\cdot y\cdot\Sigma}}} I_{\Sigma}'' = \frac{38102 + 28800}{105782} \times 3.84\,\mathrm{A} = 2.43\,\mathrm{A}\ （反方向流动）$$

故支路 4 中正方向流动的电流（即真正存在的电流）为

$$I_4 = I_4' - I_4'' = (2.62 - 2.43)\,\mathrm{A} = 0.19\,\mathrm{A}$$

支路 7 中真正存在的电流（流向负荷）为

$$I_7 = I_4 + I_{\Sigma}'' = (0.19 + 3.84)\,\mathrm{A} = 4.03\,\mathrm{A}$$

支路 5 从电源电流 $I_{\Sigma}'' = 3.84\,\mathrm{A}$ 中分得的电流（流向负荷）为

$$I_5'' = \frac{A_{\mathrm{b \cdot y \cdot 1}}}{A_{\mathrm{b \cdot y \cdot \Sigma}}} I_\Sigma'' = \frac{38102}{105782} \times 3.84\,\mathrm{A} = 1.38\,\mathrm{A}$$

支路 6 从电源电流 $I_\Sigma'' = 3.84\,\mathrm{A}$ 中分得的电流（流向负荷）为

$$I_6'' = \frac{A_{\mathrm{b \cdot y \cdot 2}}}{A_{\mathrm{b \cdot y \cdot \Sigma}}} I_\Sigma'' = \frac{28800}{105782} \times 3.84\,\mathrm{A} = 1.05\,\mathrm{A}$$

支路 7 从电源电流 $I_\Sigma'' = 3.84\mathrm{A}$ 中分得的电流（流向负荷）为

$$I_7'' = \frac{A_{\mathrm{b \cdot y \cdot 3}}}{A_{\mathrm{b \cdot y \cdot \Sigma}}} I_\Sigma'' = \frac{38800}{105782} \times 3.84\,\mathrm{A} = 1.41\,\mathrm{A}$$

故支路 4 从电源电流 $I_\Sigma'' = 3.84\,\mathrm{A}$ 中分得的电流为

$$I_4'' = I_\Sigma'' - I_7'' = (3.84 - 1.41)\,\mathrm{A} = 2.43\,\mathrm{A}\ （反方向流动）$$

3）正方向和反方向供出电流的电源同时存在时。

支路 4 从正反两个方向供出的电源电流中取得的电流为

$$I_4 = I_4' - I_4'' = (2.62 - 2.43)\,\mathrm{A} = 0.19\,\mathrm{A}$$

支路 5 从正反两个方向供出的电源电流中取得的电流为

$$I_5 = I_5' + I_5'' = (2.57 + 1.38)\,\mathrm{A} = 3.95\,\mathrm{A}$$

支路 6 从正反两个方向供出的电源电流中取得的电流为

$$I_6 = I_6' + I_6'' = (1.94 + 1.05)\,\mathrm{A} = 2.99\,\mathrm{A}$$

支路 7 从正反两个方向供出的电源电流中取得的电流为

$$I_7 = I_7' + I_7'' = (2.62 + 1.41)\,\mathrm{A} = 4.03\,\mathrm{A}$$

故可计算求得各支路（线段）的线损电量及线路导线的总线损电量为

$$\Delta A_1 = 3 I_1^2 K^2 r_{01} l_1 t \times 10^{-3}$$
$$= 3 \times 4.39^2 \times 1.14^2 \times 0.92 \times 1.1 \times 720 \times 10^{-3}\,\mathrm{kW \cdot h} = 54.75\,\mathrm{kW \cdot h}$$

$$\Delta A_2 = 3 I_2^2 K^2 r_{02} l_2 t \times 10^{-3}$$
$$= 3 \times 3.84^2 \times 1.14^2 \times 0.92 \times 2.2 \times 720 \times 10^{-3}\,\mathrm{kW \cdot h} = 83.78\,\mathrm{kW \cdot h}$$

$$\Delta A_3 = 3 I_3^2 K^2 r_{03} l_3 t \times 10^{-3}$$
$$= 3 \times 2.74^2 \times 1.14^2 \times 0.92 \times 3.3 \times 720 \times 10^{-3}\,\mathrm{kW \cdot h} = 63.98\,\mathrm{kW \cdot h}$$

$$\Delta A_4 = 3 I_4^2 K^2 r_{04} l_4 t \times 10^{-3}$$
$$= 3 \times 0.19^2 \times 1.14^2 \times 1.28 \times 4.3 \times 720 \times 10^{-3}\,\mathrm{kW \cdot h} = 0.56\,\mathrm{kW \cdot h}$$

$$\Delta A_5 = 3 I_5^2 K^2 r_{05} l_5 t \times 10^{-3}$$
$$= 3 \times 3.95^2 \times 1.14^2 \times 1.28 \times 1.4 \times 720 \times 10^{-3}\,\mathrm{kW \cdot h} = 78.49\,\mathrm{kW \cdot h}$$

$$\Delta A_6 = 3 I_6^2 K^2 r_{06} l_6 t \times 10^{-3}$$
$$= 3 \times 2.99^2 \times 1.14^2 \times 1.28 \times 1.6 \times 720 \times 10^{-3}\,\mathrm{kW \cdot h} = 51.40\,\mathrm{kW \cdot h}$$

$$\Delta A_7 = 3 I_7^2 K^2 r_{07} l_7 t \times 10^{-3}$$
$$= 3 \times 4.03^2 \times 1.14^2 \times 1.28 \times 1.5 \times 720 \times 10^{-3}\,\mathrm{kW \cdot h} = 87.53\,\mathrm{kW \cdot h}$$

$$\sum_{j=1}^{7} \Delta A_j = \Delta A_1 + \Delta A_2 + \Delta A_3 + \Delta A_4 + \Delta A_5 + \Delta A_6 + \Delta A_7 = 420.49\,\mathrm{kW \cdot h}$$

上述最后一个结果就是线路导线的总线损电量，亦即全线路导线中的理论线损电量。这种

计算方法的结果与前面所述的第一种计算方法的结果相比较，仅差(420.96－420.49) kW·h＝0.47 kW·h，误差只有1.12‰。从理论上讲，这点小误差也不应该归属于第二种方法，而应该存在于第一种方法之中。

同前述第一种计算一样，可以计算确定：整条线路的总理论线损电量为2461.41 kW·h；整条线路的总理论线损率为2.25%；线路导线线损在总线损中所占比例为17.08%；变压器两损耗在总线损中所占比例为82.92%，其中，变压器的铁损在总线损中所占比例为55.58%，变压器的铜损在总线损中所占比例为27.34%。

多电源供电配电网线损实例计算结果见表3-2。

表3-2 多电源供电配电网线损实例计算结果对比

序 号	项 目	第一种方法（间接法）	第二种方法（直接法）
1	全线路导线中理论线损电量/kW·h	420.96	420.49
2	全线路总理论线损电量/kW·h	2461.88	2461.41
3	全线路总理论线损率（%）	2.25	2.25
4	线路导线线损占总损比例（%）	17.10	17.08
5	变压器的铁损占总损比例（%）	55.57	55.58
6	变压器的铜损占总损比例（%）	27.33	27.34
7	变压器两损耗占总损比例（%）	82.90	82.92

第4章　含有分布式电源配电网的线损计算

线损是电网电能损耗的简称，是电能从发电到用户利用的过程中在输、变、配电设备中产生的损耗，并以热能的形式散发到空气中。线损率是供电企业的一项重要综合经济指标。配电网为整个电网的尾端，电压等级低，支路分支多而且配电变压器台数多，据统计，配电网线损占整个电网损耗很大一部分，因此有效解决配电网中的线损计算问题，对于降低整个电网电能损耗起到巨大的作用。深入分析配电网中出现线损的主要因素及其计算方法，可为提高配电网线损管理提供重要的依据。加强配电网线损管理是我国电力部门实现节能降损的重要举措，也是促进电力企业实现可持续发展的重要途径。

现有的配电网理论线损计算方法，多以集中发电模式为背景，采用辐射网的模型，并为解决采集数据的不足，在一定假设条件之上形成。近年来，世界能源危机日益加剧，环境问题也越来越严峻，各国逐渐加强节能减排工作的实施。由于分布式电源发电具有很多优点，比如其投入资本较少、可再生的能源利用、环境污染少以及发电的方式多种多样，可实现更加安全可持续的能源和电力供应，因此被广泛应用；同时，随着我国智能电网的建设以及电力市场的逐步推行，传统的集中式大电网供电模式已经无法满足当今社会对电力的需求，常见的小规模风力发电和光伏发电等分布式电源在配电网中的占比越来越重。相对于传统的大容量集中式发电，分布式电源发电可以提高配电网的稳定性，减轻线路电压运输压力，使负荷功率因数得到优化，线路的电能损耗也得到改善，同时由于我国提倡节能减排的环保政策，实行低碳经济得到了国家的高度关注和技术支持，因此促进了分布式电源的大量发展。

与常规的集中供电方式相比，配电网中接入分布式电源后，一方面，线路上的潮流分布方向发生了改变，另一方面，新能源发电本身具有间断式供电、波动性比较大的特点。例如，太阳能主要利用太阳能的光伏转换，不同时间接收的光能差异比较大；风力发电主要依靠风能，而风速、风力大小在不同时刻都具有不稳定性。由于风能和光伏发电等受自然因素影响比较大，一天中的风能转化或太阳能的吸收均具有不确定性。若依然运用传统的线损理论计算方法（例如平均电流法和均方根电流法）进行计算，将其与其他负荷等同对待，一方面没有充分利用分布式电源的已知参数，另一方面忽略了新能源接入点输入功率的不稳定性及间断性，很显然会降低线损计算的准确度。

4.1　含分布式电源的配电网损耗计算模型

分布式电源（Distributed Generation，DG）是一种分散配置在配电系统中的小规模发电系统。DG 可以直接连接到变电站、配电线路或用户。DG 的应用可以提高配电网的电压质量、可靠性、经济性和能源使用效率，降低线路损耗。

与大规模的集中式能源生产相比，分布式电源不需要远程传输，可以减少设备费用的投资，节约投入电网的成本，与此同时可以很大程度地减少电压降落，并且可以降低线路的电能损耗。

分布式电源是一种新型的能源供应方式，一般接入在配电网靠近负荷的位置，采用小型发电设备直接向用户供电。分布式电源与传统的集中式大规模发电方式相比，不需要进行远距离的输电，减少了大型输电设备的建设，节约了投入配电网的资金和成本，同时大大降低了远距离输电时线路的电能损耗。由于分布式电源发电的同时也可以解决供暖等问题，节能环保，可再生能源利用率较高，因此对社会能源持续性发展有良好的促进作用。随着分布式电源的大量应用，其对社会产生的效益越来越明显。本章首先简要介绍几种常见的分布式发电并网的模型；然后介绍分布式电源接入配电网后产生的影响，阐述目前学者针对其中的问题提出的处理方法。

DG 可以分为再生能源发电（如风能、太阳能等）和不可再生能源发电（如内燃机、微型燃气轮机、燃料电池等），目前国际上主要采用再生能源发电。

（1）风力发电

将风能通过一定的装置转换为电能的技术就是风力发电技术。风力发电机组由风力机和发电机组成，风力机的功能是将风能转换成机械能，发电机的功能是将机械能转换为电能。风能资源比较优厚，并且风力发电装置的成本较低，利用率高，具有良好的环境效益，但同时风速受自然环境的影响，具有随机性和间断性。

风力机是通过机轴上的多个桨叶将风能转换成机械能，其主要受风速大小、风力机叶片受风面积等多因素的影响。对于一台实际的风力机，它将风能转换为机械输出功率 P_m 的表达式为

$$P_m = 0.5\rho A v^3 C_P \tag{4-1}$$

式中，P_m 为风力机输出功率（W）；ρ 为空气密度（kg/m³）；A 为风力机叶片的扫掠面积（m²）；v 为作用于风力机的迎面风速（m/s）；C_P 为风能转换效率系数。

风力发电机组一般分为异步风力发电机、双馈异步风力发电机和永磁直驱风力发电机等机型。

1）异步风力发电机。异步风力发电机结构简单、运行可靠、价格便宜，已经成为风力发电系统采用的主流机型。它的发电能力相对较低，而且在工作的时候需要从电网中吸取无功功率。所以，为了提高风电场功率因数，满足电网的要求，需要在其端口设置并联补偿电容器。异步风力发电机并网结构如图 4-1 所示。

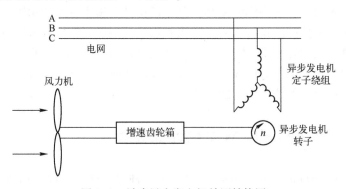

图 4-1 异步风力发电机并网结构图

2）双馈异步风力发电机。双馈异步风力发电机可以调节风力机叶片桨距并实现变速运行，使运行速度在一个范围内调整到一个最优化效率数值，从而获得更高的系统效率。另外，双馈异步风力发电机不需要额外的无功补偿设备，自身就可以实现功率因数的调节。双

馈异步风力发电机并网结构如图 4-2 所示。

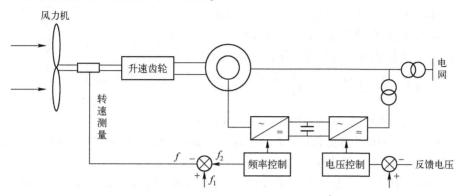

图 4-2　双馈异步风力发电机并网结构图

3）永磁直驱风力发电机。永磁直驱风力发电机采用的无齿轮箱结构，避免了实际运行中齿轮箱故障率高的问题，可以增强风力发电机组的可靠性，提高风电机组的寿命。目前我国部分风力发电场使用永磁直驱风力发电机，和其他机型相比，永磁直驱风力发电机并网运行时需要考虑谐波治理问题。永磁直驱风力发电机并网结构如图 4-3 所示。

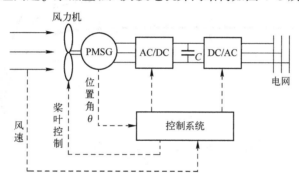

图 4-3　永磁直驱风力发电机并网结构图

由于风速的随机波动，风电机组的输出功率具有随机性和波动性。风电机组的发电功率和风速之间关系表达式为

$$P_M = \begin{cases} 0, & v \leqslant v_{cut\text{-}in} \text{ 或 } v \geqslant v_{cut\text{-}out} \\ \dfrac{v-v_{cut\text{-}in}}{v_r-v_{cut\text{-}in}}P_r, & v_{cut\text{-}in} \leqslant v \leqslant v_r \\ P_r, & v_r \leqslant v \leqslant v_{cut\text{-}out} \end{cases} \tag{4-2}$$

式中，P_M 为风电机组的发出功率（kW）；v 为风电机组轮毂高度处的风速（m/s）；$v_{cut\text{-}in}$ 为切入风速（m/s）；$v_{cut\text{-}out}$ 为切出风速（m/s）；v_r 为额定风速（m/s）；P_r 为风电机组额定输出功率（kW）。

（2）光伏发电

太阳能属于一种环保的可再生能源，太阳能光伏电池（Photovoltaic Cell，PV）主要用在有太阳光照时，将光能通过一定的转换变为电能，然后储存在电网中，并向各负荷供电。这种太阳能发电节能环保无污染，属于可再生能源，投资成本少，有利于促进能源可持续发展。

光伏电池的基本结构是一个半导体二极管，是由光电性能材料做成的，受到光照时会产生电流，可看作一个恒流源。常用的光伏电池等效电路如图4-4所示。

依据图4-4可得光伏电池输出电流的表达式为

$$I = I_L - I_0 \left\{ \exp\left[\frac{q(V+IR_v)}{AKT} \right] - 1 \right\} - \frac{V+IR_y}{R_{yh}} \quad (4-3)$$

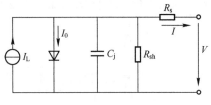

图4-4 光伏电池等效电路

式中，I_L为光电流（A）；I_0为反向饱和电流（A）；q为单位电子电量；K为玻耳兹曼常数；T为电池绝对温度（K）；A为PN结曲线系数因子；R_s为串联电阻（Ω）；R_{sh}为并联电阻（Ω）。

光伏电池在不同光照强度（其中$T=25℃$不变）及不同温度下的$I-V$、$P-V$特性曲线如图4-5和图4-6所示。

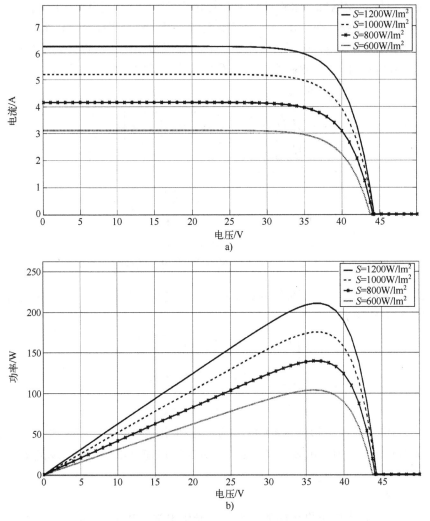

a)

b)

图4-5 不同光照强度下光伏电池特性曲线

a）$I-V$特性曲线   b）$P-V$特性曲线

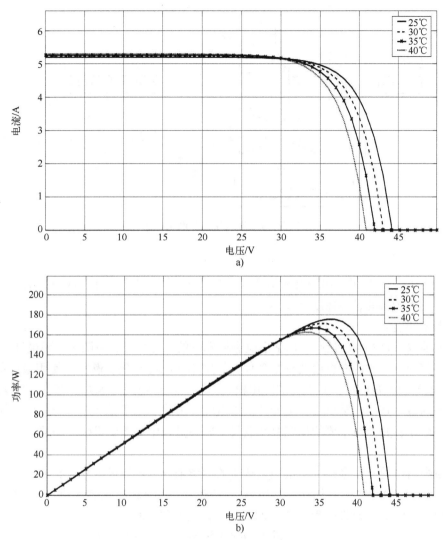

图 4-6　不同温度下光伏电池特性曲线

a) *I-V* 特性曲线　 b) *P-V* 特性曲线

（3）微型燃气轮机

微型燃气轮机是依靠燃烧天然气或者汽油等燃料进行发电的小型的发电设备，它利用燃气轮机进行电能的转换，通过燃烧产生的高温燃气进入涡轮带动发电机发电。由于微型燃气轮机型号较小，对环境无污染，并且操作简单，运行管理方便，目前应用较为广泛。

微型燃气轮机（Micro-turbine Generator）一般以天然气、甲烷、汽油等为燃料，是一种将热能转换为机械能的装置。它的功率范围一般在数百千瓦以下，普通微型燃气轮机满负荷运行时的发电效率最高可达 30%，采用热电联供技术时可以将燃料利用率提高到 75%。燃气轮机具有结构紧凑、系统效率高、运行维护小、污染小、可靠性高等特点。目前微型燃气轮机按照结构主要分为两类，一类是单轴结构微型燃气轮机，另一种是分轴结构微型燃气轮机，其并网结构如图 4-7 所示。

微型燃气轮机采用燃料为发电原料，它的输出功率与燃料量成正比，所以其输出功率是可调节的。微型燃气轮机输出功率的数学模型表达式为

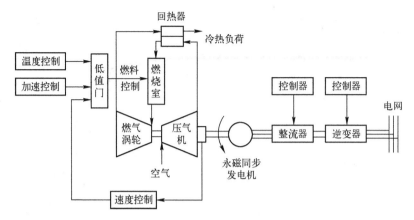

图 4-7 微型燃气轮机并网结构图

$$P_{mi} = (HV) h_f m_f \qquad (4-4)$$

式中，P_{mi} 为微型燃气轮机输出的有功功率（kW）；HV 为燃料的热值（kW·h/m³）；h_f 为转换效率值；m_f 为燃料的燃烧速度（m³/h）。

（4）燃料电池

燃料电池（Fuel Cell）是通过化学反应进行发电的一种装置，由阳极、阴极和电解质构成。目前，市面上开发的燃料电池有很多种，使用不同的电解质和燃料，使用最广的是氢-空气或氢-氧气型燃料电池，其能量浓度比较高，且反应产物只有水并没有其他污染物。由于燃料电池通过一定的化学反应将热能转换为电能，去除了卡诺循环效应的影响，具有较高的转换工作效率；其原料主要使用燃料和氧气；转换过程中不需要机械传动部件，因此无噪声污染。

现阶段燃料电池有很多种类，按照电解质的类型来分，一般可以分为 6 种：质子交换膜燃料电池（PEMFC）、固体氧化物燃料电池（SOFC）、熔融碳酸盐燃料电池（MCFC）、磷酸燃料电池（PAFC）、碱性燃料电池（AFC）和直接甲醇燃料电池（DMFC）。其中 PEMFC 应用较多，它使用的燃料是氢和氧，发电洁净无污染，能量转换效率高。

燃料电池的输出功率表达式可表示为

$$P = \frac{m U_{FC} U_s}{x_T} \sin\psi \qquad (4-5)$$

$$Q = \frac{m U_s U_{FC}}{x_T} \cos\psi - \frac{U_s^2}{x_T} \qquad (4-6)$$

式中，U_{FC} 为电池输出直流电压（V）；m、ψ 分别为换流器的调节指数、超前角（rad）；x_T 为变压器的等效电抗（Ω）；U_s 为母线电压（kV）。

由式（4-5）和式（4-6）可知，燃料电池中有功和无功的输出可以通过调节逆变器的参量来进行控制。燃料电池输出的电流为直流，但是电压不高，需要先用 BOOST 升压电路，再通过逆变器控制转变成交流电以实现并网，其并网结构如图 4-8 所示。

燃料电池以及微型燃气轮机虽发电稳定且容易控制，但考虑到可再生能源的利用对环境的保护以及成本低等各种因素，目前应用较广的分布式电源为光伏发电以及风力发电设备。

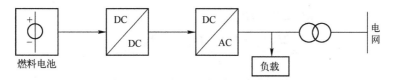

图 4-8　燃料电池并网发电系统结构图

4.2　分布式电源对配电网线损的影响

分布式电源接入配电网后，对配电网的线损计算产生了一定的影响。随着分布式电源的大量并网，配电网的网络结构发生相应的改变，部分负荷的布局也与之前不同，同时分布式电源向负荷供电或者反向供电时，会改变原来的潮流大小和流动方向。分布式电源在配电网中的接入数量、接入位置以及注入容量的大小均会对配电网的线损带来不同程度的影响。

下面以图 4-9 所示线路为例，说明 DG 对线损的影响。假设配电线路沿线的电压不变，忽略 DG 接入后对配电网线路电压的影响。如图 4-9 所示，在配电线路某一位置接入一个分布式电源，其容量为 $P_{DG}+jQ_{DG}$，配电线路的总阻抗为 $R+jX$，$k\%$ 为 DG 的接入位置占整个线路总长度的比例。因此可以把整个配电线路的损耗分为：分布式电源的接入位置到线路首端之间的电能损耗，记为 ΔP_1；分布式电源到线路末端的电能损耗，记为 ΔP_2。

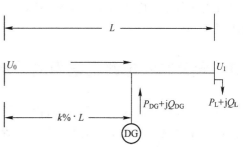

图 4-9　接入 DG 的理想配电网模型

当配电线路中没有接入分布式电源时，其线路损耗为

$$\Delta P_0 = \frac{P_L^2 + Q_L^2}{U^2} R \tag{4-7}$$

式中，U 为配电线路的电压（kV）。

当配电线路中接入分布式电源时，其线路损耗为

$$\Delta P_1 = \frac{(P_L - P_{DG})^2 + (Q_L - Q_{DG})^2}{U^2} Rk\% \tag{4-8}$$

$$\Delta P_2 = \frac{P_L^2 + Q_L^2}{U^2} R(1 - k\%) \tag{4-9}$$

接入分布式电源后，配电线路的总损耗 ΔP_{DG} 为

$$\Delta P_{DG} = \Delta P_1 + \Delta P_2$$
$$= \frac{P_L^2 + Q_L^2}{U^2} R + \frac{P_{DG}^2 + Q_{DG}^2 - 2P_L P_{DG} - 2Q_L Q_{DG}}{U^2} Rk\% \tag{4-10}$$

DG 接入配电网后线损的变化量 ΔP 为

$$\Delta P = \Delta P_0 - \Delta P_{DG}$$

$$= \frac{2P_L P_{DG} - P_{DG}^2 + 2Q_L Q_{DG} - Q_{DG}^2}{U^2} Rk\%$$

$$= \frac{P_{DG}(2P_L - P_{DG}) + Q_{DG}(2Q_L - Q_{DG})}{U^2} Rk\%$$

(4-11)

由式（4-11）可知，线损的变化量与 DG 的容量以及接入位置有关，而且 DG 接入配电网后线损的变化量 ΔP 可能大于零也可能小于零，即 DG 接入配电网后线损可能下降也可能增加。为了分析方便，设 $P_{DG} = K_1 P_L$，$Q_{DG} = K_1 Q_L$，当 $0 < K_1 \leq 1$ 时，随着 K_1 的增加，配电网的线损下降值越大，而且随着 $k\%$ 的增加，配电网的线损下降值越大；当 $K_1 = 1$ 时，配电网的线损下降值最大；当 $1 < K_1 < 2$ 时，分布式电源反向供电，随着 K_1 的增加配电网的线损下降值减小；当 $K_1 = 2$ 时，配电网的线损下降值为 0；当 $K_1 > 2$ 时，随着 K_1 的增加配电网的线损下降值越小，且为负值。

由以上分析可知，DG 接入配电网后对线损大小，受到 DG 接入配电线路中的位置、容量以及接入分布式电源数量的影响，DG 接入配电网后线损可能增加也可能减小，视具体情况而定。

4.3　含分布式电源配电网的计算方法

为了更好地管理线路损耗，使配电网达到经济合理的各项指标，及时发现线路中的问题，有效控制能源浪费及解决安全隐患，掌握未来分布式电源的发展方向，有必要对含分布式电源的配电网线路损耗的计算方法进行研究分析。对于接入分布式电源后配电网的线路损耗，传统的理论线损计算方法均没有考虑分布式电源接入配电网后其供电方向的改变与分布式电源已知参数带来的影响。目前，含分布式电源的配电网线损计算的主要算法有改进等效容量法以及基于潮流计算的线损计算方法。

4.3.1　改进等效容量法

1. 等效容量法

所谓等效容量是指小电源的出力与其他配电变压器的容量相比较产生的一种等效值，小电源根据其等效容量和其他配电变压器一起参与分配首端均方根电流，所得值恰等于其本身均方根电流；其他配电变压器在分配首端均方根电流时也将考虑小电源等效容量。

如前文所述 DG 的特点，当 DG 加入配电网后，可以采用等效容量法来计算含 DG 的配电网线损。此时，等效容量就是指 DG 的出力与剩余的配电变压器的容量相比较得到的等效值。计算时，根据 DG 的等效容量来参与分配线路首端的总均方根电流的假设，可求出 DG 分配到的首端均方根电流，其数值应等于 DG 注入的均方根电流数值。设配电变压器电流以流出配电网为正方向，DG 注入的均方根电流计算公式为

$$\frac{S_{DG}}{S_{DG} + \sum_{i=1}^{n} S_{Ni}} I_{jf0} = -I_{jfDG}$$

(4-12)

式中，S_{DG} 为 DG 的等效容量（kV·A）；I_{jf0} 为配电线路首端均方根电流（A）；I_{jfDG} 为 DG 的

均方根电流（A）；S_{Ni} 为各台变压器的额定容量（kV·A）。

根据式（4-12）得 DG 的等效容量为

$$S_{DG} = \frac{-I_{jfDG}}{I_{jf0} + I_{jfDG}} \sum_{i=1}^{n} S_{Ni} \tag{4-13}$$

根据第 3 章的等效电阻计算式（3-41）、式（3-42），可以计算考虑等效容量后的配电线路等效电阻和变压器等效电阻。

等效容量法（近似计算法），是以变压器容量为依据的计算方法。在计算前，同"电量法"一样，将线路和变压器分段分台编号，然后按号逐一计算，其计算公式为

$$R_{dd} = \frac{\sum_{j=1}^{n} S_{N\Sigma.j}^2 R_j}{\left(S_{DG} + \sum_{i=1}^{m} S_{Ni}\right)^2} \tag{4-14}$$

$$R_{db} = \frac{U_{N1}^2 \sum_{i=1}^{m} \Delta P_{ki}}{\left(S_{DG} + \sum_{i=1}^{m} S_{Ni}\right)^2} \tag{4-15}$$

线路总等效电阻 $R_{d\Sigma}$ 根据式（3-36）计算。

当一条配电线路有 s 个 DG 时，在进行等效计算时，可对每个 DG 列一个方程，如下：

$$\frac{S_{DG.j}}{\sum_{j=1}^{s} S_{DG.j} + \sum_{i=1}^{n} S_{Ni}} I_{jf0} = -I_{jfDG.j} \tag{4-16}$$

式中，$S_{DG.j}$、$I_{jfDG.j}$ 分别为第 j 个 DG 的等效容量（kV·A）、均方根电流（A）。

则电能损耗计算公式为

$$\Delta A = \left[3I_{jf0}^2 R_{d\Sigma} + \sum_{i=1}^{m} \Delta P_{0i}\right] t \times 10^{-3} \quad (kW·h) \tag{4-17}$$

式中，t 为运行时间（h）。

等效容量法虽然能够解决 DG 的问题，但是仍在存在一些缺点。通过求解等效容量的公式可以发现，利用式（4-12）～式（4-17）求解含有 DG 配电网的线损时，仅适用于线路首端功率流入配电网时的情况，即 I_{jf0} 前的符号总是正的。而实际配电网中，负荷和 DG 出力是不断变化的，I_{jf0} 的流动方向也有可能发生改变，所以 I_{jf0} 前的符号不一定总为正，因此会导致线损计算结果不准确。再加上此方法是基于等效电阻法提出的，所以存在一些假设条件，使得计算结果上存在一定误差。

2. DG 并网后线路电量分布模式

DG 并网后，线路电量分布可能出现的模式如下。

模式 1：线路首端（变电站母线）和 DG 同时向线路供电，即线路首端和 DG 功率均为流入配电网。

模式 2：DG 不发电，同时从馈线吸收电量，此时 DG 相当于用电负荷。

模式 3：DG 上网电量在本线路上无法全部消耗，剩余电量通过馈线首端倒送到电网。

模式 4：DG 不发电也不吸收电能，仅线路首端（变电站母线）给负荷供电。

模式5：DG 上网电量恰好被本线路上负荷全部消耗，即线路首端功率为零。

模式2和模式4相当于单电源供电网络，利用第3章中单电源网络线损计算方法即可。模式1为多电源供电，利用第3章中多电源供电配电网线损理论计算方法即可。对于模式5，可以选择 DG 作为线路首端计算线损。对于模式3，DG 体现电源特性，线路首端（变电站母线）体现为负荷特性，从本线路吸收功率，可以选择 DG 作为线路首端，此时线路首端等效容量可以参考式（4-13）计算。

在实际运行中，DG 的输出功率具有随机性，一天（代表日）中 DG 可能同时出现两种以上模式，即线路首端或 DG 端口潮流方向出现变化时，运用传统的等效容量法计算时，由于均方根电流不考虑方向，导致等效容量出现偏差，等效电阻也将不准确，线损计算将产生较大误差。对于 DG 同时出现两种以上模式，可以采用改进等效容量法。

3. 改进等效容量法及其计算过程

（1）代表日及计算时段的选择

通常在计算配电网某一个月（或一年）线损时，只选1个代表日来进行分析。当在一个月内，DG 的发电功率、负荷的功率和网络拓扑结构发生较大的变化时，仅选用一种运行模式必然会造成较大的计算误差。因而可以将一个月内系统的运行方式归为几类运行模式，计算出这几类运行模式所对应的线损，然后分别乘以各个模式所对应的天数（即选用多个代表日），将它们相加即可得到一个月总的线损。运行模式的分类可采用聚类分析法、人工统计法等。

若在同一个代表日内线路首端或 DG 端口潮流方向出现变化，计算时可以根据不同的运行方式将一个代表日划分成几个时间段，每一时间段内的线路首端及 DG 端口潮流方向不变。依次对每一时间段使用等效容量法来处理，求出每个时间段内首端及 DG 端口的均方根电流、DG 的等效容量、线路与配电变压器的等效电阻，计算出每个时间段的线损。将每个时间段的线损相加可得到一个代表日总的线损。

（2）DG 端口潮流方向出现变化

在同一个代表日内出现此情形时，DG 端口潮流方向出现变化，即 DG 端口既有上网电量又有下网电量，这种情况下线损计算方法如下。

1）采用电能计量表各时间段累计的有功电量和无功电量来获得均方根电流，馈线首端第 k 时间段的平均电流为

$$I_{0.k} = \sqrt{\frac{A_{0P.k}^2 + A_{0Q.k}^2}{3t_k^2 U_{pj}^2}} \tag{4-18}$$

式中，$A_{0P.k}$、$A_{0Q.k}$ 分别表示线路首端第 k 时间段内有功电量（kW·h）、无功电量（kvar·h）；t_k 为第 k 时间段内包含的小时数/运行时间（h）。

DG 端口第 k 时间段的平均电流为

$$I_{DG.k} = \sqrt{\frac{A_{DGP.k}^2 + A_{DGQ.k}^2}{3t_k^2 U_{pj}^2}} \tag{4-19}$$

式中，$A_{DGP.k}$、$A_{DGQ.k}$ 分别表示 DG 端口第 k 时间段内有功电量（kW·h）、无功电量（kvar·h）。

第 k 时间段线路首端均方根电流 I_{jf0}、DG 的均方根电流 I_{jfDG} 分别为

$$\begin{cases} I_{jf0} = K_0 I_{0.k} \\ I_{jfDG} = K_{DG} I_{DG.k} \end{cases} \tag{4-20}$$

式中，K_0、K_{DG} 分别为线路首端和 DG 端口的电流形状系数。

2）计算第 k 段时间内 DG 等效容量 S_{DGk}。

当 DG 给线路供电时，其等效容量为

$$S_{DGk} = \frac{-I_{jfDG}}{I_{jf0} + I_{jfDG}} \sum_{i=1}^{n} S_{Ni} \qquad (4-21)$$

当 DG 从线路吸收电量时，其等效容量为

$$S_{DGk} = \frac{I_{jfDG}}{I_{jf0} - I_{jfDG}} \sum_{i=1}^{n} S_{Ni} \qquad (4-22)$$

当馈线上有 s 个小电源时，按照式（4-16）进行计算，列出 s 个线性方程，求出每个小电源的等效容量。

3）计算第 k 段时间内的配电线路等效电阻和变压器等效电阻。

配电线路等效电阻 $R_{dd.k}$ 和配电变压器等效电阻 $R_{db.k}$ 分别为

$$R_{dd.k} = \frac{\sum_{j=1}^{n} S_{N\Sigma.j}^2 R_j}{\left(\sum_{i=1}^{s} S_{DGk.i} + \sum_{i=1}^{m} S_{Ni} \right)^2} \qquad (4-23)$$

$$R_{db.k} = \frac{U_{N1}^2 \sum_{i=1}^{m} \Delta P_{ki}}{\left(\sum_{i=1}^{s} S_{DGk.s} + \sum_{i=1}^{m} S_{Ni} \right)^2} \qquad (4-24)$$

式中，s 为第 k 时间段内馈线所有小电源数量。

4）计算第 k 时间段内馈线的电量损耗。

第 k 时间段内馈线的电量损耗为

$$\Delta A_k = \left[3I_{jf0}^2 (R_{dd.k} + R_{db.k}) + \sum_{i=1}^{m} \Delta P_{0i} \right] t_k \times 10^{-3} \quad (kW \cdot h) \qquad (4-25)$$

式中，t_k 为第 k 时间段的运行时间（h）。

5）计算一个代表日内总的损耗电量 $\Delta A_{md.i}$。

$$\Delta A_{md.i} = \sum A_k \quad (kW \cdot h) \qquad (4-26)$$

6）计算一个月内总的损耗电量 ΔA。

$$\Delta A = \sum_{i=1}^{j} \Delta A_{md.i} t_i \quad (kW \cdot h) \qquad (4-27)$$

式中，$\Delta A_{md.i}$ 为第 i 种模式对应代表日的线损电量（kW·h）；t_i 为第 i 种模式对应的天数；j 为一个月内运行模式种数。

（2）馈线首端既有供电量又有倒送电量的情形

当有多个小电源通过同一馈线接入配网时，小电源的上网电量在本条馈线上无法全部消耗，将通过馈线倒送到变电站的母线上。处理这种情形的方法如下：

1）合理选择馈线的线损计算首端。通常选择变电站 10 kV 馈线出口处作为线损计算首端，然后再按网络拓扑结构依次求得各段线路等效电阻。当 10 kV 馈线出口处功率波动较大，或者供电量较小时，若选择 10 kV 馈线出口作为线损计算的首端，线损计算时将产生较

大偏差，同时也增加计算的复杂度。特别是当线路出口供电量为 0 时，理论线损计算的可变损耗为 0，显然不符合实际情况。此时可选择小电源端口作为线损计算首端，把 10 kV 馈线出口等效为一个空载及负载损耗为 0 的变压器，并与其他小电源及配电变压器一起参与分配计算首端的电流。

2）馈线线损的计算首端确定后，利用式（4-21）~式（4-27）进行计算，可得到理论线损。

4. 改进等效容量法计算实例

（1）实例一

某变电站 10 kV 馈线上共有 2 个小水电，站内额定升压变压器容量均为 315 kV·A，馈线上 49 台配电变压器的额定容量之和为 8300 kV·A，某月线路运行时间为 31 天。先根据历史统计数据将该月分为两种运行模式，模式 1 为丰水期工作日（22 天），模式 2 为丰水期休息日（9 天）。先计算模式 1 代表日线损，其代表日电量数据见表 4-1。

表 4-1 10 kV 馈线采集的代表日电量数据

名 称	馈线首端供电量	馈线首端倒送电量	A 水电站上网电量	A 水电站下网电量	B 水电站上网电量	B 水电站下网电量
有功电量/kW·h	22800	0	1176	3392	5526	0
无功电量/kvar·h	11100	0	264	2416	1098	36

该馈线运行方式有一个明显特点，即 A 水电站白天发电且给配电网供电，晚上不发电并从配电网吸收电量。计算时将一个代表日划为 3 个时段，Ⅰ时段（0 点~6 点）、Ⅱ时段（6 点~19 点）、Ⅲ时段（19 点~23 点）。分别计算出每个时段的线损，见表 4-2。利用同样的方法计算出模式 2 代表日的线损，结合各模式对应的线路运行天数，可得到全月线损。

表 4-2 改进等效容量法计算馈线线损

时 段	Ⅰ时段	Ⅱ时段	Ⅲ时段
馈线首端均方根电流/A	47.65	60.92	83.32
A 水电站均方根电流/A	−21.17	8.73	−25.9
B 水电站均方根电流/A	12.94	12.43	12.10
A 水电站等效容量/kV·A	4458	−882	3091
B 水电站等效容量/kV·A	−2724	−1257	−1445
线路等效电阻/Ω	1.72	2.60	1.56
线路可变损耗（含配电变压器铜损）/kW·h	81.77	347.90	162.17
线路固定损耗（配电变压器铁损）/kW·h	138.70	237.80	99.10

（2）实例二

含风电的地区配电网如图 4-10 所示，额定电压为 35 kV，风电接在节点 15，配电网线路、变压器参数、风电场某日出力及负荷变化情况见表 4-3~表 4-6。采用改进等效容量法计算该地区的线损。

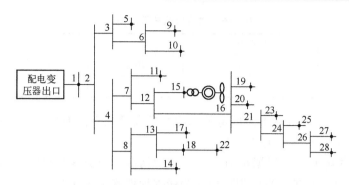

图 4-10　含风电的地区配电网络图

表 4-3　线路阻抗参数

编　号	阻 抗 值	编　号	阻 抗 值	编　号	阻 抗 值
0-1	3.051 + j4.28	7-11	0.81 + j1.137	16-20	0.54 + j0.758
1-2	1.08 + j1.516	7-12	0.81 + j1.137	21-23	0.54 + j0.758
2-3	2.35 + j3.3	8-14	0.54 + j0.758	21-24	0.81 + j1.137
2-4	1.323 + j1.857	8-13	0.81 + j1.137	24-25	0.54 + j0.758
3-5	0.54 + j0.758	12-15	0.81 + j1.137	24-26	0.81 + j1.137
3-6	0.81 + j1.137	12-16	0.81 + j1.137	26-27	0.54 + j0.758
4-7	0.81 + j1.137	13-17	0.54 + j0.758	26-28	0.54 + j0.758
4-8	0.81 + j1.137	13-18	0.81 + j1.137	21-24	0.81 + j1.137
6-9	0.54 + j0.758	16-19	0.54 + j0.758		
6-10	0.54 + j0.758	16-21	0.81 + j1.137		

表 4-4　配电变压器的部分额定参数

所连接节点号	额定容量 S_N /kV·A	短路损耗 P_k /kW	空载损耗 P_0 /kW	空载电流百分比 I_0（%）	空载电流百分比 I_0（%）
10	800	9.9	1.2	1.0	6.5
19	1250	14.67	1.76	0.9	6.5
23	800	9.9	1.2	1.0	6.5
25	1250	14.67	1.76	0.9	6.5
27	800	9.9	1.23	1.0	6.5

表 4-5　风电场有功功率出力

T/h	P_f/MW	T/h	P_f/MW
0:00~2:00	2.0~2.5	12:00~15:00	2.2~1.8
2:00~2:30	4.3~3.2	15:00~15:30	-0.3~0.4
2:30~3:00	2.3~3.2	15:30~16:00	-1.0~0.2
3:00~5:00	6.0~5.1	16:00~19:00	2.8~-2.2
5:00~7:00	4.4~4.7	19:00~21:00	2.3~2.45
7:00~8:00	4.9~4.0	21:00~23:00	1.8~2.2
8:00~10:00	3.6~3.9	23:00~23:20	5.4~4.6
10:00~12:00	3.6~2.5	23:20~24:00	3.5~4.2

表 4-6 代表日负荷波动情况

T /h	P_L/MW	T /h	P_L/MW
0:00~10:00	5.200	10:00~18:00	5.788
18:00~20:00	5.418	20:00~24:00	5.625

根据表 4-5 和表 4-6 可以得出风电的出力与负荷都在不停地变化，代表日的馈线首端也随着变化。代表日计算时段的划分如下：

1）风电单独供电时段。根据负荷与风电出力情况，当 P_f>5.2MW，即 3:00~5:00 时段，配电网由风电单独供电，此时以风电作为线损计算首端计算线损。

2）配电网出口单独供电时段。当 P_f<0MW 时，即 15:00~16:00 时段，配电网由配电网出口单独供电，此时以配电变压器出口作为线损计算首端计算线损。

3）风电和配电变压器出口同时供电。以风电作为馈线首端计算线损为 A_1，以配电网出口为馈线首端计算线损为 A_2。令 $A_1=A_2$，得到 P_m=3.455MW，即当 3.455MW<P_f<5.778 时，以风电为馈线首端计算线损，当 0<P_f<3.455MW 时，以配电网出口为馈线首端计算线损。

采用改进等效容量法计算代表日 24h 线损电量见表 4-7。

表 4-7 代表日 24h 线损电量情况

T/h	线损电量/kW·h	T/h	线损电量/kW·h
0:00~2:00	34.70225	12:00~15:00	34.68976
2:00~2:30	14.72247	15:00~15:30	14.70713
2:30~3:00	12.25	15:30~16:00	15.45761
3:00~5:00	25.04937	16:00~19:00	34.79840
5:00~7:00	34.76923	19:00~21:00	24.76923
7:00~8:00	14.76526	21:00~23:00	24.88763
8:00~10:00	13.25	23:00~23:20	15.04937
10:00~12:00	15.25	23:20~24:00	24.70048

风电出力在不停地波动，选取整点时刻的风电出力不能代表整个时间段的风电出力。若整点时刻的风电出力较大，选取整点时刻的风电出力就会引起线损计算结果的偏大，如在本例中，在 7:00~8:00 时段，仅整点时刻风电出力较大，此时采用按整点时段分段方法，此时段的线损结果比实际线损偏大，会使线损计算结果比实际线损偏大。采用馈线首端不分段的方法进行线损计算时，当首端功率流动较小时计算出的线损结果也较小。如在本例中，在 3:00~5:00 时段，配电变压器出口功率流动较小，此时仍采用配电变压器出口作为线损计算首端，则此时段的线损计算结果偏小，会使计算出的线损结果比实际线损偏小。而采用改进等效容量法通过动态划分计算时段和灵活选择馈线首端可以很好地避开上述问题，使线损计算结果更贴近实际线损。

4.3.2 潮流计算法

潮流计算法是配电网理论线损计算方法中计算精度较高的计算方法。配电网潮流计算以馈线作为基本单元，基本任务是求解出系统的状态变量，即馈线上的各母线的电压或功率。它是目前计算理论线损精度较高的方法。

由于中低压配电网正常运行呈辐射状，且中压配电网线路线径细，$R \gg X$，因此一般采用前推回代（前推回推）法来进行计算。前推回代法具有编程简单、没有复杂的矩阵运算、计算速度快、收敛性好等特点，该方法从根节点起按照广度优先搜索编号法对配电网进行分段编号，来决定前推回代的顺序。传统的配电网络中只有 $V\theta$ 节点和 PQ 节点，而 DG 的接入给配电网带来了很多新类型的节点，因此计算时需要先将新增的节点类型转换成前推回代法可以处理的节点，再进行迭代，从而求出含 DG 的配电网线损。

1. 节点类型及其处理方法

传统的配电网一般包括两种节点类型：$V\theta$ 节点和 PQ 节点，通常情况下，变电站的出口母线视为 $V\theta$ 节点，其他节点包括负荷节点和中间节点都视为 PQ 节点。DG 接入配网后，系统中出现了新的节点类型，从 DG 接入配网的方式看，DG 在潮流计算中的模型可以分为 4 类：PQ 恒定、PV 恒定、PI 恒定和 P 恒定 $Q=f(V)$ 类型。由于 DG 种类的差异性，其处理方法也就不同。下面针对以上几种 DG 类型，结合前推回代法的要求来分析各种类型节点的处理方法。

（1）PQ 节点的处理方法

在潮流计算中，对 PQ 型 DG 简化处理的方法是，可以把它看作是负的负荷，当作 PQ 节点来处理。一般采用同步发电机且励磁系统为功率因数控制的内燃机、传统汽轮机等 DG，可以将其简化处理成 PQ 节点。例如，对异步风力发电机节点，可以将其视为 PQ 节点，此种风力发电机的有功功率和无功功率均为定值。若 DG 既向电网输送有功又向电网输送无功，其视在功率为 $\tilde{S}=-P-jQ$。若像异步风力发电机那样仅向电网输送有功功率，而需要从电网中吸收无功功率，则其视在功率为 $\tilde{S}=-P+jQ$。此类 DG 对节点的注入电流可以表示为

$$\dot{I} = (\tilde{S}/\dot{U})^{*} \tag{4-28}$$

式中，$\dot{U}$ 为 DG 接入节点的电压（kV）。

（2）PV 节点的处理方法

传统的燃气轮机和内燃机作为 DG 一般都采用同步发电机，同步发电机可以视为 PV 节点。另外一些带有 AVR（自动电压调节）装置的发电机，通过 AVR 的调整使电压幅值保持恒定，可以视为 PV 节点。一些通过电力电子装置接入电网的 DG 如燃料电池、微型燃气轮机、太阳能光伏电池以及部分风力发电机等，在使用逆变器的情况下，可以用输出限定的逆变器建模。所有通过电压控制逆变器并网的 DG 都可以视为 PV 节点。

一般采用同步发电机且通过电压控制逆变器接入配电网的内燃机和传统燃气轮机，以及通过电压控制逆变器并网的光伏发电系统，都可处理成 PV 节点。

对于所有的 PV 恒定的 DG，有功功率和电压幅值是恒定值。PV 型 DG 所接节点的电压与 DG 间存在着电压差，常用的无功初值的选定方法是初值为零或取上限和下限的平均值，也可以根据无功分摊原理来确定无功初值，公式如下：

$$Q_i^{(0)} = \frac{1}{2} \sum_{i=1}^{i-1} Q_i + \sum_{i=i+1}^{n} Q_i \tag{4-29}$$

式中，$\dfrac{1}{2} \sum\limits_{i=1}^{i-1} Q_i$ 为 PV 节点到根节点之间所有节点（包含根节点和 PV 节点）无功负荷的和的一半

（kvar）；$\sum\limits_{i=i+1}^{n} Q_i$ 为选择 PV 节点到末节点无功负荷最大的支路上所有节点的无功功率之和（kvar）。

由此得到的初始注入电流为

$$\dot{I}_i^{(0)} = \left[(P_i + jQ_i^{(0)}) / \dot{U}_i \right]^* \tag{4-30}$$

电流每次迭代的值需要进行修正，常用的迭代修正是根据 DG 的电压值与接入节点的电压值之差（$\Delta \dot{U}_i$）计算出无功功率修正值（ΔQ_i）。在等效注入电流模型中，应用 DG 电压与节点电压差（$\Delta \dot{U}_i$）直接计算出电流的修正值（$\Delta \dot{I}_i$）。

一般情况下，PV 节点的电压幅值不等于事先设定的电压幅值，可以通过向节点注入电流的方法，使 PV 节点的电压幅值达到预先设定的值。设注入电流的方向为正方向，该 PV 节点处应满足：

$$\Delta U = Z \Delta I \tag{4-31}$$

式中，ΔU 为节点电压变化量（kV）；Z 为 PV 型 DG 的节点阻抗矩阵（Ω）；ΔI 为节点注入电流变化量（A）。

k 次迭代后 PV 型注入电流更新值为

$$\dot{I}_i^{(k)} = \dot{I}_i^{(k-1)} + \Delta \dot{I}_i^{(k)} \tag{4-32}$$

由于 PV 节点在运行中，有功功率恒定，无功功率在上下限之间变化，所以每次迭代后要对节点无功功率进行界限判定。假设 k 次迭代计算结束后，节点视在功率为

$$\widetilde{S}_i^{(k)} = \dot{U}_i^{(k)} \dot{I}_i^{(k)*} = P_i^{(k)} + jQ_i^{(k)} \tag{4-33}$$

在进行界限判断后节点的最终等效电流为

$$\dot{I}_i^{(k)*} = \widetilde{S}_i^{(k)} / \dot{U}_i^{(k)} = \begin{cases} (P_i^{(k)} + jQ_{\min.i}) / \dot{U}_i^{(k)}, & Q_i^{(k)} < Q_{\min.i} \\ (P_i^{(k)} + jQ_i^{(k)}) / \dot{U}_i^{(k)}, & Q_{\min.i} \leq Q_i^{(k)} \leq Q_{\max.i} \\ (P_i^{(k)} + jQ_{\max.i}) / \dot{U}_i^{(k)}, & Q_{\max.i} < Q_i^{(k)} \end{cases} \tag{4-34}$$

式中，$Q_{\min.i}$、$Q_{\max.i}$ 分别为接入节点 i 的 PV 型 DG 的无功功率下限、上限（kvar）。

当 PV 节点发生无功越限时，将转化成无功功率为上限或者下限的 PQ 节点，在下次迭代时，若无功功率回到上下限范围内时，则会变回 PV 节点，继续迭代。

（3）PI 节点的处理方法

微型燃气轮机、光伏发电系统等分布式电源在一般情况下要通过逆变器接入电网。在使用逆变器与电网相连的情况下，分布式电源可以用输出限定的逆变器来建模。逆变器可分为两种：电流控制逆变器和电压控制逆变器。由电流控制逆变器接入电网的分布式电源可以视为 PI 节点。此类节点输出的有功功率 P 和电流的幅值 I 恒定，相应的无功功率可由恒定的电流幅值、有功功率和前次迭代得到的电压计算得出。

对于当作 PI 节点的 DG，其有功功率 P 和电流幅值 I 都是恒定值。一般通过电流控制逆变器接入配电网的光伏发电系统、部分风力发电机组等 DG，可以简化处理成 PI 节点。该节点的无功功率 Q 可以通过以下公式计算得出：

$$Q_i^{(k)} = \sqrt{|\dot{I}_i|^2 \, |\dot{U}_i^{(k)}|^2 - P_i^2} \tag{4-35}$$

式中，$Q_i^{(k)}$ 为第 k 次迭代中 DG 的无功功率（kvar）；$\dot{U}_i^{(k)}$ 为第 k 次迭代得到的电压（kV）；

$\dot{I}_i$ 为 DG 的电流（A），$I=|\dot{I}_i|$；P_i 为 DG 的有功功率（kW）。

通过式（4-35）计算出 DG 的无功功率，就可将 PI 节点转化为 PQ 节点进行计算，PI 节点的注入电流可以根据式（4-28）计算。

（4）$PQ(V)$ 节点的处理方法

对于当作 $PQ(V)$ 节点的 DG，其有功功率 P 是恒定的，电压 U 不定，无功功率 Q 随着电压 U 变化。一般采用异步发电机的风力发电机组可以简化为 $PQ(V)$ 节点。采用异步发电机的风力发电机组，异步发电机没有电压调节能力，需要从电网中吸收一定的无功功率来建立磁场，其吸收的无功功率的大小与节点电压 U 和转差率 s 有关。为减少网络损耗，需要对无功功率进行补偿，一般采取就地补偿的原则。通常在风电机组处安装并联电容器组，而电容器组输出的无功功率也与节点电压的幅值有关。对于此类节点一般进行如下处理：

计算过程中，每次迭代结束后都要对电压进行修正，然后依据修正后的值求出异步发电机要从电网吸收的无功功率。然而在实际工作中，为了达到风力发电机组工作的功率因数，需要投入并联电容器进行无功补偿。$PQ(V)$ 节点向电网注入的无功功率就是并联电容器补偿的无功功率与异步发电机从电网吸收的无功功率的差值。所以第 k 次迭代时该节点的视在功率为

$$S_i^{(k)} = -P_i - \mathrm{j}(Q_{Ci}^{(k)} - Q_i^{(k)}) \tag{4-36}$$

式中，P_i 为异步风力发电机发出的有功功率（kW）；$Q_{Ci}^{(k)}$ 为第 k 次迭代时并联电容器补偿的无功功率（kvar）；$Q_i^{(k)}$ 为第 k 次迭代时异步风力发电机从电网吸收的无功功率（kvar）。

由此可以将 $PQ(V)$ 节点转化成 PQ 节点，用于下一次迭代计算。

2. 含分布式电源的配电网潮流计算方法

目前，在含 DG 的配电网潮流计算领域，科技工作者在传统输电网潮流计算方法的基础上做了许多研究。例如，在回路阻抗法的基础上，采用灵敏度补偿法，进行含 DG 的潮流计算；在牛顿法的基础上，通过固定化雅可比矩阵，快速进行配电网潮流计算等。但上述方法无论在初值的要求还是适用条件上都比前推回代（前推回推）法严格。下面介绍基于前推回代法计算含 DG 的配电网潮流计算方法。

（1）前推回代潮流计算方法

前推回代潮流计算方法包括两步迭代计算，即以馈线为基本单位，从末端节点开始向始端逐段推算功率分布，求得始端注入功率；而后通过求得的功率分布，从始端节点开始向末端节点计算节点电压，以计算出的各节点相邻两次迭代电压幅值差的最大值是否小于允许误差作为收敛判据。

如图 4-11 所示为潮流计算等效网络基本单元，等效网络中任一支路始端功率为

$$\widetilde{S}_{ij} = \widetilde{S}_j + \sum_{k \in C_j} \widetilde{S}_{jk} + \Delta \widetilde{S}_{ij} = P_{ij} + \mathrm{j}Q_{ij} \tag{4-37}$$

$$
\begin{cases}
P_{ij} = P_j + \sum_{k \in C_j} P_{jk} + \Delta P_{ij} = P_j + \sum_{k \in C_j} P_{jk} + \dfrac{\left(P_j + \sum_{k \in C_j} P_{jk}\right)^2 + \left(Q_j + \sum_{k \in C_j} Q_{jk}\right)^2}{U_j^2} r_{ij} \\[4mm]
Q_{ij} = Q_j + \sum_{k \in C_j} Q_{jk} + \Delta Q_{ij} = Q_j + \sum_{k \in C_j} Q_{jk} + \dfrac{\left(P_j + \sum_{k \in C_j} P_{jk}\right)^2 + \left(Q_j + \sum_{k \in C_j} Q_{jk}\right)^2}{U_j^2} x_{ij}
\end{cases}
$$

$$\tag{4-38}$$

式中，C_j 为除 i 节点外所有与 j 节点相连的节点集合，在图 4-11 中 $C_j=\{l,s\}$；$\sum_{k\in C_j} P_{jk}$、$\sum_{k\in C_j} Q_{jk}$ 为除支路 ij 之外所有与 j 节点相连的支路功率之和，在图 4-11 中与 j 节点相连的支路功率之和为支路 jl、支路 js 始端功率之和。

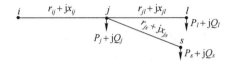

图 4-11　潮流计算等效网络基本单位

很明显，任一支路的始端功率与支路末端的电压模值有关。已知网络末端电压很容易求得网络各线段的功率损耗。

另外，若已知始端功率和始端电压，也容易求出各末端节点的电压，即

$$\dot U_j = \dot U_i - \Delta\dot U_{ij} = \dot U_i - (\Delta U + \mathrm{j}\delta U) \tag{4-39}$$

$$\Delta U_{ij} = \frac{P_{ij}r_{ij} + Q_{ij}x_{ij}}{U_i};\quad \delta U = \frac{P_{ij}x_{ij} - Q_{ij}r_{ij}}{U_i} \tag{4-40}$$

式中，$\Delta\dot U_{ij}$ 为支路 ij 的电压降落（kV）。

（2）含 DG 配电网前推回代法潮流计算的步骤

含 DG 配电网前推回代法潮流计算的具体步骤如下：

1）初始化。给定平衡节点（即电源点）电压；并为全网其他 PQ 节点赋电压初始值 $\dot U_i^{(0)}$，一般赋值为额定电压，相角为 0；PV 节点、PI 节点、PQ(V) 节点赋无功注入功率为初始功率 $Q_i^{(0)}$。

2）计算各节点运算功率。

3）从网络的末端开始逐步前推，由节点电压 $\dot U_i^{(0)}$，根据式（4-38）求全网各支路功率 $P_{ij}^{(1)}$、$Q_{ij}^{(1)}$。

4）从始端出发逐段回推，由支路功率，根据式（4-39）、式（4-40）求各节点电压 $\dot U_i^{(1)}$。

5）利用求得的各节点电压修正 PV 节点电压和无功功率。如果发生无功功率越界，那么 PV 节点转化成 PQ 节点，且修正该节点的无功功率。

6）计算 PI 节点注入无功功率。如果发生无功功率越界，那么 PI 节点转化成 PQ 节点。

7）计算 PQ(V) 节点的无功注入功率。

8）利用预先设定的收敛标准判断收敛与否。

9）如不满足收敛标准，将各节点电压计算值作为新的初始值自第 2）步开始进入下一次迭代。

综上所述，对前推回代法进行改进，能够处理 DG 加入配电网后带来的 PV 节点、PI 节点和 PQ(V) 节点，即可利用前推回代法计算含 DG 的配电网潮流分布。

3. 基于前推回代法的含 DG 配电网线损计算

利用前推回代法计算出含 DG 的配电网潮流分布，可以统计全网的功率损耗，进一步计算出全网络的线损。在计算线损前先规定：DG 功率流入配电网时为正，DG 从配电网吸收电能时功率方向为负（此时相当于负荷）。下面以 24 h 潮流计算为基础，介绍配电网线损计算的

步骤。

1) 初始化。设配电网可变损耗 $\Delta A_{kb}=0$，固定损耗 $\Delta A_{gd}=0$，总损耗 $\Delta A_{\Sigma}=0$，设 $k=1$。

2) 确定第 k 小时 DG 的功率。

3) 确定配电网第 k 小时的负荷功率。

4) 基于前推回代配电网潮流法计算第 k 小时的潮流分布。

5) 确定第 k 小时配电网的可变损耗 $\Delta A_{kb.i}$、固定损耗 $\Delta A_{gd.i}$。

6) 确定配电网的损耗。至第 k 小时结束，配电网的可变损耗 $\Delta A_{kb}=\Delta A_{kb}+\Delta A_{kb.i}$，固定损耗 $\Delta A_{gd}=\Delta A_{gd}+\Delta A_{gd.i}$，配电网的总损耗 $\Delta A_{\Sigma}=\Delta A_{\Sigma}+\Delta A_{kb.i}+\Delta A_{gd.i}$。

7) $k\leftarrow k+1$。

8) 若 $k\leqslant k+1$ 转步骤 2)，否则转步骤 9)。

9) 输出配电网的线损构成及大小。

需要说明的是，对于 DG 或负荷功率在小时内变化较大时，选择 24 h 潮流计算就不合适。可以选择 48 点潮流计算，即每 0.5 h 为一个时间段；或者跟随 DG 和负荷功率的变化选择不定时长的时间段。

4. 实例分析

（1）配电线路介绍

以图 4-12 所示某 10 kV 配电线路为例，配电线路各支路的电阻见表 4-8。配电线路具有 13 个节点的配电线路，在配电线路的每一个节点（除 0、6、9 号节点外）都有配电变压器，采用的是 S11 型配电变压器，配电变压器的额定参数见表 4-9。其中节点 1、2、4、7、8、11、12 为市政居民用电，节点 3、5、10 为第三产业用电。6 号节点和 9 号节点为高压用户 I 和 II，其中 6 号节点为轻工业用电，9 号节点为重工业用电。DG 为光伏发电站，接在 9 号节点处。

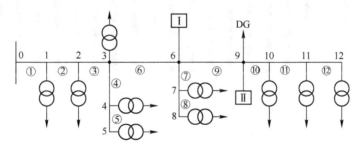

图 4-12　10 kV 配电线路图

表 4-8　配电线路各支路的电阻

支　　路	①	②	③	④	⑤	⑥	⑦	⑧	⑨	⑩	⑪	⑫
电阻/Ω	0.4	0.3	0.4	0.5	0.9	0.8	0.5	0.7	1.2	0.6	0.8	0.6

表 4-9　配电变压器的额定参数

节　　点	1	2	3	4	5	6	7	8	9	10	11	12
额定容量/kV·A	100	100	315	160	315		125	125	0	315	100	160
空载损耗/kW	0.25	0.25	0.475	0.27	0.475		0.235	0.235		0.475	0.25	0.27
短路损耗/kW	1.5	1.5	3.65	2.2	3.65		1.8	1.8		3.65	1.5	2.2

（2）负荷节点功率取值

图 4-13~图 4-16 分别为该地区的市政生活用电行业等效日负荷曲线、第三产业行业等效日负荷曲线、轻工业以及重工业行业等效日负荷曲线。

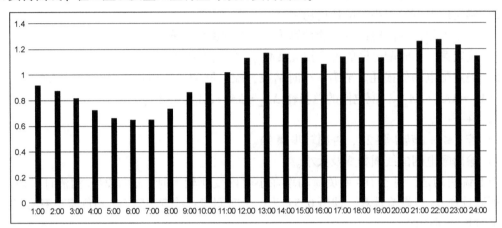

图 4-13　市政生活用电行业等效日负荷曲线

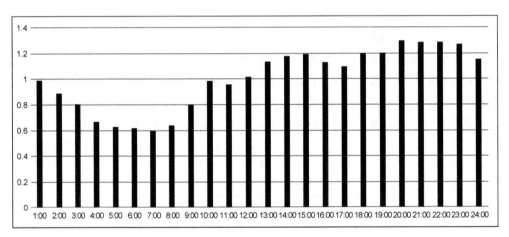

图 4-14　第三产业行业等效日负荷曲线

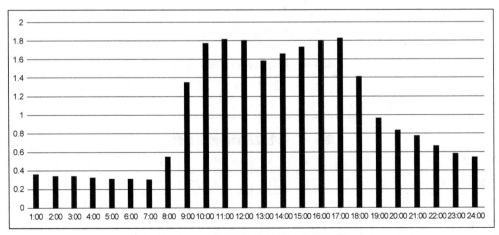

图 4-15　轻工业行业等效日负荷曲线

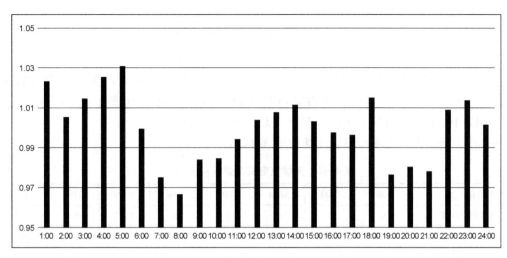

图 4-16　重工业行业等效日负荷曲线

各负荷节点典型日用电量见表 4-10，假设整点间的有功和无功功率不发生改变，可以根据等效日负荷曲线得到各个时间点负荷功率。

表 4-10　各负荷节点典型日用电量

节 点 编 号	1	2	3	4	5	6
用电量/kW·h	1000.9	886.6	2845.9	1388.58	2293.4	8914.4
节 点 编 号	7	8	9	10	11	12
用电量/kW·h	1175.2	1294.7	15638.4	2487.5	931.4	1200.7

第 k 小时各负荷点的有功和无功功率为

$$P_k = K_{Pk}A_P; \quad Q_k = K_{Qk}A_Q \tag{4-41}$$

$$K_{Pk} = \frac{P_{Dk}}{\sum\limits_{i=1}^{24} P_{Di}}; \quad K_{Qk} = \frac{Q_{Dk}}{\sum\limits_{i=1}^{24} Q_{Di}} \tag{4-42}$$

式中，P_{Dk}、Q_{Dk} 分别为等效日负荷曲线第 k 小时的有功功率（kW）和无功功率（kvar）；A_{Pk}、A_{Qk} 分别为典型日的有功电量（kW·h）和无功电量（kvar·h）；P_k、Q_k 分别为典型日第 k 小时的有功功率（kW）和无功功率（kvar）；K_{Pk}、K_{Qk} 分别为第 k 小时的有功、无功功率分配系数。

如果已知功率因数，K_{Qk} 也可以根据 K_{Pk} 和功率因数计算。

（3）DG 节点的功率取值

在 DG 接入配电网后，通常会在接入的位置安装表计，根据 DG 典型日输出有功功率曲线以及节点类型确定 DG 的有功功率和无功功率。如果在 DG 接入的位置安装电压表、电流表和电度表进行记录，在已知典型日有功、无功电量时，根据 DG 典型日等效输出功率曲线，则第 k 小时 DG 的有功和无功功率为

$$P_{DGk} = K_{DGPk}A_{DGP}; \quad Q_{DGk} = K_{DGQk}A_{DGQ} \tag{4-43}$$

$$K_{\mathrm{DG}Pk} = \frac{P_{\mathrm{DG}k}}{\sum\limits_{i=1}^{24} P_{\mathrm{DG}i}}; \quad K_{\mathrm{DG}Qk} = \frac{Q_{\mathrm{DG}k}}{\sum\limits_{i=1}^{24} Q_{\mathrm{DG}i}} \tag{4-44}$$

式中，$P_{\mathrm{DG}k}$、$Q_{\mathrm{DG}k}$ 分别为 DG 在典型日第 k 小时的有功功率（kW）和无功功率（kvar）；$A_{\mathrm{DG}Pk}$、$A_{\mathrm{DG}Qk}$ 分别为 DG 在典型日的有功电量（kW·h）和无功电量（kvar·h）；$K_{\mathrm{DG}Pk}$、$K_{\mathrm{DG}Qk}$ 分别为 DG 在典型日第 k 小时的有功、无功功率分配系数。

本例中，光伏发电站典型日发出功率见表 4-11。

表 4-11　光伏发电站典型日发出功率

时　间　点	1:00	2:00	3:00	4:00	5:00	6:00	7:00	8:00
发出功率/kW	0	0	0	0	0	17.7	95.3	238
时　间　点	9:00	10:00	11:00	12:00	13:00	14:00	15:00	16:00
发出功率/kW	332.4	371.3	474.5	469.2	446	322.7	274.9	218.3
时　间　点	17:00	18:00	19:00	20:00	21:00	22:00	23:00	24:00
发出功率/kW	39.4	22.1	0	0	0	0	0	0

（4）配电网的线损

分别采用潮流计算法和等效容量法计算图 4-12 所示 10kV 配电线路的线损，计算结果见表 4-12。

表 4-12　配电网线损计算结果

名　　称	潮流计算法	等效容量法
典型日变压器空载损耗/kW·h	72.84	72.84
典型日变压器负载损耗/kW·h	106.802	106.802
典型日配电网线路损耗/kW·h	1169.805	1085.684
典型日配电网总损耗/kW·h	1349.447	1265.326
典型日线损率（%）	3.369	3.159

第5章　降低配电网线损的措施

降低线损的措施一般包括技术降损措施和管理降损措施。技术降损措施，是指对电网某些部分或元件进行技术改造或技术改进，推广应用节电新技术和新设备，提高电网技术装备水平以及有意识地采用技术手段，调整电网布局，优化电网结构，改善电网运行方式。技术降损措施的主要目的是降低电网线损的理论值部分。管理降损措施，包括规范营业标准、严格线损考核、加强计量管理、积极开展用电普查和反窃电工作。技术降损措施也可以和管理降损措施同时并举，结合应用，这样降损步幅更大，效果更显著。

5.1　配电网的经济运行

1. 配电网经济运行的意义和条件

（1）配电网经济运行的意义

合理调整电网的负荷电流和运行电压，使电网中配电变压器的负荷率达到经济负荷率，电网线损率达到最佳理论线损率，从而使配电网经济运行。配电网的经济运行可以降低线路的总损耗。

（2）配电网经济运行的条件

图 5-1 是配电网线损率变化规律曲线，从曲线可以看出，固定损耗曲线 $\Delta A_d\% = f(I_{pj})$ 与可变损耗曲线 $\Delta A_b\% = f(I_{pj})$ 有一个交点，在这一点所对应的负荷下，固定损耗与可变损耗相等，电网总线损率最低，即说明电网达到了经济运行，此时的负荷电流称为经济负荷电流。因此，电网经济运行的条件是电网的固定损耗与可变损耗相等。

（3）配电网的运行状况

从图 5-1 可以看出，线路中实际负荷电流的平均值 I_{pj} 未达到线路的经济负荷电流值 I_{jj}，即 $I_{pj}<I_{jj}$；线路的实际线损率 $\Delta A_s\%$ 未达到理论线损率 $\Delta A_L\%$，而理论线损率也未达到最佳理论线损率 ΔA_{zj}，即 $\Delta A_s\%>\Delta A_L\%>\Delta A_{zj}$；线路上配电变压器的综合线损率 $\beta_{zs}\%$ 未达到综合经济负载率 $\beta_{zj}\%$，即 $\beta_{zs}\%<\beta_{zj}\%$。这种运行状况反映在图 5-1 上是阴影区所示部分，也就是说，农村多数配电线路都处于轻负荷运行状态。

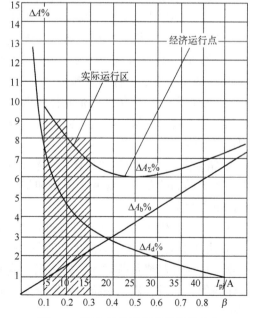

图 5-1　配电网线损率变化规律曲线

2. 实现配电网经济运行的措施

实现配电网经济运行可采取以下措施。

（1）做好负荷预测

按经济运行要求调整负荷，投入运行。当线路负荷较小时，要采取集中时间，或几条线路定时轮流投运的办法，以免轻载；当线路负荷较大时，在高峰时间要压负荷，使整体负荷值达到经济运行要求后再投入运行。负荷大小可从线路出口处电流表观察。

（2）提高负荷率、降低峰谷差

1）峰谷差。对于配电线路来讲，其结构参数在一定时期内往往是固定不变的，而运行参数变化较大，特别是线路中的负荷电流几乎每时每刻都在变化，只是变化幅度不一样，使日负荷曲线起伏波动，形成几个高峰和低谷现象。最大（高峰）负荷与最小（低谷）负荷之差就是峰谷差。

2）提高负荷率，降低峰谷差的意义。高峰负荷往往是低谷负荷的几倍，高峰时线路的负荷率偏高，而低谷时线路的负荷率较低，用电不均衡。配电线路的线损与负荷率的高低和峰谷差的大小有很大的关系，在一般情况下，线损率与负荷率成反比变化，与峰谷差成正比变化，负荷率越低，线损率越高，峰谷差值越大，线损增大越多。如果配电线路在某段时间内有比较大的负荷，而在另一段时间内的负荷很小，线损将会成倍增大。因此提高负荷率，降低峰谷差，合理安排各类负荷的用电时间，实行定时、定量供电，避峰用电，均衡用电，保持负荷的平衡性是降低线损的有效措施，只要认真加强计划用电和调度管理，就可以做到降损节电。

3）减小峰谷差的措施。

① 各级电力部门要积极协助用户，安排好各类负荷的生产班次、设备用电时间及周休日，做到按量、按时均衡用电，提高日负荷率，做到计划用电、合理用电。

② 调整生产班次，尽量多用低谷电。具体做法是：一班制生产企业可实行九点半后上班，避开早、晚用电高峰；二班制生产企业可轮流倒班，即早中、中夜、夜早三班倒这样可以将1/3的负荷移到深夜去，降低白天负荷；三班制生产企业可安排每周少开一个早班、多开一个夜班，即18个班开5个早班、6个中班、7个夜班。

③ 增加深夜班次。将一班制生产企业组织起来，轮流开早班和深夜班，二班制生产企业开早、夜两班，三班制生产企业将用电负荷大的班移到深夜，还可将一班制生产的炼钢电炉、热处理设备、电解、电镀等耗电大的设备安排在21点后进行，这些办法可有效地压低晚间用电高峰。

④ 错开上、下班时间和午休、午餐时间，这样可以使各厂矿最大负荷得以分散，以降低电力系统的高峰负荷，缓和上下班和午休、午餐所造成的用电负荷骤增骤减，填补中午和下午的低谷负荷。

⑤ 厂矿企业的设备小修，可安排在系统高峰负荷期间进行。

⑥ 让峰用电。有些车间的生产和辅助设备并不经常起动，只要把生产工序适当调整一下，就可以避开高峰负荷时间，如纺织行业的前纺、造纸工业的打浆机、一般工厂的贮水塔的提水泵等，另外，农电系统的乡镇企业、农副产品加工和灌溉等，都可以避开负荷高峰时间用电。

⑦ 实行峰、谷差电价和枯水期、丰水期电价。上级主管部门应制定和执行峰、谷电价

和枯水期、丰水期电价，并适当增加以上两种电价的差额，供电部门应严格实行按两种电价收费，以鼓励用户多用低谷电和丰水期电。

⑧ 所有用户都应严格遵守电力调度纪律，按调度命令停用电，在电力负荷紧张、供需矛盾突出的情况下不得争抢用电。

⑨ 供电部门在线路不超负荷的前提下，同用户协商后，对线路实行轮流、定时供电的方法。

⑩ 小火电站（厂）在与大电网并网后，必须严格履行并网协议，按调度命令运行，在系统缺电的情况下，应主动多发有功电力负荷，输送给电网。

在供用电管理工作中，应当重视负荷调整。采取上述措施后，可以有效地减小负荷波动，使峰谷差值减小，负荷曲线趋于平稳，从而达到均衡用电、降低电网损耗的目的。

（3）按经济负荷电流运行

配电网元件中的可变损耗与负荷电流的二次方成正比例变化，而固定损耗在总损耗中所占的比重却与负荷电流成反比例变化。因此，当负荷电流发生变化时，线损率的增减主要取决于这两部分损耗在总损耗中所占的比重。如图 5-1 配电网线损率变化规律曲线所示，在配电网中按经济电流运行，可以使线损率降低到最低值。通过线损的理论计算表明，配电网多数处于轻负荷运行状态，即配电网中的实际负荷率未能达到经济负荷率，致使配电网的线损率过大，如能提高配电网的负荷率，使它处在经济负荷电流运行状态，就可以使配电网的线损率达到最低值。为了使配电线路尽可能地接近于经济负荷电流运行，可以采取如下措施：

1）对于负荷重（即可变损耗所占的比重较大）的配电线路，可以采用转移负荷或削峰填谷调整负荷的方法减轻配电线路的负荷。

2）对于严重过负荷的配电线路，可以采用架设双回路线路、增大导线截面、缩小供电范围、调整负荷分布、装设并联电容器等方法，以解决配电线路负荷过重而造成的线损增大。

3）对于负荷轻（即固定损耗所占比重较大）的配电线路，可以实行定时、轮流供电的方法，以解决配电线路负荷过轻而造成的线损增大。

4）采用调整负荷曲线的方法。由于配电网元件中的可变损耗与负荷电流的二次方成正比变化，所以在高峰期间线损极大。对此，应根据工农业生产的要求，分析各生产环节和季节特点，合理安排生产的工艺流程，调整负荷曲线中非关键性生产设备的用电时间，使之在低谷负荷期间运行，就可以使配电线路处于经济负荷电流运行，以降损节电。

（4）电网及设备的经济运行

1）适当提高电网的运行电压。由于线路和变压器中的可变损耗与运行电压的二次方成反比，提高运行电压可降低线损，但只能在额定电压的上限范围内适当提高。通常情况下，运行电压提高 1%，线损可降低 2%，因此应根据负荷的变化对母线电压做适当调整，降低电网的电能损耗。

2）选择最佳运行方式。镇配电网采用环网布置、开网运行的结构。电网是采用环网运行还是开网运行，以及在哪一点开网都与电网的安全、经济性有关，因此，调度部门应根据网损计算结果选择系统最佳运行方式，使其损耗达到最小。

3）经济调度。调度部门应充分利用调度自动化系统，制定出各变电所（站）主变压器的经济运行曲线，使主变压器保持最佳或接近最佳运行状态，保证主变压器的经济运行。

4）尽量使配电变压器三相负荷平衡。配电变压器三相负荷不平衡时，损耗将增加；而且不平衡度越大，损耗也越大，同时造成电压质量下降，危及配电变压器的安全运行，因此要求配电变压器低压侧出口的电流不平衡度不得超过 10%。

5.2 合理调整配电网的运行电压

调整配电网的运行电压，就是根据各线路在不同季节的固定损耗所占比重以及线路末端用电设备允许电压波动范围，在确保电压质量和不烧毁用电设备的情况下，确定线路运行电压降低或升高的百分数。

1. 配电网的线损与运行电压的关系

配电网的线损与运行电压的关系如下：

$$\Delta P_\Sigma = \Delta P_{kb} + \Delta P_{gd} = 10^{-3} \times \frac{P^2 + Q^2}{U^2} R_{dz} + \left(\frac{U}{U_N}\right)^2 \sum_{i=1}^m \Delta P_{0i} \tag{5-1}$$

式中，ΔP_Σ 为配电网的总损耗（kW）；ΔP_{kb} 为配电网的可变损耗（kW）；ΔP_{gd} 为配电网的固定损耗（kW）；P、Q 分别为配电网的有功功率（kW）、无功功率（kvar）；U 为配电网的运行电压（kV）；U_N 为配电网的额定电压（kV）；$\sum \Delta P_{0i}$ 为配电网中配电变压器空载损耗之和（kW）。

配电网的可变损耗与运行电压的二次方成反比，固定损耗与运行电压的二次方成正比。总损耗与运行电压的关系，由哪种损耗在总损耗中所占比重的大小来确定；合理升高或适当降低配电网的运行电压值，是可以降低配电网线损的。

1）对于 35kV 以上的电网，由于负荷的可变损耗约占总损耗的 80%，所以适当提高运行电压百分数，可以有效地降低线损。提高运行电压与线损降低的关系见表 5-1，如将运行电压提高 1%，线损可降低约 2%；将运行电压提高 5%，线损可降低约 9%，适当提高供电网的运行电压百分数，可以取得一定的节电效果。

表 5-1　提高运行电压与线损降低的关系

提高运行电压百分数（%）	1	3	5	10	15	20
线损降低百分数（%）	1.97	5.74	9.29	17.35	24.38	30.5

2）对于 10（6）kV 配电网，特别是农村 10（6）kV 配电网，多数线路和多数季节处于轻负荷运行状态，加上配电变压器台数多，容量小，且负载率低，有的线路上还有不少高能耗变压器在运行，因此固定损耗在总损耗中所占的比重较大，平均约为总损耗的 70%。适当降低配电网的运行电压百分数，将使总损耗有所减小。

综上所述，对于 35kV 以上的电网，可以适当提高运行电压；对于 10（6）kV 的配电网，则应保持在额定电压或略低于额定电压运行，均可以取得一定的降损节电效果。

2. 调整配电网运行电压的方法

调整配电网运行电压的方法有以下几种：

1）按季节负荷变化，调节变电站内主变压器的分接开关进行调压。

2）根据日夜负荷变化，投退变电站内和线路上补偿电容器的容量进行调压。

3）利用有载调压主变压器的调压装置和其他调压装置进行调压。

4）必要时，可直接采取切断一部分负荷的措施进行调压。

采用线路调荷与调压相结合的途径，是实现配电网经济运行、效果互补达到最佳状态的有效措施，应推广使用。

3. 判断调整电压的条件

1）当电网的负载损耗与空载损耗的比值 C 大于表 5-2 中数值时，提高运行电压可达到降损目的。

表 5-2　提高运行电压降损判别

提高电压百分率 α（%）	1	2	3	4	5
C	1.02	1.04	1.061	1.082	1.10

2）当电网的负载损耗与空载损耗的比值 C 小于表 5-3 中数值时，降低运行电压可达到降损目的。

表 5-3　降低运行电压降损判别

提高电压百分率 α（%）	-1	-2	-3	-4	-5
C	0.98	0.96	0.941	0.922	0.903

3）提高电压百分率 α（%）按下式进行计算：

$$\alpha\% = \frac{U'-U}{U} \times 100\% \tag{5-2}$$

式中，U' 为调压后的母线电压（kV）；U 为调压前的母线电压（kV）。

5.3　配电网网架优化

1. 配电网的合理规划与技术改造

（1）配电网的合理规划与技术改造的必要性

配电网规划是否合理，对线路的基建投资、年运行费用、电能损耗、导线材料的消耗量以及电压降等技术经济因素有很大的关系。要将配电网建设为"安全、可靠、优质、高效"的电网，必须基于负荷预测，合理准确地规划配电网。

在配电网建好或投入运行若干年以后，由于当时负荷难以预测、复杂多变的环境条件等因素，规划的配电网不能满足远期负荷需求，加上管理工作跟不上，配电网可能会出现一些问题。配电网存在的主要问题包括：

1）线路（不论是主干线，还是分支线）随意接续导线，延伸很远，走径迂回曲折，供电半径超出合理范围。

2）用电负荷快速增长，使线路输送功率急剧增加，负荷电流超出导线的合理载流量，线路存在明显的"卡脖子"或"瓶颈"现象。

3）电网线损上升或居高不下，而且线路运行的安全可靠性降低，事故增多。

（2）电网合理规划与技术改造内容、原则和要求

电网合理规划的主要内容包括：变电站的位置应基本在负荷中心，变电站的座数、出线回路数以及每个变电站的主变压器台数与容量应基本合理；高压线路引入负荷中心，缩短供

电半径等。

电网合理规划应坚持的原则：小容量、短半径、密布点。规划时要尽量减少变压层次，因为每经过一次变压，大致要消耗电网 1%～2% 的有功功率和 8%～10% 的无功功率，变压层次越多，损耗就越大；同时还要考虑满足负荷发展要求和尽可能延长线路导线更换期，合理确定变电站、线路及配电台区的规划期，使电网建设投资最省、运行维护费用最低。

电网合理规划与技术改造的具体做法和要求：增设新变电站或将变电站移至负荷中心；改造迂回供电线路和供电半径超过标准的线路；改造导线较细的"卡脖子"线路。

2. 对变电站进行合理的布点

变电站的布点与电网结构是否合理关系较大，变电站布点的多少主要取决于供电范围内电力负荷的密度和供电半径。首先根据该地区的综合需用系数预测今后 5～10 年的最大负荷，进而根据用电面积计算出单位面积的负荷密度；然后计算出相应负荷密度下的 10 kV 线路或 35 kV 线路经济供电半径，以及相应变电站的主变压器容量；最后根据所需输送用电负荷计算增设变电站的供电半径，并校对初选的变电站布点是否合理。变电站的布点应遵循：简化电压等级，尽量采用 110 kV 变电站，减少 35 kV 变电站；将变电站引入负荷中心，减少供电半径。

3. 配电网的升压运行（提升配电网的电压等级）

（1）电网升压运行的意义

随着工农业生产的发展和生活用电量的增大，电力线路输送容量不断增加，有的线路可能要超负荷运行，其电能损耗必然大幅度增加。如果将原有的电压提高一个等级，如 6 kV 提高到 10 kV，10 kV 提高到 35 kV，即可使线路的输送容量和电能损耗得到改善，达到降损节能的目的，这是今后电网的发展方向。

（2）电网升压运行的原则

配电网的可变损耗与运行电压的二次方成反比，固定损耗与运行电压的二次方成正比。电网的升压运行，可导致配电网可变损耗的降低与固定损耗的增加，因此，电网升压运行的原则是：使电网中可变损耗的减少量超过固定损耗的增加量，以达到降低配电网总损耗的目的。

（3）电网升压运行的效益

1）提高电网供电能力。电网升压后，可以增大输送容量，提高供电能力。电网输送能力提高百分数可用下式计算：

$$P_{tg}\% = \frac{P_2 - P_1}{P_1} \times 100\% = \frac{U_2 - U_1}{U_1} \times 100\% \qquad (5-3)$$

式中，P_{tg} 为电网输送能力提高百分数（%）；P_1、P_2 为升压前后电网的输送功率（kW）；U_1、U_2 为升压前后电网的电压（kV）。

2）降低电网的功率损耗。电网升压后可以降低电网的功率损耗，其功率损耗降低的百分数可用下式计算：

$$\Delta P_{jd}\% = \frac{\Delta P_1 - \Delta P_2}{\Delta P_1} \times 100\% = \left(1 - \frac{U_1^2}{U_2^2}\right) \times 100\% \qquad (5-4)$$

式中，ΔP_{jd} 为电网升压后功率损耗降低百分数（%）；ΔP_1、ΔP_2 为升压前后电网的功率损耗（kW）；U_1、U_2 为升压前后电网的电压（kV）。

升压后节电计算公式：

$$年预计节电量=升压前年供电量\times(1-升压后线损降低百分数)$$
$$\times 升压前年均线损率 \quad (kW \cdot h)$$

(5-5)

表5-4是电网升压后供电能力提高与线损降低情况，表中线损率降低百分数的下限数字是式（5-3）的计算结果；上限数字是式（5-4）的计算结果，实际值应在两者之间，从表中可以看出，电网升压运行的降损节能效益是相当显著的。

表5-4 电网升压后供电能力提高与线损降低情况

原电网电压等级 /kV	升压后电网电压等级 /kV	供电能力提高百分数 （%）	线损率降低百分数 （%）
6	10	66.7	40~64
6	20	233.3	70~91
10	20	100	50~75
10	35	250	71.4~91.8
35	110	214.3	68.2~89.9
110	220	100	50~75

4. 更换线路导线截面

正确合理地选择导线的截面，可以改造导线截面过细且输送负荷较重的"卡脖子"线路，而且可以降低线损。将原线路首端导线和主干线用较大型号的导线进行更换改造，就 70 mm² 及以下导线而言，每提高一个线号，线路的可变损耗将降低30%左右，降损效果十分明显。更换改造线路导线型号降损节电效果见表5-5。

表5-5 更换改造线路导线型号降损节电效果

改造前导线		改造后导线		线路可变线损降低率
型 号	电阻/（Ω/km）	型 号	电阻/（Ω/km）	（%）
LGJ（LJ）-16	2.04（1.98）	LGJ（LJ）-25	1.38（1.28）	32.4（35.4）
LGJ（LJ）-25	1.38（1.28）	LGJ（LJ）-35	0.95（0.92）	31.2（28.1）
LGJ（LJ）-35	0.95（0.92）	LGJ（LJ）-50	0.65（0.64）	31.6（30.4）
LGJ（LJ）-50	0.65（0.64）	LGJ（LJ）-70	0.46（0.46）	29.2（29.2）
LGJ（LJ）-70	0.46（0.46）	LGJ（LJ）-95	0.33（0.34）	28.3（26.1）
LGJ（LJ）-95	0.33（0.34）	LGJ（LJ）-120	0.27（0.27）	18.2（20.6）
LGJ（LJ）-120	0.27（0.27）	LGJ（LJ）-150	0.21（0.21）	22.2（22.2）
LGJ（LJ）-150	0.21（0.21）	LGJ（LJ）-185	0.17（0.17）	19.0（19.0）
LGJ（LJ）-185	0.17（0.17）	LGJ（LJ）-240	0.132（0.132）	22.4（22.4）
LGJ（LJ）-240	0.132（0.132）	LGJ（LJ）-300	0.107（0.107）	18.9（18.9）

选择导线截面时，应遵循线路负荷矩和导线载流量的技术规范，还要将近期的负荷增加的因素考虑在内，以免导线截面选得过小，造成有电送不出去的局面。

（1）选择导线截面的基本原则

1）选择导线截面的计算负荷，应该按照线路建成后5~10年的线路长期出现的最大负荷进行考虑。此最大负荷不只是在个别年份中出现，而是在相当长一段时期内具有一定代表性的负荷。

2）对于负荷电流不大、供电距离长、最大负荷利用小时低，又没有任何调压措施的 35 kV 以及 10（6）kV 线路，一般按允许电压损耗选择导线截面，用机械强度和发热条件校验。10（6）kV 线路导线截面积的选择需考虑更换导线比更换配电变压器要费时费力的实际情况，所以，10（6）kV 线路导线截面积的选择宜大不宜小，宽裕度可适当留大一些，即按其 10 年最大负荷作为计算负荷，这样既能延长导线的更换周期，又能保障满足其机械强度和发热条件的校验。

3）35~110 kV 架空线路的导线截面，一般按经济电流密度选择，用允许电压损耗、发热条件、电晕和机械强度进行校验。当允许电压损耗不能满足时，一般不提倡采用加大导线截面的办法来降低电压损耗。这是因为导线截面大的架空线路，其电压损失起决定作用的是电抗而不是电阻，所以选用大的导线截面以降低线路电压损失，效果是不显著的，不如采用其他调压措施。

4）当计算所得导线截面在两个相邻标称截面之间时，一般选取大一号的标称截面。

5）应考虑发展余地和过渡的可能性。

（2）导线截面选择的计算方法

1）按允许电压损耗选择导线截面。在没有特殊调压设备的电网中，尤其是城乡的 10（6）kV 线路，一般都是按电压损耗的允许值来选择导线截面。线路电压损耗的计算式为

$$\Delta U = 10^{-3} \times \frac{PR+QX}{U_{\mathrm{N}}} \quad (\mathrm{kV}) \tag{5-6}$$

可见，导线中的电压损耗由两部分组成。导线电阻中的电压损耗为

$$\Delta U_{\mathrm{r}} = 10^{-3} \times \frac{PR}{U_{\mathrm{N}}} \quad (\mathrm{kV}) \tag{5-7}$$

导线电抗中的电压损耗为

$$\Delta U_{\mathrm{x}} = 10^{-3} \times \frac{QX}{U_{\mathrm{N}}} \quad (\mathrm{kV}) \tag{5-8}$$

即

$$\Delta U = \Delta U_{\mathrm{r}} + \Delta U_{\mathrm{x}} \quad (\mathrm{kV}) \tag{5-9}$$

但是，导线截面积对架空线路电抗的影响很小，由架空线路构成的城乡电网，电抗值为 0.36~0.422 Ω/km，近似计算可采取 0.4 Ω/km。因此，即使在导线截面积尚未确定的时候，可以先假定线路电抗值，计算出电抗部分中的电压损耗，且当给出了线路允许电压损耗百分数 $\Delta U_{\mathrm{yx}}\%$ 后，则由导线电阻决定的电压损耗也可以计算出来。即

$$\Delta U_{\mathrm{r}} = \Delta U_{\mathrm{yx}}\% \cdot U_{\mathrm{N}} - \Delta U_{\mathrm{x}} \quad (\mathrm{kV}) \tag{5-10}$$

此时，若全线路选用一种型号导线时，则有

$$\Delta U_{\mathrm{r}} = 10^{-3} \times \frac{Pl\rho}{SU_{\mathrm{N}}} \quad (\mathrm{kV}) \tag{5-11}$$

故得导线截面积为

$$S = 10^{-3} \times \frac{P\rho l}{U_{\mathrm{N}} \Delta U_{\mathrm{r}}} \quad (\mathrm{mm}^2) \tag{5-12}$$

式中，U_{N} 为线路额定电压（kV）；P、Q 分别为线路输送的有功功率（kW）、无功功率（kvar）；

R、X 分别为线路导线的电阻、电抗（Ω）；ΔU_r、ΔU_x 分别为线路导线电阻、电抗的电压损耗（kV）；$\Delta U_\mathrm{yx}\%$ 为线路的允许电压损耗百分数；l 为线路导线长度（km）；S 为线路导线的截面积（mm^2）；ρ 为导线的电阻率（$\Omega\cdot\mathrm{mm}^2/\mathrm{m}$），例如，银为 $0.016\,\Omega\cdot\mathrm{mm}^2/\mathrm{m}$，铜为 $0.0172\,\Omega\cdot\mathrm{mm}^2/\mathrm{m}$，金为 $0.023\,\Omega\cdot\mathrm{mm}^2/\mathrm{m}$，铝为 $0.0283\,\Omega\cdot\mathrm{mm}^2/\mathrm{m}$，锰为 $0.051\,\Omega\cdot\mathrm{mm}^2/\mathrm{m}$，钨为 $0.053\,\Omega\cdot\mathrm{mm}^2/\mathrm{m}$，锌为 $0.061\,\Omega\cdot\mathrm{mm}^2/\mathrm{m}$，锡为 $0.113\,\Omega\cdot\mathrm{mm}^2/\mathrm{m}$，钢为 $0.13\sim0.25\,\Omega\cdot\mathrm{mm}^2/\mathrm{m}$，铁为 $0.13\sim0.3\,\Omega\cdot\mathrm{mm}^2/\mathrm{m}$，铅为 $0.208\,\Omega\cdot\mathrm{mm}^2/\mathrm{m}$，水银为 $0.958\,\Omega\cdot\mathrm{mm}^2/\mathrm{m}$，镍铬合金为 $1.0\,\Omega\cdot\mathrm{mm}^2/\mathrm{m}$，碳为 $13.75\,\Omega\cdot\mathrm{mm}^2/\mathrm{m}$。

2）按经济电流密度选择导线截面。综合考虑线路投资、降低年运行费用、节省导线等方面的因素，确定符合总的经济利益的导线截面称为经济截面。经济截面中的电流密度称为经济电流密度。架空铝线和钢芯铝绞线的经济电流密度见表 5-6。经济电流密度值是根据节省建设投资和年运行费用，以及节约有色金属等因素，由国家经过分析和计算规定的。

表 5-6　架空铝线和钢芯铝绞线的经济电流密度

最大负荷利用小时 T_max/h	500～1500	1500～3000	3000～5000	5000 以上
经济电流密度 J_jj/（A/mm^2）	2.0	1.65	1.15	0.9

按经济电流密度选择导线截面的计算公式如下：

$$S_\mathrm{jj}=\frac{I_\mathrm{max}}{J_\mathrm{jj}} \tag{5-13}$$

式中，S_jj 为导线经济截面（mm^2）；I_max 为线路中最大工作电流（A）；J_jj 为导线的经济电流密度（A/mm^2）。

按经济电流密度选择时，首先必须确定电力网的输送负荷量（功率和电流），以及相应的最大负荷利用时间，然后才能确定导线截面。线路中最大工作电流的计算式为

$$I_\mathrm{max}=\frac{P}{\sqrt{3}\,U_\mathrm{N}\cos\varphi} \quad （\mathrm{A}） \tag{5-14}$$

式中，P 为计算输送功率（kW）；$\cos\varphi$ 为线路负荷功率因数。

线路的最大负荷利用小时数为

$$T_\mathrm{max}=\frac{A}{P_\mathrm{max}} \quad （\mathrm{h}） \tag{5-15}$$

式中，A 为输电线路年输送的电量（$\mathrm{kW\cdot h}$）；P_max 为输电线路输送的最大有功负荷（kW）。

农网 35 kV 输电线路的最大负荷利用时间一般为 1500～3000 h，110 kV 输电线路的最大负荷利用时间一般为 3000～5000 h。

按照上述计算方法求得导线截面积后，必须根据国家目前生产的导线标称面积选择一种与计算结果相近的标准导线。然后，按照所选定的实际导线截面积，计算求出实际的电压损耗，验算电压损耗是否符合要求；如果不符合要求，就另选一邻近的标称截面积；再验算电压损耗，直至满足要求为止。

3）按照上述计算方法选择导线截面积后，还需要按正常工作的条件做下列校验：

① 导线机械强度校验。为了保证架空线路导线具有必要的机械强度，避免由于强度不

ough而发生断线事故，必须进行机械强度校验。要求各种电压等级的线路采用不同材料制成的导线时，其最小允许截面积（或直径）不得小于表5-7中所列出的数值。

表5-7 架空线路导线的最小允许截面积或直径

导线材料		线路电压/kV		导线材料		线路电压/kV	
		0.22~0.38	3~35			0.22~0.38	3~35
单股型	铜	6 mm²	不许用	多股型	铜	6 mm²	10 mm²
	钢、铁	直径 3 mm			钢、铁	10 mm²	10 mm²
	铝	不许用			铝及钢芯铝线	10 mm²	16 mm²

② 导线的正常发热校验。为了保证运行中的线路导线温度不超过其最高允许值（对裸导线为70℃），必须进行正常发热的校验。

为了使用方便，工程上都预先根据各类导线允许持续工作的最高温度，制定了各类导线的持续允许电流 I_{yx}。表5-8为各类导线的持续允许电流值。

表5-8 铜、铝及钢芯绞线的持续允许电流（周围空气温度为25℃时）

铜 绞 线			铝 绞 线			钢芯铝绞线	
导线型号/mm²	持续允许电流/A		导线型号/mm²	持续允许电流/A		导线型号/mm²	持续允许电流/A
	屋外	屋内		屋外	屋内		
TJ-4	50	25	LJ-10	75	55	LGJ-35	170
TJ-6	70	35	LJ-16	105	80	LGJ-50	220
TJ-10	95	60	LJ-25	135	110	LGJ-70	275
TJ-16	130	100	LJ-35	170	135	LGJ-95	335
TJ-25	180	140	LJ-50	215	170	LGJ-120	380
TJ-35	220	175	LJ-70	265	215	LGJ-150	445
TJ-50	270	220	LJ-95	325	260	LGJ-185	515
TJ-60	315	250	LJ-120	375	310	LGJ-240	610
TJ-70	340	280	LJ-150	440	370		
TJ-95	415	340	LJ-180	500	425		
TJ-120	485	405	LJ-240	610			
TJ-150	570	480					
TJ-185	645	550					
TJ-240	770	650					

在选择导线时，应使导线的最大工作电流 I_{max} 小于其持续允许电流 I_{yx}，即 $I_{max}<I_{yx}$。对于作为备用的线路，导线的最大工作电流应该是：考虑到非备用线路故障时，需要它起到备用作用的最大工作电流。

表5-8所列的数值是周围空气温度在最炎热月份（平均最高温度为25℃）时各类导线的持续允许电流值。如果最炎热月份空气平均最高温度不是25℃，则导线的持续允许电流应乘以表5-9中的系数。

90

表 5-9　在不同周围空气温度下的修正系数

导线材料	周围空气温度/℃							
	5	10	15	20	25	30	35	40
铜	1.17	1.13	1.09	1.04	1	0.95	0.9	0.85
铝	1.45	1.11	1.074	1.038	1	0.96	0.92	0.88
钢	1.095	1.072	1.05	1.025	1	0.975	0.95	0.922

这里说明一下，上述选择导线截面的计算方法，适宜于新建线路的规划。也就是说，在进行电网规划时，要做到规划合理、准确，其中一个重要环节就是，必须按照上述选择导线截面的计算方法，正确而合理地选择确定线路导线。对于"卡脖子"的旧线路调整改造来说，也应该按照上述选择导线截面的计算方法，合理选定线路导线。

5. 改造迂回供电线路

由于线路走径迂回曲折造成供电半径超过经济合理的长度时，线路的电阻增大，损耗增加，因此，应采用去弯取直的办法进行改造。

1）10kV 输电线路经济供电半径为

$$L_j \approx 10\sqrt{\frac{k_{jl}}{p_{jm}}} \quad (km) \tag{5-16}$$

式中，k_{jl} 为 10kV 输电线路经济供电半径计算系数；p_{jm} 为供电范围内的平均负荷密度（kW/km²）。

2）35kV 输电线路允许供电半径为

$$L_y \approx \frac{122.5}{2.17\cos\varphi + 0.4P_{max}\tan\varphi} \tag{5-17}$$

式中，P_{max} 为 35kV 输电线路最大供电负荷（MW）；$\cos\varphi$ 为 35kV 输电线路负荷功率因数；$\tan\varphi$ 为 35kV 输电线路功率因数角的正切值。

6. 线路的供电半径

供电半径是指线路首端至末端（或最远）的变电站（或配电区）的供电距离。

1）35kV 及以上线路的供电半径一般不应超过下列要求：35kV 线路为 40km；66kV 线路为 80km；110kV 线路为 150km。

2）10kV 及以下网络供电半径应根据电压损失允许值、负荷密度、供电可靠性，并留有一定裕度的原则进行确定，10kV 线路输送电能的距离为 15km。10kV 线路供电半径应不超过表 5-10 中的数值。

表 5-10　10kV 线路供电半径

负荷密度/(kW/km²)	<5	5~10	10~20	20~30	30~40	>40
供电半径/km	20	20~16	16~12	12~10	10~8	<8

3）对低压 0.38kV 和 0.22kV 线路，供电半径宜按电压允许偏差值确定，但最大允许供电半径不宜超过 0.5km。

各级电压电力线路合理的输送功率和输送距离见表 5-11。

表 5-11   各级电压电力线路合理的输送功率和输送距离

额定电压/kV	线 路 结 构	输送功率/kW	输送距离/km
0.22	架空线路	<50	<0.15
0.22	电缆	<100	<0.20
0.38	架空线路	<100	<0.25
0.38	电缆	<175	<0.35
6	架空线路	<2000	5~10
6	电缆	<3000	<8
10	架空线路	<3000	8~10
10	电缆	<5000	<10
35	架空线路	2000~10000	10~50
110	架空线路	10000~50000	50~150
220	架空线路	100000~500000	100~300

通过改造配电网的供电半径，将使线路的供电半径和负荷输送距离缩短；通过更换主线路的导线截面，改造卡脖子线路，使线路导线的截面积增大，导线单位长度电阻值减小，其结果将使线路导线的电阻值减小，由于导线上的线损与其电阻成正比，电阻值的减小将使线路的损耗降低。

电网的技术改造都是在电力负荷发展和用电量增加较快的区域及重负荷线路进行的，输送的负荷和可变损耗所占的比重均较大，改造后的降损效果是极其显著的。其降损电量可按下式计算：

$$\Delta A = 3I_{jf}^2 (R_1 - R_2) T \times 10^{-3} \quad (kW \cdot h) \tag{5-18}$$

式中，ΔA 为降损电量（$kW \cdot h$）；I_{jf} 为线路平均负荷电流（A）；R_1 为改造前导线电阻（Ω）；R_2 为改造后导线电阻（Ω）；T 为线路运行时间（h）。

线损的降低率（即节电率）为

$$\Delta A_j \% = \frac{R_1 - R_2}{R_1} \times 100\% \tag{5-19}$$

5.4   配电网的功率优化

配电网功率优化包括有功功率和无功功率优化，主要通过无功电源与 DG 优化实现。

5.4.1   配电网无功电源优化

1. 无功电源优化的意义

电力网在运行时，由电源供给负荷的电功率有两种：一种是有功功率，另一种是无功功率。

有功功率是将电能换为机械能、光能、热能等其他形式能量的电功率，是保持用电设备正常运行的功率。如 4.5 kW 的电动机就是把 4.5 kW 的电能转换为机械能，带动水泵抽水、排水或带动面粉机磨面；100 W 的白炽灯是将电能转换为光能和热能，供生产和生活照明，有功功率被用电设备直接消耗掉了。

无功功率比较抽象，是用来在电气设备中建立和维持磁场，即用于电路内电场和磁场交换的电功率，凡是有电磁绕组的电气设备如变压器、电动机、交流接触器、电焊机等，要建立电磁场，就要消耗无功功率，它只完成电磁能量的相互转换，反映出交流电路中电感和电容与电源间进行能量交换的规模，并不需要能量。无功功率是相对于有功功率来说的，由于无功功率不对外做功，才称为"无功"。

无功功率绝不是"无用"功率，它的用处很大。电动机为了带动机械，需要在它的转子上产生磁场，通过电磁感应，在电动机转子中感应出电流，使转子转动，从而带动生产机械。电动机的转子磁场就是靠从电源取得无功功率建立的，变压器也同样需要无功功率，才能使变压器的一次绕组产生磁场，在二次绕组中感应出电压。也就是说，电动机需要无功功率，才能建立和维持旋转磁场，变压器需要无功功率，才能建立和维持交变磁场，没有无功功率电动机就不会转动，变压器就不能变压与输送电能。因此，无功功率和有功功率同样重要，二者缺一不可。

当系统中无功功率补偿设备不足时，会导致功率因数下降，这将不仅无法维持供电能力，而且使电网电压降低，电能损失增加。当电网中某一点增加无功补偿容量后，则从该点至电源点所有串接的线路及变压器中的无功潮流都将减少，从而使该点以前串接元件中的电能损耗减少，达到了降损节电和改善电能质量的目的，另外还可以提升设备的利用率。

2. 无功电源结构的选择

无功电源的形式有发电厂的发电机、同步补偿机、移相电容器，此外还有静止补偿器和用户的同步电动机等。如何选择和配置无功电源，对于电力系统，需要全面分析和比较才能合理决定。但是对配电网就简单得多，现对选择原则做如下概述。

（1）同步发电机是最基本的无功电源

同步发电机既能为用户提供有功功率，也能同时为用户提供相应的无功功率，因此要尽量利用其固有能力，但是仍须依靠其他无功电源配合。

发电机是否可以牺牲一定有功来增供无功，或者作调相运行，需从配电系统的实际情况出发。对于小型配电系统无功负荷最大时，常是有功负荷最紧张的时候，当小型水电站处于枯水季节，恰又是排灌负荷最重时，因此以有功来换取无功并不现实。当系统有功经常处于富裕状态则可例外。所以在规划工作中进行无功功率平衡时，不宜考虑发电机降低功率因数运行，而应以在额定功率因数下所能提供的有功功率为准。

（2）移相电容器

对于配电网，移相电容器是一种最有效的无功电源，电容器向电力系统提供感性的无功功率，它既廉价，运行维护又方便，并可针对无功负荷的需求，达到就地平衡的目的，因此是解决配电网无功补偿电源的主要手段。电容器的容量可大可小，既可集中使用，又可分散使用，并且可以分相补偿，随时投入、切除部分或全部电容器组，运行灵活。电容器的有功损耗小（占额定容量的 0.3%~0.5%）。

（3）同步调相机和静止补偿器

对于同步调相机，由于其投资较大，综合经济效益又不明显，因而在配电网中尽量少采用为宜。同步调相机可视为不带有功负荷的同步发电机或者不带机械负荷的同步电动机。因此充分利用用户所拥有的同步电动机的作用，使其过励磁运行，对提高电力系统的电压水平也是有利的。静止补偿器投资和维护量较大，综合效益不明显，在配电网使用较少。

(4) 分布式电源（DG）

随着新能源发电的发展和应用，大量分布式电源（DG）接入了配电网，一些分布式电源（DG）也成为重要的无功电源。合理地配置 DG 可以减小配电网的损耗，调节无功分布，因此 DG 已经成为重要的无功电源。在一些风力发电厂，会专门安排几台风电机组发无功功率。在采用光伏电池发电的网络，可以利用电力电子接口设备的调节、控制输出无功功率。

3. 无功电源补偿方式及配置原则

配电网无功电源平衡所采取的补偿方式主要为移相电容器。

无功补偿容量的配置原则："全面规划，合理补偿，分级安装，就地平衡"。具体执行时：

1) 既要满足全规划区域总的无功电源平衡，又要满足分区、分线路的无功平衡，以便最大限度地减少电压和电能损耗。

2) 集中补偿与分散补偿相结合，以分散补偿为主。

3) 降损与调压相结合，以降损为主。

4) 供电部门补偿与用户补偿相结合。

4. 无功电力需求量的确定（无功容量的确定）

(1) 应用综合系数法确定无功需求量

综合系数法是根据电力网的实际运行资料，利用统计的方法确定系数，再以系数值来确定网内的无功需求量。综合系数 K 定义为

$$K = Q_{max}/P_{max} \tag{5-20}$$

式中，Q_{max} 为规划地区最大无功负荷（kvar）；P_{max} 为规划地区最大有功负荷（kW）。

K 值的大小与负荷结构有关。由于用户的功率因数、电网的运行方式都是在不断变化的，所以利用 K 值计算无功负荷会有一定的误差。但对无功电力规划，此误差是可以允许的。

据全国无功资料统计分析，K 值在 1.2 ~ 1.4 范围内。但对于农村电力网，由于企业用电比重大，自然功率因数又较低，所以应根据其特点，予以修正。据有关资料分析，在农村电力网中农业用电量占 30% ~ 60%，负荷自然功率因数为 0.5 ~ 0.6，经计算最高 K 值为 1.73，最低 K 值为 1.08，平均 K 值为 1.36。因此取 $K = 1.3 ~ 1.4$ 是比较合适的。这样，配电网中最大无功功率即为

$$Q_{max} = KP_{max} = (1.3 ~ 1.4)P_{max} \tag{5-21}$$

(2) 依无功负荷的平衡条件确定补偿容量

配电网无功电力的平衡条件是

$$\sum Q_S + \sum Q_F + \sum Q_B + \sum Q_C = \sum Q_H + \sum Q_T + \sum Q_L \tag{5-22}$$

式中，$\sum Q_S$ 为电力系统输入的无功功率（kvar）；$\sum Q_F$ 为网内所有发电机无功可调出力（kvar）；$\sum Q_B$ 为网内现有无功补偿装备容量（kvar）；$\sum Q_C$ 为网内现有 35 kV 及以上线路的

充电功率（kvar）；$\sum Q_H$ 为网内各变电站二次侧所带的无功负荷（kvar）；$\sum Q_T$ 为网内所有主、配电变压器的无功功率总损失（kvar）；$\sum Q_L$ 为网内配电线路上的无功功率总损失（kvar）。

当规划地区的无功电源不能与无功消耗平衡时，需要增加的无功容量为

$$Q_{ad.max} = Q_{max} - \left(\sum Q_S + \sum Q_F + \sum Q_B + \sum Q_C \right) \tag{5-23}$$

对于没有 35kV 及以上电压等级时，式（5-22）、式（5-23）中的 $\sum Q_C$ 可以略去。

（3）依考核标准确定补偿容量

以上对功率因数的要求是电力部门考核的标准值，使之达到此值所需增加的无功补偿容量可用下式计算：

$$\Delta Q_B = P_{av}(\tan\varphi_1 - \tan\varphi_2) \quad （kvar） \tag{5-24}$$

式中，P_{av} 为最大负荷月的月平均负荷（kW）；$\tan\varphi_1$ 为补偿前自然功率因数角的正切值；$\tan\varphi_2$ 为应达到的功率因数角的正切值。

为计算方便，依考核标准每千瓦负荷所需的无功电源补偿容量可参阅表 5-12。

表 5-12　为得到所需 $\cos\varphi_2$ 每千瓦负荷所需的无功电源补偿容量　（单位：kvar/kW）

补偿前	补偿后 $\cos\varphi_2$												
$\cos\varphi_1$	0.70	0.75	0.80	0.82	0.84	0.86	0.88	0.90	0.92	0.94	0.96	0.98	1.00
0.60	0.31	0.45	0.58	0.64	0.69	0.74	0.80	0.85	0.91	0.97	1.04	1.13	1.33
0.62	0.25	0.39	0.52	0.57	0.62	0.67	0.73	0.78	0.84	0.90	0.97	1.06	1.27
0.64	0.18	0.32	0.45	0.51	0.56	0.61	0.67	0.72	0.78	0.84	0.91	1.00	1.20
0.66	0.12	0.26	0.39	0.45	0.49	0.55	0.60	0.66	0.71	0.78	0.85	0.94	1.14
0.68	0.06	0.20	0.33	0.38	0.43	0.49	0.54	0.60	0.65	0.72	0.79	0.88	1.08
0.70		0.14	0.27	0.33	0.38	0.43	0.49	0.54	0.60	0.66	0.73	0.82	1.02
0.72		0.08	0.22	0.27	0.32	0.38	0.43	0.48	0.54	0.60	0.67	0.76	0.97
0.74		0.03	0.16	0.21	0.26	0.32	0.37	0.43	0.48	0.55	0.62	0.71	0.91
0.76			0.11	0.16	0.21	0.26	0.32	0.37	0.43	0.50	0.56	0.65	0.86
0.78			0.05	0.11	0.16	0.21	0.27	0.32	0.38	0.44	0.51	0.60	0.80
0.80				0.05	0.10	0.16	0.21	0.27	0.33	0.39	0.46	0.55	0.75
0.82					0.05	0.10	0.16	0.21	0.27	0.33	0.40	0.49	0.70
0.84						0.05	0.11	0.16	0.22	0.28	0.35	0.44	0.65
0.86							0.06	0.11	0.17	0.23	0.30	0.39	0.59
0.88								0.06	0.11	0.17	0.25	0.33	0.54
0.90									0.06	0.12	0.19	0.28	0.43

应该指出，按以上方法计算所得补偿容量并非无功平衡容量，也不一定是最经济的补偿容量，而经济功率因数主要取决于电力系统的供电方式，见表 5-13。经济补偿容量及其最优分布要在具体工程中计算确定。

表 5-13　经济功率因数指标

供 电 方 式	用户端的经济功率因数
发电厂直配供电	0.8~0.85
经过 2~3 级变压	0.9~0.95
经过 3~4 级变压	0.95~0.98

（4）按最优网损微增率准则确定补偿容量

最优网损微增率准则是以年经济效益最高为基础来确定补偿容量的。

在网络中设置无功电源的先决条件：由无功电源设备所节省的电能费用（C_e）应大于设置无功电源所消耗的费用（C_c），即

$$C_e - C_c > 0 \tag{5-25}$$

而寻求的目标是最优补偿条件，则

$$\max C = C_e - C_c$$
$$C_e = \beta(\Delta P_{\Sigma 0} - \Delta P_\Sigma)\tau_{max} \tag{5-26}$$
$$C_c = (K_a + K_e)K_c Q_{ci} + \Delta P_o \beta T Q_{ci}$$

式中，β 为电价（元/kW·h）；$\Delta P_{\Sigma 0}$、ΔP_Σ 分别为补偿前后最大负荷下的有功网损（kW）；C_e 为补偿前后的电价差，即补偿后节省电能费用（元）；C_c 为安装电容器所消耗的费用（元）；Q_{ci} 为节点 i 安装无功补偿设备容量（kvar）。

于是

$$C = \beta(\Delta P_{\Sigma 0} - \Delta P_\Sigma)\tau_{max} - (K_a + K_e)K_c Q_{ci} - \Delta P_o \beta T Q_{ci}$$

令 $\dfrac{\partial C}{\partial Q_{ci}} = 0$，得

$$-\beta\tau_{max}\frac{\partial \Delta P_\Sigma}{\partial Q_{ci}} = -(K_a + K_e)K_c - \Delta P_o \beta T = 0$$

这是因为补偿前的网损 $\Delta P_{\Sigma 0}$ 与装设 Q_{ci} 无关，而补偿后的网损 ΔP_Σ 与装设 Q_{ci} 有关。于是

$$\frac{\partial \Delta P_\Sigma}{\partial Q_{ci}} = -\frac{(K_a + K_e)K_c + \Delta P_o \beta T}{\beta\tau_{max}} = \gamma_{eq} \tag{5-27}$$

或

$$\frac{\partial \Delta P_{\Sigma av}}{\partial Q_{ci}} = -\frac{(K_a + K_e)K_c + \Delta P_o \beta T}{\beta T} = \gamma_{eq} \tag{5-28}$$

式（5-27）和式（5-28）的等式左部为供电点增加单位容量电容器所引起的电网损耗变化量，故称为网损的微增率；右部称为最优网损微增率，其值通常为负值，称为无功经济当量。

确定 i 点最优补偿的具体条件是

$$\frac{\partial \Delta P_{\Sigma av}}{\partial Q_{ci}} \leq \gamma_{eq} = -\frac{(K_a + K_e)K_c + \Delta P_o \beta T}{\beta T} \tag{5-29}$$

式（5-29）说明，只有在网损微增率为负值且小于 γ_{eq} 的节点设置无功补偿设备才是合理的，即补偿后网损应该下降，且经济效益最高。

最小网损微增率准则是按经济效益最高来研究补偿容量的，即可直接求出最优补偿容量和容量的最优分布，因此适用于确定开式电网最佳补偿容量总值和各节点的补偿容量值。各

节点补偿容量确定如下：

$$\Delta P_{\Sigma av} = \left[\frac{(Q_1-Q_{c1})^2 R_1}{U^2} + \cdots + \frac{(Q_n-Q_{cn})^2 R_n}{U^2} \right] \times 10^{-3}$$

因为

$$\frac{\partial \Delta P_{\Sigma av}}{\partial Q_{c1}} = -2(Q_1-Q_{c1})\frac{R_1}{U^2} \times 10^{-3} = \gamma_{eq}$$

又因为

$$\gamma_{eq} = -\frac{(K_a+K_e)K_c + \Delta P_c \beta T}{\beta T}$$

所以

$$Q_{c1} = Q_1 - \frac{(K_a+K_e)K_c + \Delta P_c \beta T}{\beta T}\frac{U^2}{2R_1} \times 10^3 \qquad (5\text{-}30)$$

同理可得 Q_{ci}，$i = 2$，3，$\cdots$，n。

【例 5-1】 配电线图形示于图 5-2 中。已知 $P_1 = 200\ kW$，$P_2 = 150\ kW$，$P_3 = 100\ kW$，$Q_1 = 250\ kvar$，$Q_2 = 200\ kvar$，$Q_3 = 150\ kvar$。现拟定在 S_1、S_2、S_3 处进行补偿，试按最优网损微增率准则确定补偿容量。

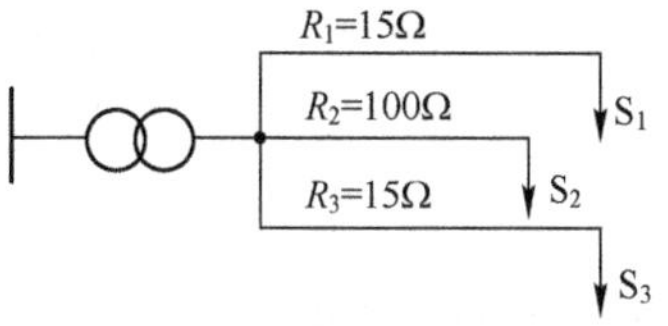

解：

$$\gamma_{eq} = -\frac{(K_a+K_e)K_c + \Delta P_c \beta T}{\beta T}$$

$$= -\frac{(0.1+0.2)\times 30}{0.045\times 8760} - 0.003 = -0.025$$

图 5-2　配电线路图

依据 $\dfrac{\partial \Delta P}{\partial Q_{ci}} = \gamma_{eq}$，求得

$$Q_{c1} = 163.9\ kvar$$

$$Q_{c2} = 70.85\ kvar \Rightarrow Q_c = \sum Q_{ci} = 298.65\ kvar$$

$$Q_{c3} = 63.9\ kvar$$

5. 无功电源的最优分布

（1）按等网损微增率合理分配无功电源

在所需总无功电源容量确定以后，需确定网内如何进行具体的分布，以使输送无功功率所引起的网损最小，从而获得最佳的经济效益，因此必须研究解决无功电源设备的最优分布。采用的方法是等网损微增率准则。等网损微增率是非线性规划问题，亦是多元函数极值的问题。具体步骤是：在确定目标函数和约束条件后，应用拉格朗日乘数法求得最优分布条件。

这里，目标函数是与补偿装置有关部分的电力总有功功率损耗 ΔP_{Σ}，即

$$\Delta P_{\Sigma} = f(Q_{ci}) \qquad (5\text{-}31)$$

电力系统输入的无功功率 $\sum Q_S$、网内所有发电机无功可调出力 $\sum Q_F$、补偿装置的总容量 $\sum Q_{ci}$、网络总无功负荷 $\sum Q_i$，以及网络无功损耗 ΔQ_{Σ} 应保持平衡，这就构成了无功电源最优分布的等约束条件，即

$$\sum Q_S + \sum Q_F + \sum Q_{ci} - \sum Q_i - \Delta Q_{\Sigma} = 0 \qquad (5\text{-}32)$$

此外，在分析无功电源分布时，还应考虑以下两个不等式约束条件：

$$Q_{cimin} < Q_{ci} < Q_{cimax} \qquad (5\text{-}33)$$

$$U_{imin}<U_i<U_{imax} \qquad (5-34)$$

运用拉格朗日乘法求解最优分布条件时，必须引进参数 λ，构成与真正目标函数有关的辅助目标函数。这样，才能将一个约束极值问题化为无约束的极值问题。辅助目标函数是

$$C = \Delta P_{\Sigma} - \lambda \left(\sum Q_S + \sum Q_F + \sum Q_{ci} - \sum Q_i - \Delta Q_{\Sigma} \right) \qquad (5-35)$$

为求 C 的最小值，取 $\dfrac{\partial C}{\partial Q_{ci}}=0$ 及 $\dfrac{\partial C}{\partial \lambda}=0$，即

$$\frac{\partial C}{\partial Q_{ci}} = \frac{\partial \Delta P_{\Sigma}}{\partial Q_{ci}} - \lambda \left(1 - \frac{\partial \Delta Q_{\Sigma}}{\partial Q_{ci}} \right) = 0$$

$$\frac{\partial C}{\partial \lambda} = \sum Q_S + \sum Q_F + \sum Q_{ci} - \sum Q_i - \Delta Q_{\Sigma} = 0$$

如此有

$$\begin{cases} \dfrac{\partial \Delta P_{\Sigma}}{\partial Q_{ci}} \dfrac{1}{1 - \dfrac{\partial \Delta Q_{\Sigma}}{\partial Q_{ci}}} = \lambda \\[4mm] \sum Q_S + \sum Q_F + \sum Q_{ci} - \sum Q_i - \Delta Q_{\Sigma} = 0 \end{cases} \qquad (5-36)$$

当不考虑无功损失时，则有

$$\begin{cases} \dfrac{\partial \Delta P_{\Sigma}}{\partial Q_{ci}} = \lambda \\[3mm] \sum Q_S + \sum Q_F + \sum Q_{ci} - \sum Q_i = 0 \end{cases} \qquad (5-37)$$

1）补偿容量在典型辐射式分支线路中的最佳分配。图 5-3 所示为配电网典型辐射式分支线路，其中共有 n 条支路，无功负荷在网络中产生的有功损耗为

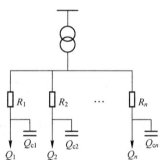

$$\begin{aligned} \Delta P_{\Sigma} &= \frac{(Q - Q_c)^2 R}{U^2} \\ &= \frac{(Q_1 - Q_{c1})^2}{U^2}R_1 + \frac{(Q_2 - Q_{c2})^2}{U^2}R_2 + \cdots + \frac{(Q_n - Q_{cn})^2}{U^2}R_n \\ &= \sum_{i=1}^{n} \frac{(Q_i - Q_{ci})^2}{U^2}R_i \end{aligned}$$

图 5-3 辐射式配电线路

取 $\dfrac{\partial \Delta P_{\Sigma}}{\partial Q_{ci}}$，得

$$\frac{\partial \Delta P_{\Sigma}}{\partial Q_{c1}} = -2(Q_1 - Q_{c1})\frac{R_1}{U^2} = \lambda$$

$$\frac{\partial \Delta P_{\Sigma}}{\partial Q_{c2}} = -2(Q_2 - Q_{c2})\frac{R_2}{U^2} = \lambda$$

$$\vdots$$

$$\frac{\partial \Delta P_{\Sigma}}{\partial Q_{cn}} = -2(Q_n - Q_{cn})\frac{R_n}{U^2} = \lambda$$

有　　　　　　　$(Q_1-Q_{c1})R_1=(Q_2-Q_{c2})R_2=\cdots=(Q_n-Q_{cn})R_n=(Q-Q_c)R$　　　　(5-38)

式（5-38）是无功电源在典型辐射电网中的最佳分配公式，通常称为无功补偿的反比例原则，即每条线路输送的无功功率与其等效电阻的乘积为一常数。这个公式也可写成下列形式：

$$\begin{cases} Q_{c1}=Q_1-\dfrac{Q-Q_c}{R_1}R \\[2mm] Q_{c2}=Q_2-\dfrac{Q-Q_c}{R_2}R \\[2mm] \qquad\qquad\vdots \\[2mm] Q_{cn}=Q_n-\dfrac{Q-Q_c}{R_n}R \end{cases}$$　　　　(5-39)

可见，只要求出等效电阻 R 和 R_i，$i=1,2,\cdots,n$，便可求出各分支线路补偿容量的最佳值。

【例 5-2】 仍以图 5-2 为例，设总无功补偿电源容量 $Q_c=321\,\text{kvar}$，试确定各负荷点的无功补偿电源容量。

解：总无功负荷 $Q=600\,\text{kvar}$。

由 $(Q_1-Q_{c1})R_1=(Q_2-Q_{c2})R_2=(Q_3-Q_{c3})R_3=(Q-Q_c)R$ 得

$$Q_{c1}=Q_1-\frac{Q-Q_c}{R_1}R$$

$$=Q_1-\frac{Q-Q_c}{R_1}\frac{R_1R_2R_3}{R_1R_2+R_2R_3+R_3R_1}$$

$$=\left(250-\frac{600-321}{15}\frac{15\times10\times15}{15\times10+10\times15+15\times15}\right)\text{kvar}$$

$$=170.28\,\text{kvar}$$

同理

$$Q_{c2}=80.44\,\text{kvar}$$

$$Q_{c3}=70.3\,\text{kvar}$$

2）补偿容量在非典型辐射式分支线路中的最佳分配。非典型辐射式配电线路如图 5-4 所示。

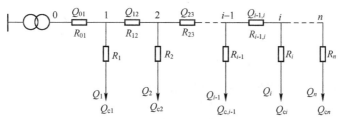

图 5-4　非典型辐射式配电线路

应用式（5-39）对第 i 个节点其分配关系可以表示为

$$Q_{ci}=Q_i-\frac{Q_{i-1,i}-Q_{ci,i}}{R_i}R_{\Sigma i}$$　　　　(5-40)

式中，Q_{ci} 为第 i 个分支线路的补偿容量（kvar），$i=1,2,\cdots,n$；Q_i 为第 i 个分支线路的无功负荷（kvar）；$Q_{i-1,i}$ 为第 $i-1$ 个和第 i 个节点之间的无功负荷（kvar）；$Q_{ci,i}$ 为第 i 个节点后所有分支的补偿容量（kvar）；$R_{\Sigma i}$ 为第 i 个分支后的等效电阻（Ω）；R_i 为第 i 个分支的电阻（Ω）。

当支线电阻比干线电阻小很多时，支线电阻可以略去，则

$$R_{\Sigma i}=\frac{R_i R_{\Sigma(i+1)}}{R_i+R_{\Sigma(i+1)}} \tag{5-41}$$

实际网络的接线一般都比较复杂，但都可以用式（5-40）求出各分支的补偿容量，利用式（5-41）求出各节点的等效电阻。

（2）负荷均匀分布条件下补偿容量最佳分配的计算

通常在配电网中，负荷沿线路的分布是很不规则的，而且负荷的分布规律很难用数学解析式来描述。但是，一切复杂电网总是由简单线路综合而成的。因此，在这里只是对简单的均匀负荷分布进行分析，以便于复杂网络的研究。

设负荷沿配电线路均匀分布，如图 5-5 所示。若线路长度 $L_0=1$，单位长度的电阻为 r，且单位长度的负荷密度 $I_0=1$，则总负荷 $I=I_0 L_0=1$。

1）单点补偿。设在 L_1 处补偿容量为 I_1，则补偿后的无功潮流分布如图 5-6 所示。

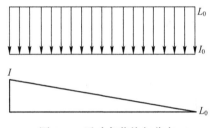

图 5-5　无功负荷均匀分布

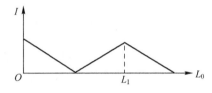

图 5-6　补偿后无功潮流分布

补偿后线路中各点潮流分布可按下式求出：

$$L_1—L_0 : I_{x1}=(L_0-x)I_0=1-x$$
$$O—L_1 : I_{x2}=(1-x)-I_1$$

经补偿后网损减小的数值为

$$\begin{aligned}
\Delta P &= \Delta P_1 - \Delta P_2 \\
&= \int_0^{L_1} I_{x1}^2 r\mathrm{d}x - \int_0^{L_1} I_{x2}^2 r\mathrm{d}x \\
&= \int_0^{L_1}(1-x)^2 r\mathrm{d}x - \int_0^{L_1}\left[(1-x)-I_1\right]^2 r\mathrm{d}x \\
&= I_1 L_1 r(2-I_1-L_1)
\end{aligned}$$

为求出 ΔP 的极大值，令 $\dfrac{\partial \Delta P}{\partial I_1}=0$，$\dfrac{\partial \Delta P}{\partial L_1}=0$，得

$$\begin{cases}2-I_1-2L_1=0\\ 2-2I_1-L_1=0\end{cases}$$

解上述方程组有

$$L_1=\frac{2}{3},\ I_1=\frac{2}{3}$$

设总长度 $L_0=1$，总负荷 $I=1$，故有

$$L_1=\frac{2}{3}L_0,\ I_1=\frac{2}{3}I$$

补偿度

$$K=\frac{I_1}{I}=\frac{2}{3}=66.7\%$$

剩余无功负荷可在线路首端集中补偿。补偿前的总线损为

$$\begin{aligned}\Delta P'&=\int_0^{L_0}(1-x)^2 r\mathrm{d}x\\&=\frac{1}{3}r\end{aligned}$$

补偿后线损减少的数值为

$$\begin{aligned}\Delta P&=I_1L_1r(2-I_1-L_1)\\&=\frac{2}{3}\times\frac{2}{3}r\left(2-\frac{2}{3}-\frac{2}{3}\right)\\&=\frac{8}{27}r\end{aligned}$$

线损下降率为

$$\Delta P/\Delta P'=\frac{8}{27}\Big/\frac{1}{3}=88.9\%$$

2）两点补偿。如补偿位置设在 L_1、L_2 处，补偿容量分别为 I_1、I_2。则补偿后的无功潮流分布如图 5-7 所示。

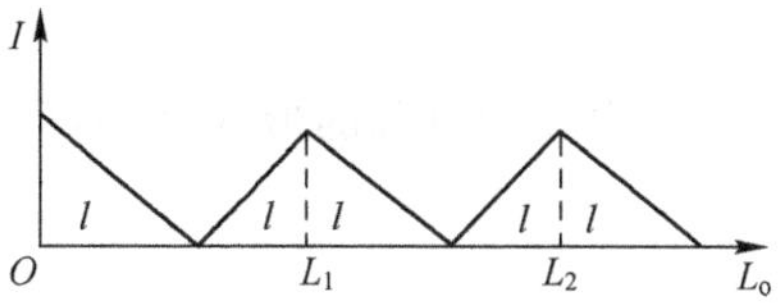

图 5-7　两点补偿后无功潮流分布

补偿后线路各点的无功潮流为

L_2—L_0 区间：$I_{x1}=1-x$

L_1—L_2 区间：$I_{x2}=1-x-I_2$

O—L_1 区间：$I_{x3}=1-x-I_1-I_2$

补偿后线损减小的数值为

$$\begin{aligned}\Delta P&=\Delta P_1-\Delta P_2\\&=\int_0^{L_2}(1-x)^2r\mathrm{d}x-\int_0^{L_1}(1-x-I_1-I_2)^2r\mathrm{d}x-\int_{L_1}^{L_2}(1-x-I_2)^2r\mathrm{d}x\\&=r[I_1L_1(2-I_1-2I_2-L_1)+I_2L_2(2-I_2-L_2)]\end{aligned}$$

为求出 ΔP 的极大值，令 $\frac{\partial\Delta P}{\partial L_1}=0$，$\frac{\partial\Delta P}{\partial L_2}=0$，得

$$\begin{cases}L_1=\dfrac{1}{2}(2-I_1-2I_2)\\[2ex]L_2=\dfrac{1}{2}(2-I_2)\end{cases}$$

将 L_1、L_2 代入 ΔP 方程得

$$\Delta P=\frac{1}{4}I_1(2-I_1-2I_2)^2+\frac{1}{4}I_2(2-I_2)^2$$

令 $\dfrac{\partial\,\Delta P}{\partial\,I_1}=0$, $\dfrac{\partial\,\Delta P}{\partial\,I_2}=0$, 得

$$\begin{cases}(2-I_1-2I_2)(2-3I_1-2I_2)=0\\-4I_1(2-I_1-2I_2)+4+3I_2^2-8I_2=0\end{cases}$$

解得

$$I_1=\frac{2}{5}I,\ L_1=\frac{2}{5}L_0$$

$$I_2=\frac{2}{5}I,\ L_2=\frac{4}{5}L_0$$

补偿度 $$K=\frac{2}{5}+\frac{2}{5}=80\%$$

补偿后线损下降为 $$\Delta P=0.32r$$

线损下降率为 $$\Delta P/\Delta P'=0.32\Big/\frac{1}{3}=96\%$$

由上述分析可知，无功负荷沿线均匀分布时，每组无功电源补偿区为 $2l$，前端 l 的无功功率由首端电源提供。如果补偿电源为 n，则

$$l=\frac{1}{2n+1}L_0 \tag{5-42}$$

第 i 组无功电源的安装位置为

$$l_i=\frac{2i}{2n+1}L_0 \tag{5-43}$$

第 i 组无功电源的最佳补偿容量为

$$I_i=\frac{2}{2n+1}I \tag{5-44}$$

总补偿容量为

$$I_c=\frac{2n}{2n+1}I \tag{5-45}$$

补偿度 $$K=\frac{2n}{2n+1}\times100\% \tag{5-46}$$

补偿前的线损为

$$\Delta P_1=\int_0^{L_0}(L_0-x)^2I_0^2r\mathrm{d}x=\frac{1}{3}I_0^2r \tag{5-47}$$

补偿后，每组电容器的补偿区为 $2l$，每 l 长度内的无功负荷为 $\dfrac{1}{2n+1}I_0$，总电阻为 $\dfrac{1}{2n+1}r$，补偿后的线损为

$$\Delta P_2=(2n+1)\times\frac{1}{3}\times\frac{I_0^2}{(2n+1)^2}\times\frac{r}{2n+1}$$
$$=\frac{I_0^2r}{3(2n+1)^2} \tag{5-48}$$

线损下降率为

$$\Delta P\% = \frac{\Delta P_1 - \Delta P_2}{\Delta P_1} \times 100\%$$

$$= \left[1 - \frac{1}{(2n+1)^2} \right] \times 100\%$$

(5-49)

6. 配电网无功电源布点的实用方法

(1) 随电机布点（随机补偿）

把电容器与电机直接连接，采用一套控制和保护装置与电机一起投切。考虑到补偿后的综合经济效益，7.5 kW 以下（年运行小时不足 500 h）的电机不宜采用随机补偿方式。补偿容量按下式确定：

$$Q_c = (0.9 \sim 0.95)\sqrt{3} U_N I_0 \quad (\text{kvar})$$

(5-50)

式中，U_N 为电机的额定电压（kV）；I_0 为电机的空载电流（A）。

(2) 随变压器同台布点（随器补偿）

随变压器同台布点可以在高压侧，也可以在低压侧。随变压器布点最简单的安装接线方式是通过低压熔断器直接接在配电变压器二次侧出线端与配电变压器同台架设，这样可使安装费用大为降低。随变压器同台架设的固定无功补偿容量 Q_{cs} 按下式确定：

$$Q_{cs} = (0.9 \sim 0.95)\Delta Q_0 = (0.9 \sim 0.95)\frac{I_0\% S_N}{100}$$

(5-51)

式中，ΔQ_0 为变压器的空载损耗（kvar）；$I_0\%$ 为变压器的空载电流百分数；S_N 为变压器的额定容量（kV·A）。

随变压器同台架设的动态无功补偿容量，根据不同负载率时的无功需求确定，数值上等于总的无功需求容量减去固定补偿容量，即

$$\begin{cases} Q_{cd} = \sum Q_L - Q_{cs} \\ \sum Q_L = P_L(\tan\varphi_1 - \tan\varphi_2) = \beta S_N(\sin\varphi_1 - \sin\varphi_2) \end{cases} \quad (\text{kvar})$$

(5-52)

式中，$\sum Q_L$ 为总的无功需求容量（kvar）；β 为变压器的负载率；P_L 为变压器所带的负荷（kW）；φ_1 为补偿前变压器的功率因数角；φ_2 为补偿后应达到的功率因数角，可以根据电力系统要求的考核标准确定。

随机补偿和随器补偿是无功就地平衡最有效的方法之一。因此，配电网无功平衡应着重考虑这两种布点方式。

(3) 沿线路分散布点

沿线路分散布点是一种固定补偿方式，若没有采用无功自动投切装置，它的作用只能补偿线路无功负荷的基荷部分，也就是补偿由它供电的未补偿的用户配电变压器空载无功之和。若采用无功自动投切装置，它的作用不仅能补偿配电变压器空载无功的缺额部分，还能补偿动态无功负荷。

1) 沿线路一点补偿时补偿点与补偿容量的确定。

补偿容量和补偿点的确定：从线路末端统计无功容量，当统计到线路首端总容量的 1/3 容量时，此点为补偿点，补偿容量为 $\frac{2}{3}\sum_{i=1}^{5} Q_i$，此时从电源只吸收 $\frac{1}{3}Q_L$，如图 5-8 所示。

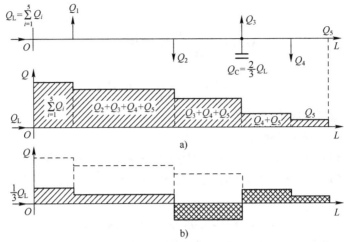

图 5-8　单点补偿前后的无功潮流分布

a）补偿前　b）补偿后

2）沿线路两点补偿时补偿点与补偿容量的确定。

补偿容量和补偿点的确定：从线路末端统计无功容量，当统计到线路首端总容量的 1/5 时，此点为第一个补偿点，补偿容量为总容量的 $\frac{2}{5}$；第二个补偿点为从末端统计无功容量，当统计到总容量的 $\frac{3}{5}$ 时，此处为第二个补偿点，补偿容量为总容量的 $\frac{2}{5}$。如图 5-9 所示。

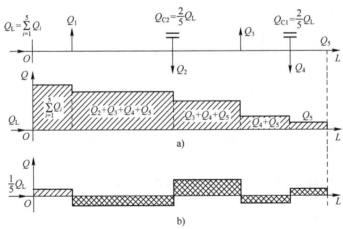

图 5-9　两点补偿补偿前后的无功潮流分布

a）补偿前　b）补偿后

从理论分析表明，在无功负荷不变的条件下，沿线路单点补偿时无功电流引起的有功损耗下降率为 88.9%，两点补偿时无功电流引起的有功损耗下降率为 96%，三点补偿时为 98%，说明分散补偿具有良好的节能效果。但并不是补偿点越多越好，补偿点越多则附加投资越大。因此，一般线路补偿最多不宜超过三个点。

（4）变电站集中补偿

这种补偿方式是将电容器组连接在变电站二次母线上集中补偿，并配用控制保护装置，可以实现较为完善的保护。变电站集中补偿对上一级及变电站主变压器降损有效，而对配电网的降损作用较小，只是对改善变电站二次母线电压提高有一定效果。但在下一级电网无功电源不够完善的情况下，它是保证受电端功率因数达到考核标准的不可缺少的有效方式。变电站的无功补偿容量应按下式确定：

$$Q_{c} = P_{av}(\tan\varphi_1 - \tan\varphi_2) \tag{5-53}$$

式中，P_{av} 为变电站最大负荷月的平均负荷（kW）；$\tan\varphi_1$ 为变电站二次母线补偿前自然功率因数角的正切值；$\tan\varphi_2$ 为变电站二次母线应达到的功率因数角的正切值。

变电站集中补偿投切方式应采用自动投切的动态补偿方式，有条件的尽可能采用分级投切的动态补偿。

7. 无功补偿投切方式

1）低压配电网无功补偿。首先提倡的是随机补偿，投切方式采用一套控制和保护装置与电机一起投切。如图 5-10 所示。

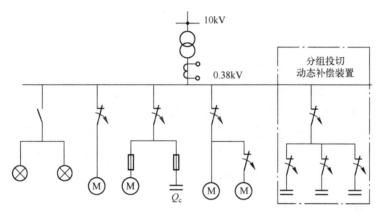

图 5-10　低压配电接线图

对于用户 10kV 配电变电站，当变压器容量超过 200kV·A 时，可以采用电容器组按功率因数自动投切的动态补偿方式。

2）变压器随器补偿。电容器一般在变压器的二次侧通过保护开关直接接在二次电源上。

3）线路补偿。投切方式一般有跌落式开关投切、按功率因数投切或按电压约束无功需求投切的断路器。跌落式开关投切电容器一般在线路末端，其容量不能超过跌落式熔断器短路开断能力。按功率因数投切或按电压约束无功需求投切的断路器或接触器一般设在线路的中间或首端，但由于投切方式不同，补偿效果也不同，如图 5-11 所示。

从潮流分布中可见，对于均匀负荷分布的按功率因数投切，补偿点设在线路长度的 2/3 处时，最大补偿容量为 $\frac{1}{3}Q_{\Sigma}$，这是因为按功率因数补偿投切，功率因数最大设置为 $\cos\varphi = 1$，达到 $\cos\varphi = 1$ 时自动切除无功装置，所以补偿点无功倒送是不可能的。而按电压投切只要电压不超过规定的极限值，电容器不会自动切除。从图 5-11 可见，按电压约束无功需求投切补偿后节省的余额面积远远大于按功率因数补偿后的余额面积，所以按电压约束无功需求控制投切的方式补偿效果显著。

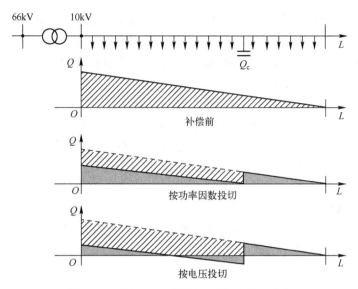

图 5-11　投切方式不同的无功潮流分布曲线

4）变电站无功补偿的投切方式。变电站的无功补偿投切方式宜采用多级自动投切方式并与变压器调压相结合控制，其控制原理可以按九区图原理实现。

配电网降损节能措施有许多种方式，从技术角度使网络降损节能经济运行，首要的措施就是无功补偿，特别是针对配电网电压质量低、负荷分散、负载率低、空载损耗大、自然功率因数低的现状，实施无功补偿是最有效的办法。因为无功补偿技术比较成熟、施工简便、投资少、效益快，即有良好的社会和企业内部的双层效益。

5.4.2　配电网分布式电源优化

DG 在配电网中的应用影响了配电网的潮流分布、规划设计和损耗等，DG 的配置影响配电网的运行。DG 的配置是一个非线性规划问题，合理地配置 DG 可以减小配电网的损耗，而且配置位置和容量不同降损效果不同。但是，DG 接入配电网的容量受到约束条件的限制。

1. 负荷均匀分布条件下 DG 的配置

由于 DG 接入配电网的位置和容量不同对配电网损耗的影响是不一样的，因此，首先需要根据降损的要求确定 DG 的位置和容量，使得配置 DG 后的降损效果最明显，同时满足节点电压和支路电流的限制条件。

设负荷沿配电线路均匀分布，如图 5-12 中 L_1 所示，负荷功率因数相同均为 $\cos\varphi$，线路总长度为 L_0，单位长度的负荷电流密度大小为 I_1，则总负荷电流大小为 $I_0 = I_1 L_0$。

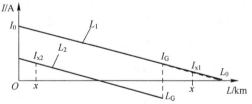

图 5-12　负荷电流分布曲线

在不考虑 DG 接入最大容量限制的前提下，设在 L_G 处接入 DG，DG 的电流大小为 I_G，功率因数也是 $\cos\varphi$，接入 DG 后的电流分布如图 5-12 中曲线 L_2 所示。

配置 DG 后线路中各点电流分布如下：

$$I_{x1} = (L_0 - x) I_0 / L_0 = (1 - x/L_0) I_0 \tag{5-54}$$

$$I_{x2} = (1 - x/L_0) I_0 - I_G \tag{5-55}$$

式中，I_{x1} 和 I_{x2} 分别为线路中 L_G—L_0 段和 0—L_G 段各点电流分布（A）；L_0 为线路总长度（km）；I_0 为总负荷电流大小（A）；I_G 为 DG 的电流大小（A）。

配置 DG 后网损减小的数值 ΔP 为

$$\Delta P = \int_0^{L_G} I_{x1}^2 r \mathrm{d}x - \int_0^{L_G} I_{x2}^2 r \mathrm{d}x = I_G L_G r (2I_0 - I_G - I_0 L_G / L_0) \tag{5-56}$$

式中，r 为线路单位长度的电阻（Ω/km）；L_G 为接入 DG 的位置（km）。

为求出 ΔP 的极大值，令 $\dfrac{\partial \Delta P}{\partial I_G} = 0$，$\dfrac{\partial \Delta P}{\partial L_G} = 0$，可得

$$\begin{cases} L_G = 2L_0/3 \\ I_G = 2I_0/3 \end{cases} \tag{5-57}$$

即在负荷均匀分布条件下，为了降损效果最明显，可以根据式（5-57）所示的"2/3 原则"配置 DG。

2. 负荷非均匀分布条件下 DG 的配置

（1）DG 初始配置点的确定

负荷非均匀分布条件下，如图 5-13 所示，图中（1）~（29）为节点编号，1~28 为支路编号。为使配置 DG 后损耗最小，可以参考式（5-57）确定初始配置点。

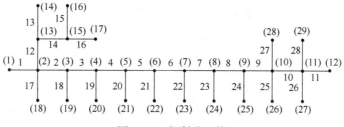

图 5-13　辐射式网络

图 5-13 中支路 l，末端节点为 j，电流 $\dot{I}_l$ 为

$$\dot{I}_l = \boldsymbol{T}_l \dot{\boldsymbol{I}}_\mathrm{N} \tag{5-58}$$

式中，$\boldsymbol{T}_l$ 为支路-道路关联矩阵的第 l 行；$\dot{\boldsymbol{I}}_\mathrm{N}$ 为配置 DG 前网络的节点注入电流（A）。

若支路 l 电流大小 $I_l \approx 2I_0/3$，则在节点 j 配置 DG，节点 j 即为 DG 的初始配置节点，DG 初始功率因数 $\cos\varphi$ 取为负荷的平均功率因数。

（2）DG 配置容量和位置的确定

以 DG 的初始配置节点和 DG 初始功率因数 $\cos\varphi$ 为基准，设 ΔP_loss 为配电网络的有功损耗（kW），以损耗最小为原则确定 DG 配置容量和位置，目标函数为

$$\min \Delta P_\mathrm{loss} = 10^{-3} \times 3 \times \Big(\sum_{l=1}^{b} |\dot{I}_l|^2 R_l \Big) \tag{5-59}$$

在确定容量和位置时，需要考虑功率平衡、节点电压、线路传输功率和 DG 容量的限制，具体数学模型如下：

$$\begin{cases} \sum P_{L} + \sum \Delta P - P_{s} - \sum P_{DG} = 0 \\ \sum Q_{L} + \sum \Delta Q - Q_{s} - \sum Q_{DG} = 0 \\ U_{min.i} \leq U_{i} \leq U_{max.i} \\ I_{l} \leq I_{l.max} \\ P_{DG} \leq P_{DG.max} \end{cases} \quad (5-60)$$

式(5-59)、式(5-60)中，R_l为配电网络支路 l 的电阻（Ω）；b 为网络的总支路数；P_{DG} 和 Q_{DG} 分别为 DG 所发出的有功（kW）和无功功率（kvar）；P_L 和 Q_L 分别为负荷的有功（kW）和无功功率（kvar）；P_s 和 Q_s 分别为系统输送的有功（kW）和无功功率（kvar）；ΔP 和 ΔQ 分别为有功（kW）和无功功率损耗（kvar）；U_i为节点 i 的电压（kV）；$U_{min.i}$ 和 $U_{max.i}$ 分别为节点 i 允许的最小电压和最大电压（kV）；I_l和 $I_{l.max}$ 分别为支路 l 的电流和支路 l 允许的最大电流（A）；$P_{DG.max}$ 为安装 DG 的总容量（kW）。

3. 配电网络损耗分析实例

本节以图 5-13 所示 10kV 配电网及其负荷为例进行分析，计算时采用标幺制，功率和电压基准值分别取为 100MV·A 和 10.5kV，网络的最大、最小总负荷的标幺值分别为 0.4711+j0.2918 和 0.3509+j0.2151。

根据以上所述方法，DG 配置位置及容量见表 5-14，DG 配置最大容量为总有功负荷的 30%。

表 5-14　DG 配置位置及容量

负荷情况	配置 DG 节点编号	配置 DG 容量（pu）		DG 功率因数
		有功功率	无功功率	
最小负荷	11	0.10527	0.0653	0.85
最大负荷	11	0.141345	0.08388	0.86

配置 DG 前后的支路有功功率损耗比较如图 5-14 所示，图 5-14a、b 分别为最小、最大负荷时支路有功功率损耗的比较情况。

表 5-15 为不同负荷情况下，配置 DG 前后有功损耗以及网络最小节点电压的比较。从表中可以看出最小、最大负荷时，配置 DG 后有功损耗下降比例均超过 63%。另外，配置 DG 后节点电压明显提高。

表 5-15　有功损耗以及最小节点电压比较

负荷情况	网络总有功损耗（pu）		网络总有功损耗下降率（%）	网络最小节点电压（pu）			
	配置 DG 前	配置 DG 后		配置 DG 前		配置 DG 后	
				节点编号	节点电压	节点编号	节点电压
最小负荷	0.029308	0.010622	63.76	29	0.9538	25	0.9990
最大负荷	0.057399	0.020441	64.39	29	0.9150	25	0.9788

合理地配置 DG 可以降低配电网的损耗，由实例结果比较可见，配置 DG 后，最大、最小负荷情况下，有功损耗下降比例超过 63%，而且配置 DG 改善了电压质量。利用 DG 降低实际的配电网损耗时，可以先根据"2/3 原则"确定 DG 的初始配置点，然后在满足功率平

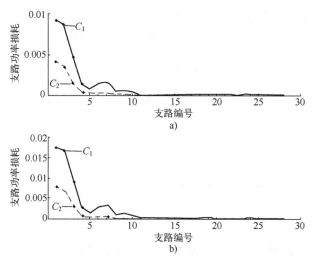

图 5-14　最小和最大负荷时支路有功功率损耗比较

a) 最小负荷　b) 最大负荷

衡、节点电压、线路传输功率和 DG 容量限制的条件下，以 DG 的初始配置节点和负荷的平均功率因数为基准，以配电网的损耗最小为原则确定 DG 配置容量和位置。

5.5　变压器的经济运行分析

配电系统中变压器的台数多，总容量大，加上配电变压器负载率低，变压器的损耗占配电系统总损耗的 30%~60%。因此降低运行中的变压器损耗，是重要的降损措施之一。

5.5.1　单台配电变压器经济运行

1. 配电变压器的最佳负荷率

配电变压器的经济运行，就是根据变压器的容量，采取一定的措施，使变压器的负荷率达到经济负荷率，达到损耗最小、损耗率最低、效率最高的效果。

单台配电变压器在运行中所带实际负荷 P 与额定负荷 P_N 之比为变压器的负荷率（或称为负荷系数）。设不同的负荷下，功率因数近似不变，则有

$$\beta = \frac{P}{P_N} = \frac{S}{S_N} \tag{5-61}$$

$$P = \beta S_N \cos\varphi \tag{5-62}$$

式中，S_N 为变压器额定容量（kV·A）；$\cos\varphi$ 为变压器负荷功率因数。

变压器总有功损耗 ΔP 包括空载损耗 P_0 及短路损耗 P_k，即

$$\Delta P = P_0 + \beta^2 P_k \tag{5-63}$$

变压器功率损失率 $\Delta P\%$ 为损失功率 ΔP 与输入功率之比，即

$$\Delta P\% = \frac{\Delta P}{P + \Delta P} \times 100\% = \frac{P_0 + \beta^2 P_k}{\beta S_N \cos\varphi + P_0 + \beta^2 P_k} \times 100\% \tag{5-64}$$

变压器工作效率 η 为

$$\eta = \frac{P}{P + \Delta P} = 1 - \Delta P\% \tag{5-65}$$

功率损失率反映变压器传递单位电功率时所消耗的功率，显然在功率损失率最低时效率最高，变压器运行最经济；变压器最高工作效率时的负荷率称为最佳负荷率，在最佳负荷率下所对应的变压器容量称为最佳容量。对式（5-64）进行求导，并令 $\dfrac{\mathrm{d}\Delta P\%}{\mathrm{d}\beta}=0$，则可得到 $\Delta P\%$ 的最小值，与此时最高效率相对应的负荷率为最佳负荷率 β_0。

$$\beta_0^2 P_{\mathrm{k}}=P_0，则 \beta_0=\sqrt{\dfrac{P_0}{P_{\mathrm{k}}}} \tag{5-66}$$

式（5-66）说明变压器在运行中，空载损耗与负载损耗相等时效率最高，变压器处在最经济运行状态。即变压器经济运行的条件：空载损耗与负载损耗相等，或变压器的固定损耗与可变损耗相等。

2. 配电变压器的运行区域

β_0 为变压器负荷系数中的一个值，运行中变压器的负荷是经常变动的，不可能保持在经济负荷情况下运行。因而将变压器的负荷系数划分为经济运行区域、允许运行区域和最劣运行区域，如图 5-15 所示。图中 β_1、β_2 分别为变压器在经济运行下负荷率的极限值，分别处在经济负荷点 β_0 两侧。根据经验选经济运行区占整个运行区的 30% 左右为宜，范围过大会使变电单耗增大，而处于不经济运行状态；范围过小，则难以达到经济运行状态，失去实用意义。令 $\Delta P_{\mathrm{j}}\%$ 为变压器在 β_1 与 β_2 情况下的变电单耗，因其负荷率为极限值，故此变电单耗为最大值；$\Delta P_{\mathrm{d}}\%$ 为变压器在 β_0 情况下的变电单耗，为变电单耗的最小值。

$$\begin{cases} \beta_1=(\psi-\sqrt{\psi^2-1}\,)\beta_0 \\ \beta_2=(\psi+\sqrt{\psi^2-1}\,)\beta_0 \end{cases} \tag{5-67}$$

令 $\lambda=\beta_2-\beta_1$，则

$$\psi=\sqrt{\dfrac{\lambda^2}{4\beta_0^2}+1} \tag{5-68}$$

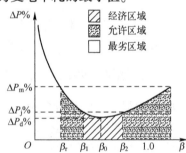

图 5-15　配电变压器的三种运行区域

根据各系列配电变压器的损耗特性表明，经济运行区域的变电单耗最大值 $\Delta P_{\mathrm{j}}\%$ 为最小值 $\Delta P_{\mathrm{d}}\%$ 的 $1.04\sim1.07$ 倍，即

$$\psi=\dfrac{\Delta P_{\mathrm{j}}\%}{\Delta P_{\mathrm{d}}\%}=1.04\sim1.07 \tag{5-69}$$

变电单耗曲线是一条二次曲线，即抛物线，在不同的负荷率下，其对应变电单耗为同一数值，如在负荷率 $\beta=1$ 及 $\beta=\beta_{\mathrm{r}}$ 时，在图 5-15 所示曲线上的变电单耗各有一个对应点，而此点的变电单耗为一个相同的数值，即 $\Delta P_{\mathrm{m}}\%$；变压器在负荷率 β_{r} 或 β_{m} 运行时，与之相对应的变电单耗，为 $\Delta P_{\mathrm{d}}\%$ 的 $115\%\sim140\%$。一般变压器在满载运行时，损耗虽增大，但因功率因数所改善，折旧费用率及维修费用有所降低，属于允许区域；考虑负荷波动及与 β_{m} 所对应的变电单耗，$\beta_{\mathrm{r}}\sim\beta_1$ 仍可以为允许运行区域。

$$\beta_{\mathrm{r}}=\dfrac{P_0}{P_{\mathrm{k}}}=\beta_0^2 \tag{5-70}$$

式中，β_{r} 为最劣运行区域与允许运行区域的临界点，即临界负载系数。

将 SL7(S7)、S9 及 S11 系列配电变压器的经济运行区、允许运行区及最劣运行区的临

界点列于表 5-16 中。

表 5-16　3 种系列、4 种容量配电变压器经济运行参数表

标准或系列	额定容量 S_N/kV·A	空载损耗 P_0/W	短路损耗 P_k/W	经济负载系数 β_0(%)	容许区域负载系数 β_r(%)	经济区临界单耗系数 ψ
SL7 或 S7 系列	30	150	800	43.3	18.75	1.063
	50	190	1150	40.65	16.52	1.068
	80	270	1650	40.45	15.36	1.070
	100	370	2450	38.86	15.10	1.076
S9 系列	30	130	600	46.55	21.67	1.052
	50	170	870	44.20	19.54	1.064
	80	240	1250	43.82	19.20	1.064
	100	290	1500	43.97	19.33	1.064
S11 系列	30	90	600	38.73	15	1.072
	50	130	870	38.66	14.94	1.073
	80	175	1250	37.41	14	1.077
	100	200	1500	36.51	13.33	1.081

标准或系列	经济区临界负载数下限 β_1(%)	经济区临界负载数上限 β_2(%)	经济运行区负载 $S_N(\beta_1\sim\beta_2)$/kV·A	允许运行区负载 $S_N(\beta_r\sim\beta_1)$/kV·A	$S_N(\beta_2\sim1.0)$/kV·A
SL7 或 S7 系列	30.0	62.5	9.0~18.75	5.63~9.0	18.75~30
	27.4	59.8	13.7~29.9	8.26~13.7	29.9~50
	27.1	59.7	21.68~47.76	13.09~21.68	47.76~80
	26.79	56.37	26.79~56.37	15.10~26.79	56.37~100
S9 系列	33.7	64.2	10.11~19.26	6.50~10.11	19.26~30
	31.0	63.1	15.5~31.55	9.77~15.5	31.55~50
	30.7	62.5	24.56~50.0	15.36~24.56	50.0~80.0
	31.0	62.7	31.0~62.7	19.33~31.0	62.7~100
S11 系列	26.6	56.5	7.98~16.95	4.5~7.98	16.95~30
	26.4	56.5	13.2~28.25	7.47~13.2	28.25~50
	25.3	55.3	20.24~44.24	11.2~20.24	44.24~80.0
	24.5	54.5	24.5~54.5	13.33~24.5	54.5~100

由表 5-16 可知，3 种系列单台配电变压器的经济负载率 β_0 在 0.36~0.5 之间。

3. 单台配电变压器的最佳容量确定

以变压器在最佳负载系数下运行最为经济为依据，单台配电变压器的最佳容量应根据下列原则确定：①配电变压器只作为照明电源且日负荷波动超过 50% 时，其容量应根据满足最大负荷的需要来考虑，即 $S_N \geqslant S_{max}$（S_{max} 为综合最大负荷）；②日负荷曲线为二阶梯且波动范围在 30% 左右时，其容量应根据 $S_N \geqslant 1.43 S_{max}$ 来选择；③日负荷比较平稳且波动范围在 30% 以内时，其容量应根据 $S_N \geqslant 2 S_{max}$ 来选择。

4. 各种生产班制企业专用变压器的经济运行

在实际生产中，企业的生产班制通常有三班制、两班制和单班制，三种生产班制企业变压器的经济运行情况见表 5-17。

表 5-17　三种生产班次企业变压器经济运行参数对比表

班次 参数名称	三班制生产企业的变压器的 经济运行	两班制生产企业的变压器的 经济运行	单班制生产企业的变压器的 经济运行
变压器总电能 损耗/kW·h	$\Delta A = 3\Delta P_0 t_m + 3\beta^2 \Delta P_k t_m$	$\Delta A = 3\Delta P_0 t_m + 2\beta^2 \Delta P_k t_m$	$\Delta A = 3\Delta P_0 t_m + \beta^2 \Delta P_k t_m$
变压器输出的有 功电量/kW·h	$A_2 = 3\beta S_N \cos\varphi_2 t_m$	$A_2 = 2\beta S_N \cos\varphi_2 t_m$	$A_2 = \beta S_N \cos\varphi_2 t_m$
变压器 的能耗率（%）	$\Delta A\% = \dfrac{\Delta P_0 + \beta^2 \Delta P_k}{\Delta P_0 + \beta^2 \Delta P_k + \beta S_N \cos\varphi_2} \times 100\%$	$\Delta A\% = \dfrac{3\Delta P_0 + 2\beta^2 \Delta P_k}{3\Delta P_0 + 2\beta^2 \Delta P_k + 2\beta S_N \cos\varphi_2} \times 100\%$	$\Delta A\% = \dfrac{3\Delta P_0 + \beta^2 \Delta P_k}{3\Delta P_0 + \beta^2 \Delta P_k + \beta S_N \cos\varphi_2} \times 100\%$
变压器的经济有 功负荷率	$\beta_j = \sqrt{\dfrac{\Delta P_0}{\Delta P_k}}$	$\beta_j = \sqrt{\dfrac{3\Delta P_0}{2\Delta P_k}}$	$\beta_j = \sqrt{\dfrac{3\Delta P_0}{\Delta P_k}}$
变压器的经济 综合负荷率	$\beta_j = \sqrt{\dfrac{\Delta P_0 + K_Q \Delta Q_0}{\Delta P_k + K_Q \Delta Q_k}}$	$\beta_j = \sqrt{\dfrac{3(\Delta P_0 + K_Q \Delta Q_0)}{2(\Delta P_k + K_Q \Delta Q_k)}}$	$\beta_j = \sqrt{\dfrac{3(\Delta P_0 + K_Q \Delta Q_0)}{\Delta P_k + K_Q \Delta Q_k}}$
变压器的最小 经济有功负荷率	$\beta_{jx} = \dfrac{\Delta P_0}{\Delta P_k}$	$\beta_{jx} = \dfrac{3\Delta P_0}{2\Delta P_k}$	$\beta_{jx} = \dfrac{3\Delta P_0}{\Delta P_k}$
变压器的最小 经济综合负荷率	$\beta_{jx} = \dfrac{\Delta P_0 + K_Q \Delta Q_0}{\Delta P_k + K_Q \Delta Q_k}$	$\beta_{jx} = \dfrac{3(\Delta P_0 + K_Q \Delta Q_0)}{2(\Delta P_k + K_Q \Delta Q_k)}$	$\beta_{jx} = \dfrac{3(\Delta P_0 + K_Q \Delta Q_0)}{\Delta P_k + K_Q \Delta Q_k}$
变压器的最高 效率（%）	$\eta_{zg}\% = \dfrac{\beta_j S_N \cos\varphi_2}{\Delta P_0 + \beta_j^2 \Delta P_k + \beta_j S_N \cos\varphi_2}$	$\eta_{zg}\% = \dfrac{2\beta_j S_N \cos\varphi_2}{3\Delta P_0 + 2\beta_j^2 \Delta P_k + 2\beta_j S_N \cos\varphi_2}$	$\eta_{zg}\% = \dfrac{\beta_j S_N \cos\varphi_2}{3\Delta P_0 + \beta_j^2 \Delta P_k + \beta_j S_N \cos\varphi_2}$
变压器的经济 能耗率（%）	$\Delta A_j\% = \dfrac{\Delta P_0 + \beta_j^2 \Delta P_k}{\Delta P_0 + \beta_j^2 \Delta P_k + \beta_j S_N \cos\varphi_2}$	$\Delta A_j\% = \dfrac{3\Delta P_0 + 2\beta_j^2 \Delta P_k}{3\Delta P_0 + 2\beta_j^2 \Delta P_k + 2\beta_j S_N \cos\varphi_2}$	$\Delta A_j\% = \dfrac{3\Delta P_0 + \beta_j^2 \Delta P_k}{3\Delta P_0 + \beta_j^2 \Delta P_k + \beta_j S_N \cos\varphi_2}$
变压器的最小 经济能耗率（%）	$\Delta A_{jx}\% = \dfrac{\Delta P_0 + \beta_{jx}^2 \Delta P_k}{\Delta P_0 + \beta_{jx}^2 \Delta P_k + \beta_{jx} S_N \cos\varphi_2}$	$\Delta A_{jx}\% = \dfrac{3\Delta P_0 + 2\beta_{jx}^2 \Delta P_k}{3\Delta P_0 + 2\beta_{jx}^2 \Delta P_k + 2\beta_{jx} S_N \cos\varphi_2}$	$\Delta A_{jx}\% = \dfrac{3\Delta P_0 + \beta_{jx}^2 \Delta P_k}{3\Delta P_0 + \beta_{jx}^2 \Delta P_k + \beta_{jx} S_N \cos\varphi_2}$

5.5.2　两台配电变压器经济运行

对于供电连续性要求较高的非季节性的综合用电负荷，为了降损节电，实现变压器的经济合理运行，可在变电站或配电台区（配电所）安装两台变压器，根据大小不同的用电负荷，投入不同容量的变压器。两台变压器的经济运行有两种情况（或方式），一种是两台同型号且同容量，另一种是两台变压器同型号，但不同容量（例如"母子变压器"），现分别介绍如下。

（1）两台同型号、同容量变压器的经济运行

1）变压器在运行中的功率损耗。一台变压器运行时的功率损耗为

$$\Delta P_1 = \Delta P_0 + \left(\frac{S}{S_N}\right)^2 \Delta P_k \quad (kW) \qquad (5-71)$$

两台变压器都运行时的功率损耗为

$$\Delta P_{11} = 2\Delta P_0 + \left(\frac{S}{S_N}\right)^2 2\Delta P_k = 2\Delta P_0 + \frac{1}{2}\left(\frac{S}{S_N}\right)^2 \Delta P_k \quad (kW) \qquad (5-72)$$

式中，S 为变电站或配电台区用电负荷的视在功率（kV·A）；S_N 为每一台变压器的额定容

量（kV·A）；ΔP_0 为每一台变压器的空载损耗（kW）；ΔP_k 为每一台变压器的短路损耗（kW）。

2）经济运行的临界负载。根据上列公式，假定式中的 $\beta = S/S_N$ 为若干个适当值，即可绘制出一台变压器单独运行和两台变压器同时运行的功率损耗曲线，即分别为 $\Delta P_{\mathrm{I}} = f(\beta)$ 和 $\Delta P_{\mathrm{II}} = f(\beta)$。

从图 5-16 可知，两条曲线有一相交点，这表示变电站或配电台区（配电所）的两种不同运行方式的功率损耗是相等的，即 $\Delta P_{\mathrm{I}} = \Delta P_{\mathrm{II}}$。此时，变电站或配电台区（配电所）的用电负荷有一对应值，称为"临界负荷"，记作 S_{Lj}（kV·A）。临界负荷的作用是启示用电管理人员，当用电负荷小于"临界负荷"（$S < S_{\mathrm{Lj}}$）时，投一台变压器运行，功率损耗（或电能损耗）最小，最经济；反之，当用电负荷大于"临界负荷"（$S > S_{\mathrm{Lj}}$）时，将两台变压器都投入运行，功率损耗（或电能损耗）最小，最经济。

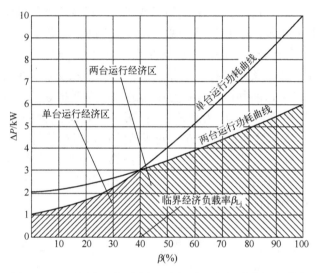

图 5-16　两台同型号、同容量变压器运行的功率损耗曲线

"临界负荷"可根据 $\Delta P_{\mathrm{I}} = \Delta P_{\mathrm{II}}$ 的条件计算确定，即

$$\Delta P_0 + \left(\frac{S}{S_N}\right)^2 \Delta P_k = 2\Delta P_0 + \frac{1}{2}\left(\frac{S}{S_N}\right)^2 \Delta P_k$$

$$S = S_{\mathrm{Lj}} = S_N \sqrt{\frac{2\Delta P_0}{\Delta P_k}} \quad (\text{kV·A}) \tag{5-73}$$

或
$$S = S_{\mathrm{Lj}} = S_N \sqrt{\frac{2(\Delta P_0 + K_Q \Delta Q_0)}{\Delta P_k + K_Q \Delta Q_k}} \quad (\text{kV·A}) \tag{5-74}$$

应当指出，根据"临界负荷"投切变压器的容量，对于供电连续性要求较高的、随月份变化的综合用电负荷，不仅有重大的降损节能意义，而且也是切实可行的。但是，对于一昼夜或短时间内负荷变化较大的情况，往往为了防止熔断器操作次数过多而增加检修或造成损坏，同时为了避免操作过电压，影响变压器的使用寿命，则不宜采取这种措施。

（2）两台不同容量变压器（即"母子变压器"的经济运行）

1）"母子变压器"在运行中的功率损耗。因"母子变压器"是两台容量大小不同的变压器，所以运行方式有三种：一是小负荷用电投"子变"；二是中负荷用电投"母变"；三是大负荷用电"母变"和"子变"都投入运行。三种不同方式运行下的功率损耗分别为

$$\Delta P_z = \Delta P_{0 \cdot z} + \left(\frac{S}{S_{N \cdot z}}\right)^2 \Delta P_{k \cdot z} \quad (kW) \tag{5-75}$$

$$\Delta P_m = \Delta P_{0 \cdot m} + \left(\frac{S}{S_{N \cdot m}}\right)^2 \Delta P_{k \cdot m} \quad (kW) \tag{5-76}$$

$$\Delta P_{m \cdot z} = \Delta P_{0 \cdot z} + \Delta P_{0 \cdot m} + \left[\frac{SS_{N \cdot z}}{(S_{N \cdot z} + S_{N \cdot m})^2}\right]^2 \Delta P_{k \cdot z} + \left[\frac{SS_{N \cdot m}}{(S_{N \cdot z} + S_{N \cdot m})^2}\right]^2 \Delta P_{k \cdot m} \quad (kW)$$

$$\tag{5-77}$$

式中，$\Delta P_{0 \cdot z}$、$\Delta P_{k \cdot z}$ 为子变压器的空载损耗、短路损耗（kW）；$\Delta P_{0 \cdot m}$、$\Delta P_{k \cdot m}$ 为母变压器的空载损耗、短路损耗（kW）；$S_{N \cdot z}$、$S_{N \cdot m}$ 为子变压器、母变压器的额定容量（kV·A）。

2）经济运行的临界负载。根据上列三式，假定式中的 S 为若干个适当值，即可分别绘制出"母子变压器"三种运行方式的功率损耗曲线，记为 $\Delta P_z = f(S)$、$\Delta P_m = f(S)$、$\Delta P_{m \cdot z} = f(S)$，如图 5-17 所示。这三条曲线有三个相交点，第一个相交点为曲线 $\Delta P_z = f(S)$ 和曲线 $\Delta P_m = f(S)$ 的相交点，表示这两种运行方式变压器的功率损耗相等，其所对应的用电负荷为这两种运行方式的"临界负荷"，记为"$S_{L_j \cdot 1}$"；第二个相交点为曲线 $\Delta P_m = f(S)$ 和曲线 $\Delta P_{m \cdot z} = f(S)$ 的相交点，表示这两种运行方式变压器的功率损耗相等，其所对应的用电负荷为这两种运行方式的"临界负荷"，记为"$S_{L_j \cdot 2}$"；第三个交点为曲线 $\Delta P_z = f(S)$ 和曲线 $\Delta P_{m \cdot z} = f(S)$ 的相交点，此点无作用，因为在此点对应的负荷 S 下，母变压器运行的功率损耗要比母子变压器在此点运行的功耗小。

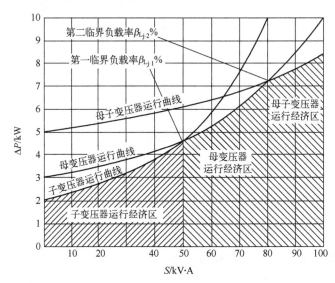

图 5-17 "母子变压器"三种运行方式功率损耗曲线

同时，从曲线还可以看出，当用电负荷小于第一个临界负荷（即 $S < S_{L_j \cdot 1}$）时，将子变压器投入运行，功耗最小，最经济；当用电负荷大于第一个临界负荷而小于第二个临界负荷

（即 $S_{L_j \cdot 1} < S < S_{L_j \cdot 2}$）时，将母变压器投入运行，功耗最小，最经济；当用电负荷大于第二个临界负荷（$S > S_{L_j \cdot 1}$）时，将母变压器和子变压器都投入运行，功耗最小，最经济。

3）临界负荷的计算确定方法。第一个临界负荷的确定依据是等式 $\Delta P_z = \Delta P_m$，代入整理后得

$$S_{L_j \cdot 1} = S_{N \cdot m} S_{N \cdot z} \sqrt{\frac{\Delta P_{0 \cdot m} - \Delta P_{0 \cdot z}}{S_{N \cdot m}^2 \Delta P_{k \cdot z} - S_{N \cdot z}^2 \Delta P_{k \cdot m}}} \quad (kV \cdot A) \tag{5-78}$$

第二个临界负荷的确定依据是等式 $\Delta P_m = \Delta P_{m \cdot z}$，代入整理后得

$$S_{L_j \cdot 2} = S_{N \cdot m} \sqrt{\frac{\Delta P_{0 \cdot z}}{\Delta P_{k \cdot m} - \frac{S_{N \cdot m}^4 \Delta P_{k \cdot m}}{(S_{N \cdot m} + S_{N \cdot z})^4} - S_{N \cdot m}^2 S_{N \cdot z}^2}} \quad (kV \cdot A) \tag{5-79}$$

必须指出，"母子变压器"供电方式适用于对供电连续性要求较高和随月份变化的综合用电负荷，根据计算确定的临界负荷，来衡量用电负荷达到哪一境界范围，然后确定投运变压器的容量，采取适宜的供电方式。这不仅是用电管理人员的正常业务，而且这一工作具有提高设备利用率、降低线损、节约能源的重大意义。

5.5.3　多台变压器的经济运行

这里所说的多台变压器，是指同型号、同容量的 3 台及 3 台以上变压器。它们的经济运行，可运用下式进行说明：

$$S_N \sqrt{\frac{\Delta P_0}{\Delta P_k} n(n-1)} < S < S_N \sqrt{\frac{\Delta P_0}{\Delta P_k} n(n+1)} \tag{5-80}$$

或

$$S_N \sqrt{\frac{\Delta P_0 + K_Q \Delta Q_0}{\Delta P_k + K_Q \Delta Q_k} n(n-1)} < S < S_N \sqrt{\frac{\Delta P_0 + K_Q \Delta Q_0}{\Delta P_k + K_Q \Delta Q_k} n(n+1)} \tag{5-81}$$

式中，S 为变电站或配电台区用电负荷的视在功率（$kV \cdot A$）；S_N 为每台变压器的额定容量（$kV \cdot A$）；n 为变电站或配电台区内变压器的台数；ΔP_0、ΔP_k 分别为每台变压器的空载损耗、短路损耗（W）。

这种供电方式适用于对供电连续性要求较高、负荷随季节变化较大的用电负荷。

当变电站或配电台区的总负荷 S 增大，且达到

$$S > S_N \sqrt{\frac{\Delta P_0}{\Delta P_k} n(n+1)} \quad (kV \cdot A) \tag{5-82}$$

或

$$S > S_N \sqrt{\frac{\Delta P_0 + K_Q \Delta Q_0}{\Delta P_k + K_Q \Delta Q_k} n(n+1)} \quad (kV \cdot A) \tag{5-83}$$

时，应增加投运一台变压器，即投用（$n+1$）台变压器较经济合理。

当变电站或配电台区的总负荷 S 降低，且降到

$$S < S_N \sqrt{\frac{\Delta P_0}{\Delta P_k} n(n-1)} \quad (kV \cdot A) \tag{5-84}$$

或

$$S < S_N \sqrt{\frac{\Delta P_0 + K_Q \Delta Q_0}{\Delta P_k + K_Q \Delta Q_k} n(n-1)} \quad (kV \cdot A) \tag{5-85}$$

时，应停用一台变压器，即投用$(n-1)$台变压器较经济合理。

必须指出，对于负荷随昼夜起伏变化，或在短时间内变化较大的用电，采用上述方法降低变压器的电能损耗是不合理的。因为这将使变压器高压侧的开关操作次数过多而增加损坏的机会和检修的工作量；同时，操作过电压对变压器的使用寿命也有一定影响。

5.6 节能新技术

电力为世界的进步提供了无穷动力，然而发展至今，电网且面临着各种挑战，由于电网效率低下，电力在生产和传输中损耗严重。随着经济快速发展，高峰电力负荷不断攀升，电力研究工作者必须与时俱进，深入研究电力新产品、新工艺、新材料，为电网的发展做出贡献。

1. 非晶合金变压器技术的应用

变压器是根据电磁原理而制造的一种变电设备，导磁磁路系统是变压器的一个重要组成部分，导磁材料的性能直接影响变压器的技术经济指标。非晶合金变压器是采用新型导磁材料——非晶合金带材来制作铁心的新型高效节能变压器。非晶合金是一种新型节能材料，它是以铁、硼、硅、钴和碳等元素为原料，用急速冷却等特殊工艺使内部原子呈现无序化排列的合金。非晶合金带材生产时，在铁、钴、镍、铬等金属中添加硅、硼、碳等非金属，将1400℃高温下一定比例的铁、硅、硼等混合热熔液，以相当于每秒钟降低一百万摄氏度的高速冷却，冷却速率为$10^5 \sim 10^7 \mathrm{K/s}$，冷却底盘的转动速度约为$30 \mathrm{m/s}$，从溶液到薄带成品一次成形。由于高速旋转和冷却时的高温骤降，合金箔的原子结构呈现无序排列，类似于玻璃，不存在通常金属合金所表征的晶体结构，故称其为"非晶合金"。采用非晶合金带材制造的变压器的空载损耗和空载电流非常低，可减少 CO、SO、NO_x 等有害气体的排放，它也被称为21世纪的"绿色材料"。非晶合金变压器是目前节能效果非常好的配电变压器，是符合国家发改委、科技部印发的《中国节能技术政策大纲》（发改环资〔2021〕199号）精神的理想电气产品。自1982年美国通用电气公司研制的非晶配电变压器商业投运以来，非晶合金变压器已经在国内外电网上得到普遍运行。

（1）非晶合金变压器的结构特点

利用导磁性能突出的非晶合金来用作制造变压器的铁心材料，最终能获得很低的损耗值。但它有许多特性在设计和制造中是必须保证和考虑的。主要体现在以下几个方面：

1）非晶合金片材料的硬度很高，用常规工具是难以剪切的，所以设计时应考虑减少剪切量。

2）非晶合金单片厚度极薄，材料表面也不是很平坦，则铁心填充系数较低。

3）非晶合金对机械应力非常敏感。结构设计时，必须避免采用以铁心作为主承重结构件的传统设计方案。

4）为了获得优良的低损耗特性，非晶合金铁心片必须进行退火处理。

5）电气性能上，为了减少铁心片的剪切量，整台变压器的铁心由四个单独的铁心框并列组成，并且每相绕组是套在磁路独立的两框上。每个框内的磁通除基波磁通外，还有3次谐波磁通的存在，一个绕组中的两个卷铁心框内，其3次谐波磁通正好在相位上相反、数值上相等，因此，每一组绕组内的3次谐波磁通相量和为零。如一次侧是三角形联结，有3次谐波电流的回路，在感应出的二次侧电压波形上，就不会有 3 次谐波电压分量。

根据上面的分析，三相非晶合金配电变压器最合理的结构是：铁心，由四个单独铁心框在同一平面内组成三相五柱式，必须经退火处理，并带有交叉铁轭接缝，截面形状呈长方形；绕组，为长方形截面，可单独绕制成型的，双层或多层矩形层式；油箱，为全密封免维护的波纹结构。

（2）非晶合金变压器的主要性能特点

1）铁心的导磁材料采用非晶合金，由于非晶合金不存在晶体结构并具有软磁特性，磁滞回线的面积很狭窄，磁化功率小，电阻率高，涡流损耗小，所以采用此材料制造的变压器的空载损耗和空载电流非常低。

2）由于非晶合金比较脆，饱和磁通密度较低（约 1.5 T），所以非晶合金铁心的额定磁通密度一般为 1.3~1.4 T，比冷轧硅钢片（1.6~1.7 T）低。变压器铁心采用的非晶合金带材一般卷制成三相五柱式结构，使变压器的高度比三相三柱的低。铁心截面为矩形，其下轭可以打开便于线圈的套装。当然由于非晶合金带材的厚度为 0.02~0.03 mm，只有硅钢片的 1/10 左右，非常薄、脆，并且对机械应力很敏感，因此装配时要注意轻拿轻放，避免因为过多的外力而增加产品的空载损耗和噪声。

3）低压绕组除小容量（160 kV·A 以下）采用铜导线以外，一般采用铜箔绕制的圆筒式结构：高压绕组采用多层圆筒式结构，使绕组的安匝分布平衡，漏磁小，高、低压绕组采用导线张力装置一起绕制成矩形线圈，并通过热压整形将线圈固化成一整体，以增强绕组的机械强度和抗短路的能力。

4）器身、油箱、保护装置等采用不吊心结构，并采用真空干燥、真空滤油和注油的工艺，采用全密封油箱，没有储油柜等结构。

5）SH15 非晶合金变压器的负载损耗与 S9 系列常规油变压器的负载损耗相同，空载损耗非晶变压器 SH15 系列比 S9 系列下降 70%左右；空载电流非晶合金变压器 SH15 系列比 S9 系列下降 80%左右。S9、S11 型系列配电变压器与 SH15 非晶合金变压器的损耗比较见表 5-18。

6）非晶合金变压器联结组标号采用 Dyn11，减少了谐波对电网的影响，改善了供电质量。由于非晶合金变压器的铁心都是四框五柱式结构，在 Yyn0 接线的状态下，三相不平衡负载电流会引起三相电压的严重不平衡。

7）由于非晶合金变压器采用全密封结构，绝缘油和绝缘介质不与空气接触，在正常运行下不需要换油。这就大大降低了变压器维护成本和延长了使用寿命，并且可在潮湿的环境中运行，因此非晶合金变压器是城市和农村配电网络中理想的配电设备。

8）虽然非晶合金变压器的有效成本比 S9 型平均上升了 20%以上，其售价比 S9 型约高30%以上，但其比 S9 型同容量的变压器的空载损耗降低 75%以上，年运行成本平均降低30%，通过年电能损耗、年电能损耗成本、年节电费的计算，一般在 3~4 年内可以收回它相对于硅钢片铁心变压器所增加的投资成本。

（3）非晶合金变压器与传统变压器的不同之处

1）非晶合金变压器铁心截面为矩形，因此一、二次绕组均加工成带圆角矩形，从而提高了导线的利用率。与采用多级圆形截面铁心相比，可节省铁心及电磁线材料，并提高油箱内的填充率。

表 5-18　S9、S11 型系列配电变压器与 SH15 非晶合金变压器的性能参数比较

容量 /kV·A	空载损耗（铁损）/W			负载损耗（铜损）/W	空载电流（%）			短路阻抗（%）
	SH15	S11	S9	S9、S11、SH15	SH15	S11	S9	
30	33	100	130	600	1.70	2.80	2.80	
50	43	130	170	870	1.30	2.50	2.50	
63	50	150	200	1040	1.20	2.40	2.40	
80	60	180	250	1250	1.10	2.20	2.20	
100	75	200	290	1500	1.00	2.10	2.10	
125	85	240	340	1800	0.90	2.00	2.00	4.0
160	100	280	400	2200	0.70	1.90	1.90	
200	120	340	480	2600	0.70	1.80	1.80	
250	140	400	560	3050	0.70	1.70	1.70	
315	170	480	670	3650	0.50	1.60	1.60	
400	200	570	800	4300	0.50	1.50	1.50	
500	240	680	960	5150	0.50	1.40	1.40	
630	320	810	1200	6200	0.30	1.30	1.30	
800	380	980	1400	7500	0.30	1.20	1.20	
1000	450	1150	1700	10300	0.30	1.10	1.10	4.5
1250	530	1360	1950	12000	0.20	1.00	1.00	
1600	630	1640	2400	14500	0.20	0.90	0.90	

2）非晶合金铁心的结构可分为叠环式、单环式、气隙分布式、叠片式和搭接式卷铁心5种。通常铁心采用搭接式，这是考虑到铁心受力、铁心强度、铁心和绕组的夹紧结构等各类因素的合理选择。但搭接式有额外的搭接长度，上下重叠。搭接式结构的材料利用率较低，同时铁轭厚度的增加也会增大油箱尺寸，增加油重。

3）非晶合金变压器铁心的总体结构为三相五柱式。由4个单框卷铁心组合而成，有两个旁轭可供磁通中的高次谐波或零序分量流通。当变压器投运后，铁心柱中的奇次谐波能相互抵消，可降低漏抗压降，改善电流质量。

4）非晶合金变压器不以非晶合金为主支承结构件，绕组的压紧自成体系，以减少绕组和器身对铁心的压力。

5）非晶合金铁心截面积要比同容量的硅钢片变压器铁心大，这是因为非晶合金带的工作磁通密度比硅钢片低。

在截面相同的条件下，矩形周长比圆形长，因此，非晶合金变压器高、低压绕组主空道的周长要比同容量硅钢片铁心变压器长得多。

6）在确保标准规定的绝缘水平下，非晶合金变压器的主绝缘距离比硅钢片变压器小。

7）非晶合金变压器的噪声比硅钢片铁心变压器高6~8 dB。变压器的噪声来源于变压器的铁心在交变磁通下磁致伸缩而引起的振动。决定噪声高低的主要因素是铁心中的磁通密度和铁心的夹紧程度。

8）由于非晶合金材料的涡流损耗大大降低，其单位损耗仅为硅钢片的 20%~30%。因

此，非晶合金变压器比 S9 系列变压器的空载损耗下降 74%，空载电流下降 45%。

（4）非晶合金变压器的节能效果

三相非晶合金铁心配电变压器与 S9 系列配电变压器相比，其年节约电能量是相当可观的。以 $800\,kV\cdot A$ 为例，ΔP_0 为 $1.02\,kW$；两种配电变压器的负载损耗值是一样的，则 $\Delta P_k = 0$，便可计算出一台产品每年可减少的电能损耗为

$$\Delta W_s = 8760\times(1.02+0.62\times0)\,kW\cdot h = 8935.2\,kW\cdot h$$

通过该种规格产品的计算可知，三相非晶合金铁心配电变压器系列产品的节能效果非同一般。由于油箱又设计成全密封式结构，变压器内的油与外界空气不接触，防止了油的氧化，延长了产品的使用寿命，为用户节约了维护费用。

非晶合金变压器若能完全替代 S9 系列配电变压器，如 10 kV 级配电变压器年需求量按 5000 万 kV·A 计算时，那么，一年便可节电 100 亿 kW·h 以上。同时，还可带来少建电厂的良好的环保效益，少向大气排放温室气体，这样会大大减轻对环境的直接污染，使其成为新一代名副其实的绿色环保产品。国家在城乡电力网系统发展与改造中，若能大量推广采用三相非晶铁心配电变压器产品，其最终会获得节能与环保两方面的效益。

（5）推广非晶合金变压器的必要性

通过计算和分析可知，用非晶合金变压器替代 S9 系列变压器能够带来可观的经济效益，同时，对节能所带来的环境保护效益亦非常明显。因此，大量推广使用非晶合金变压器，不仅对能源节约和可持续发展意义重大，更减缓了供电紧张的局面。

非晶合金变压器（SH15）与 S9 系列变压器仅空载损耗每年每台可节约的电量就相当可观，大约 3 年时间就可回收多投入的材料成本。在剩下的时间里，便可享受到非晶合金变压器带来的节能效益。另外，随着硅钢片的价格不断上涨，两者的价格差将逐渐缩小，这正是推广和使用非晶合金变压器的有利时机。

变压器是输变电中的损耗大户，在配电网损耗中变压器损耗占 30%~60%，其中空载损耗占变压器损耗的 50%~80%，因此推广高效节能的变压器是电网节能的重要途径。在配电网和新能源领域，预计未来 10 年非晶合金变压器的总需求量将达 12.7 亿 kV·A，可以预见未来非晶合金变压器市场空间巨大，前景广阔。

2. 有载调容变压器技术的应用

非晶合金配电变压器虽然是节能性能很好的变压器，但由于价格较高而制约了其在农网中的推广应用。传统的无载调容变压器适用于季节性负载的变化，当空（或轻）载时可以换档降低容量，减少变压器的铁心损耗，具有明显的节电效果。但因需要停电手工切换，限制了它的使用范围，因而适用于农村、林场、盐场等用电量变化较大而变化周期较长的用户。为使调容量变压器节电量更大、操作更方便、适用范围更广泛，特别是能适应变化周期较短的用户，推广使用有载调容变压器。

有载调容变压器是一种具有大、小两个容量，并可根据负荷大小进行调整的配电变压器。其基本设计思想是：变压器三相高压绕组在大容量时接成三角形，小容量时接为星形。每相低压绕组由三部分组成：一是少数线匝部分（Ⅰ段），另外的多数线匝的线段由两组导线并绕而成两部分（Ⅱ、Ⅲ段）。大容量时Ⅱ、Ⅲ段并联再与Ⅰ段串联，小容量时Ⅰ、Ⅱ、Ⅲ段全部串联。由大容量调为小容量时，低压绕组匝数增加，同时高压绕组变为星形联结而相电压降低，且匝数增加与电压降低的倍数相当，因此可以保证输出电压不变。调容变压器

结构原理如图 5-18 所示。

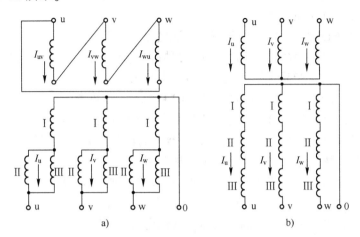

图 5-18 有载调容变压器结构原理

a）Dyn11 联结（大容量时）　b）Yyn0 联结（小容量时）

　　高压绕组连接方式的改变，低压绕组并、串联的转换以及各分接部分的调整均由特制的无励磁调容开关完成。同时，大容量调为小容量时，由于低压匝数的增加，铁心磁通密度大幅度降低，而使硅钢片单位损耗变小，空载损耗和空载电流也就降低了，达到降损节能的目的。

　　有载调容变压器可根据负荷情况进行有载容量调节，提高不同时期、不同时段的负载率，从而避免"大马拉小车"现象，尽可能使变压器处于经济运行状态，有效降低损耗。具体是通过有载调容控制器监测变压器低压侧的电压、电流，来判断当前负荷电流的大小，如果满足前期整定的调容条件，控制器则发出调容指令给有载调容开关，有载调容开关根据调容指令进行容量切换，实现变压器内部高、低压绕组的星-三角变换和串-并联转换，在带励磁状态下，完成变压器的自动容量转换，在无励磁状态下，完成变压器的电压调节。

　　（1）有载调容变压器的结构特点

　　1）铁心。为满足用户的不同要求，铁心结构有两种：一是卷铁心结构，它是将硅钢片材料加工卷制成封闭形铁心；二是叠积式的铁心结构，采用优质取向冷轧硅钢片，阶梯形三级全斜带尖角接缝，不冲孔，改善了磁路结构。两种结构均可保证与同规格 S9 产品相比，空载损耗降低 30%，空载电流下降 30%。

　　2）绕组。绕组均采用圆筒式结构，冲击电压分布好，油道散热效率高。采用卷铁心结构时高、低所绕组直接绕制在铁心心柱上，在线圈绕制方法上，要采取一些特殊技术措施。

　　3）器身。适当调整器身有关主绝缘距离，沿线圈圆周的轴向支撑均用层压纸板或层压木做成的绝缘块，可保证受热基本不收缩，实现有效压紧。

　　4）调容开关。调容开关为卧式笼型结构，外部手柄、限位在装配时经仔细调整定位，其传动机构为一对精加工的齿轮，确保动作可靠。在操动机构顶部有防水罩，保证操动机构安全，延长了使用寿命。

　　5）油箱。油浸式变压器的油箱既是变压器器身的外壳和浸油的容器，又是变压器总装的骨架，因此，变压器油箱起到机械支撑、冷却散热和绝缘保护的作用。调容变压器的油箱可以选用传统的管状散热器油箱或片式散热器油箱，也可用波纹油箱。

（2）有载调容变压器的调容及节能分析

1）组成结构。有载调容变压器由变压器本体、有载调容开关、有载调容控制系统以及配套设备（计量和测量）几个部分组成，如图 5-19 所示。变压器本体包括高压绕组、低压绕组、铁心和器身等。

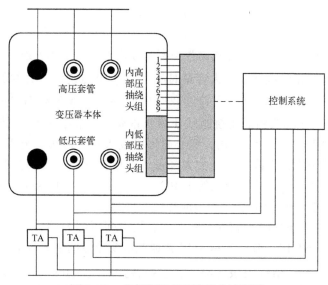

图 5-19　有载调容变压器组成结构图

2）调容原理。由前述可知，有载调容变压器两种容量的转换主要依靠改变高、低压绕组的接线方式来实现。

在大容量方式时，高压绕组为三角形联结，低压绕组为并联结构，接线组标号为 Dyn11；在小容量方式时，高压绕组接成星形，低压绕组为串联结构，接线组标号为 Yyn0。高压绕组与有载调容开关连接如图 5-20 所示，大容量方式时，S1、S3、S5 处于开断状态，S2、S4、S6 处于闭合状态；小容量方式时 S2、S4、S6 处于开断状态，S1、S3、S5 处于闭合状态。因此，高压绕组需要抽出 9 个接点与有载调容开关进行连接，以实现 D-Y 转换。

低压绕组与有载调容开关连接如图 5-21 所示，每相低压绕组由少数线匝部分（占 27%）

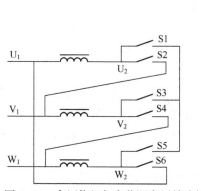

图 5-20　高压绕组与有载调容开关连接图

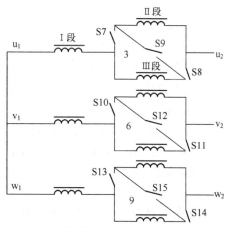

图 5-21　低压绕组与有载调容开关连接图

Ⅰ段和多数线匝部分（占73%）Ⅱ、Ⅲ段组成，Ⅱ、Ⅲ两段绕组导线的截面积约为Ⅰ段绕组导线截面积的一半。大容量方式时，Ⅱ、Ⅲ段并联后再与Ⅰ段串联，S7、S8、S10、S11、S13、S14处于闭合状态，S9、S12、S15处于开断状态；小容量方式时，Ⅰ、Ⅱ、Ⅲ段全部串联，S9、S12、S15处于闭合状态，开关S7、S8、S10、S11、S13、S14处于开断状态。因此低压绕组需要抽出12个接点与有载调容开关连接，以实现并联-串联转换。

3）节能分析。设大容量方式时，$U_2 = \dfrac{N_2}{N_1} U_1$，式中，$N_1$、$N_2$分别为此方式下高、低压绕组线匝数。当调容变压器由大容量方式调为小容量方式时，高压绕组连接方式由三角形联结改为星形联结，相电压相应地减小为大容量时的$1/\sqrt{3}$；低压绕组中并联的Ⅱ、Ⅲ段部分转为串联（线匝数增至146%），再与Ⅰ段的线匝串联起来，线匝数增至原来的173%（约$\sqrt{3}$）。由于高压绕组电压降低和低压绕组线匝增加的倍数相同，从而保持输出电压稳定不变。但此时由于线匝数增加了1.73倍，铁心磁通密度大幅度降低，硅钢片单位损耗变小，空载损耗和空载电流也大幅下降，从而大大降低了变压器的空载无功损耗（小容量方式时的空载无功损耗小于大容量方式时损耗的1/10）和有功损耗（小容量方式时的空载有功损耗小于大容量方式时损耗的1/3），达到节能降耗的目的。

以S11-M.R.T-160:63/10全密封卷铁心调容配电变压器为例，表5-19列出了一组其测试结果与S11(9)-160/10、S11(9)-63/10普通配电变压器的主要技术指标对比的数据。

表5-19　S11-M.R.T型与S11、S9普通变压器技术指标对比表

额定容量/kV·A	技术指标名称	S11-M.R.T型（测量）	普通S11（标准值）	普通S9（标准值）
160（联结组标号 Dyn11）	空载损耗 ΔP_0/W	260	290	400
	空载电流 I_0(%)	0.34	0.42	1.4
	负载损耗 P_k/W	2160	2200	2200
	短路阻抗 U_k(%)	3.82	4.0	4.0
63（联结组标号 Yyn0）	空载损耗 ΔP_0/W	130	150	200
	空载电流 I_0(%)	0.17	0.57	1.9
	负载损耗 P_k/W	1060	1040	1040
	短路阻抗 U_k(%)	4.07	4.0	4.0

通过对比可以看出，调容配电变压器具有以下性能特点：

1）调容变压器小容量时各项性能指标优于普通同容量产品性能，空载损耗低，空载电流小，可适应农网负载率低的状况，节能效果好。调容变压器还加装有特制的无励磁调容开关进行大、小容量的有载调节。

2）在大、小容量时的短路阻抗基本上是接近于标准值的。从这个角度出发，在选择大、小容量组合时，小容量应选为大容量的1/3左右，这也正适应了小容量用在负荷小的状态下。调容变压器主要技术指标优于GB/T 6451—2015《油浸式电力变压器技术参数和要求》中的规定。

3）根据负荷情况，负荷低于40%时，就可以调到小容量，有效解决"大马拉小车"的问题，要比安装"母子变压器"造价低得多。

（3）有载调容变压器的经济效益分析

1）与普通母子变压器的投资比较。在我国农网中，一个台区（一般为一个村庄）使用一台配电变压器的现象较为普遍，在这种状况下，负荷高峰期（7、8、9 月）变压器的负荷率可达到 85%；而在其余 9 个月中，平均负荷率却不到 30%，长时间处于"大马拉小车"的状态，造成变压器空载损耗严重。

针对这种情况，有些地区为了避免这种电力浪费，就采取安装母子变压器进行季节性调整，如采用 80 kV·A、30 kV·A 的 2 台不同容量母子变压器。如果管理完善，其节能效果可与调容变压器相当，但母子变压器比一台调容变压器价格要高出约 1500 元，安装费（含辅材）相差约 2000 元。若再计及要多增加一低压综合配电箱（JP 柜）的费用约 5500 元，其他费用 1000 元，则采用调容变压器可节省投资费用约 10000 元，还可有效节省占地面积。

2）运行经济效益比较。在相同容量下，采用有载调容变压器后年损耗电量比较见表 5-20，计算中，年负荷利用小时数按连续 25 天平均最大负荷利用小时数 6200 h 计。采用有载调容变压器时，负荷率为 85% 和 30% 的利用小时数分别按 1500 h 和 4700 h 计。

表 5-20　有载调容变压器运行年损耗电量比较表

变压器型号	容量/kV·A	年负荷利用小时数/h	年最大负荷率（%）	空载损耗/W	分类年损耗电量/kW·h	年损耗电量/kW·h
S9 型	315	6200	70	670	—	4154
S9 型有载调容	315	1500	85	670	1005	1319.9
		4700	30	67	314.9	
S11 型	315	6200	70	480	—	2976
S11 型有载调容	315	1500	85	480	720	945.6
		4700	30	48	225.6	

根据以上结果计算，容量为 315 kV·A 的 S9 型有载调容变压器与普通 S9 型变压器相比每年可少损耗电量 2834.1 kW·h，根据平均电价 0.57 元/kW·h 测算，每年可节约费用 1615.44 元。采用相同的计算方法，容量为 315 kV·A 的 S11 型有载调容变压器与普通 S11 型变压器相比每年可节约费用 1157.33 元。

调容变压器节能效果显著，技术经济性较好，对于农网的用电情况有较好的适用性；调容变压器的容量可以随负载容量的增减而增减，既满足农村负荷的季节性、时段性要求，又可以明显提高变压器的效率，改变农村变压器负载率偏低的不合理现象，有效减少变压器的容量浪费及有功功率和无功功率的损耗，降低农村配电变压器的空载损耗和负载损耗，从而降低网损，同时大大节省增容和运行费用，降低生产成本，提高经济效益。目前，调容变压器技术已在北京、上海、山西、江苏等十多个省市区农网中应用，取得了较好的节能效果。

3. 新型智能无功补偿技术的应用

合理地在配电网中采用并联容性负载的方法来补偿无功功率，是提高功率因数的有效方法；传统的方法是采用固定电容补偿法，它仅适用于负载固定、无功功率相对稳定的情况；对于多数情况，更需要采取实时监控、自动补偿方式。随着微机和半导体技术的发展，利用计算机进行实时监测、控制，并根据无功变化，实现准确、快速的动态无功补偿，是当前新型智能无功补偿技术的发展趋势。

配电变压器低压智能无功补偿技术采用自动控制的方式，通过自动补偿控制器，采集电网的电压、电流、功率及功率因数等参数，随时跟踪电网的运行状态，综合各种运行参数，发出适当的操作指令，使配电变压器低压无功补偿处于最佳状态。

智能型配电变压器低压无功补偿技术适用于 $100\,kV\cdot A$ 及以上配电变压器的低压就地无功补偿，可随负荷的变化而合理自动跟踪投切电容器组，有效补偿各相无功负荷，提高功率因数，降低线损。据各地使用情况分析：可使功率因数提高到 0.95 以上，且不会产生无功倒送；功率因数的提高可增加变压器的负载能力；在冲击性和波动性负荷处，可减少电压波动；在优化电能质量的同时提高了配电设备的利用率 20% 以上，且投资回收期在 1~2 年内，此项技术的应用具有明显的经济和社会效益。

（1）目前应用的智能无功补偿设备状况

电力电子技术、智能控制技术和信息通信技术的不断发展，带动了许多电力新技术、新设备的不断出现，近年智能电网的建设加速了城乡电网的改造，动态智能无功补偿技术在各地低压配电网的公用配电变压器中开始应用，它集低压无功补偿、综合配电检测、配电台区的线损统计量、电压合格率的考核和谐波检测等多重功能于一身，同时还充分考虑了与配电自动化系统的结合，是今后低压线路无功补偿技术发展的必然趋势。

1）补偿方式。

① 固定补偿与动态补偿相结合。单纯的固定补偿已经不能满足复杂的负载类型及电网的无功要求，而新的动态无功补偿技术能较好地适应负载变化。

② 三相共补与分相补偿相结合。新的设备尤其是家居设备都是两相供电，因此电网中三相不平衡的情况越来越多，三相共补同投同切已无法解决三相不平衡的问题，而全部采用单相补偿则投资较大，因此根据负载情况充分考虑经济性的共分结合方式在新的经济条件下日益得到广泛应用。

③ 稳态补偿与快速跟踪补偿相结合。稳态补偿与快速跟踪补偿相结合的补偿方式是未来发展的一个趋势。该方式不仅可以提高功率因数、降损节能，而且可以充分挖掘设备的工作容量，充分发挥设备能力，提高工作效率。

2）采用先进的投切开关。

① 过零触发固态继电器。其特点是动态响应快，在投切过程中对电网无冲击、无涌流，寿命较长，但有一定的功耗和谐波污染，目前运用比较普遍。

② 机电一体化智能复合开关。该开关是由交流接触器和固态继电器并联运行，综合两种开关的优点，既实现了快速投切，又降低了功耗。目前由于成本及可靠性原因应用较少。

③ 机电一体化智能型真空开关。该开关采用低压真空灭弧室及永磁操动机构，可实现电容过零投切，还可适应电容器串联电抗器回路的投切，寿命长，可靠性高，目前正在实现商品化。

3）采用智能无功控制策略。具体为：采集三相电压、电流信号，跟踪系统中无功的变化，以无功功率为控制物理量，以用户设定的功率因数为投切参考限量，依据模糊控制理论智能选择电容器组合。根据配电系统三相中每一相无功功率的大小智能选择电容器组合，依据"取平补齐"的原则投入电网，实现电容器投切的智能控制，使补偿精度提高。

① 科学的电压限制条件：可设定过、欠电压保护值，可设置禁投（低谷高电压）、禁切（高峰低电压）电压值，具有缺相保护功能，以无功功率为投切门限值。

②可设置投切延时：延时时间可调（既可支持快速跟踪无功补偿，也可支持稳态补偿），同组电容投切动作时间间隔可设置，对快速跟踪补偿可设置为零。

4）集成综合配电监测功能。综合配电监测功能集配电变压器电气参数测量、记忆及通信于一体，是一套比较完整的配电运行参数测量机构，是低压配电电网中考核单元线损的理想手段。它能随时为电网管理人员提供所需要的各类数据，为电网的安全运行和经济运行提供可靠的管理依据，是配电网自动化系统的基本组成部分。其主要功能如下：

①实时监测配电变压器三相数据，如电压、电流、功率、功率因数、频率（1~3 次谐波）。

②累计数据记录、整点数据记录和统计数据记录功能，如累计计量有功、无功电量。

③查询统计分析功能并根据输入条件生成各种报表、曲线等。

5）集成电压监测功能。根据电压检测仪标准进行采样与数据统计处理，便于用户考核电压合格率，可用于电压监测考核。

6）集成在线谐波监测功能。监测终端采用 DSP 作为 CPU，应用快速傅里叶算法（FFT）。可精确计算测量出电压、电流、功率因数、有功及无功电量等配电参数，还可以分析 1~3 次谐波，从而实现在线的谐波监测功能，该数据可根据用户要求在后台软件上进行分析处理。

7）通信。较先进的监控终端采用了标准的 RS-232、RS-485 接口，可根据用户要求特殊配置 Modem、现场总线（Profibus）等，并与配电网自动化系统有机结合，能完成与子站或主站的直接通信、实现数据远传并与配电自动化系统接口与集抄系统的通信。具体通信方式有以下两种：

①直接通信。与配电自动化系统接口，为用户提供了多种解决方案以适应不同的配电网自动化系统与子站或主站的直接通信。

②与 FTU 的通信。可通过 FTU 实现一点对多点采集，以实现数据远传并与配电自动化系统接口与集抄系统的通信，通常采用载波或直联。

8）模块化结构。将电容器、投切开关和保护集成在一个单元内，形成多种规格的标准化单元，这种结构与功能模块化的形成满足了不同用户的要求，同时还便于各种装置在使用现场的维修与调整。

（2）新型低压智能无功补偿装置的构成

新型低压智能无功补偿装置是面向地、县供电公司配电网用户的新一代智能产品，其系统架构由终端设备、通信网络和主站这 3 层组成，如图 5-22 所示。

低压智能无功补偿装置主要由 CPU 测控单元、晶闸管复合开关、保护装置、两台（三角形联结）或一台（星形联结）低压自愈式电力电容器组成。

1）终端设备层主要由智能电容器与通信管理单元构成，安装在配电房，设备在对配电网进行无功补偿的同时，还可进行数据采集和对设备进行监测，并记录、分析设备工况及动作时间，在异常时主动发出告警信息，同时存储运行数据信息。通信管理单元具有通信、管理和存储的功能，是智能电容器与通用分组无线服务技术（GPRS）网络的连接点，同时存储电容器的运行信息。

2）通信网络层为 GPRS 网络，是主站和终端设备通信的桥梁，它传输终端设备的信息到主站，也把主站的控制命令下发到终端设备。

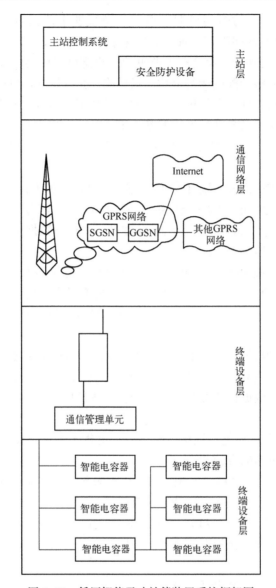

图 5-22　低压智能无功补偿装置系统框架图

3）主站层主要对终端设备层上传的数据和警告信息进行处理，并对历史数据进行管理，同时下发各类控制命令给终端设备层。

4. 节能新技术探索与研究

鉴于电力系统由发电、输电、配电和用电等各部分组成，智能电网的发展也应分层分级实现，以解决能源资源分布地域广、经济发展不均衡、提高电网输送能力、实现远距离大容量输电为目的的智能输电网为第一个层次；以提高供电质量和可靠性、降低系统运行损耗、改善系统的资产利用率、解决分布式能源分散化小容量多数量接入问题等为目的的智能配电网为第二个层次；而用电系统则作为第三个层次加以关注。

（1）大型互联电网的安全经济运行领域

电力系统互联是合作和竞争的一种模式，已经成为当前国际电力工业的重要趋势。电网互联实现了更大范围内资源的优化利用，促进了电力市场化的发展，但互联电网的稳定问题并不是子系统稳定问题的简单叠加，大区电网互联不但使系统的动态行为更加复杂（例如区城振动模式和混沌行为的发生），而且使系统的安全稳定裕度变小，局部故障波及的范围增大，更易导致由于相继的连锁故障而造成大面积停电的灾难。因此，跨大区联网在带来明显经济效益的同时，对电力系统安全稳定运行也提出了新的挑战，追求经济性和安全性之间的协调已迫在眉睫。

重点研究远距离大容量互联网络的规划技术、安全控制技术、无功电压优化控制技术、经济运行技术、智能调度技术，掌握交直流并联大电网安全稳定控制的核心技术，开发基于电力系统广域响应的暂态稳定控制技术，提出智能调度技术支持体系框架，构建具有即插即用能力的、基于 1+X 模式的"纵向贯通"的数据总线系统，搭建基于云技术的智能调度综合业务试点平台，逐步实现调度业务向综合业务平台的迁移。进一步提高对电网的监测和控制能力，提高电网优化资源配置能力，通过实施经济节能调度等措施，有效提高能源综合利用效率。

（2）输变电技术领域

重点研究特高压直流输变电自主化关键技术，研究先进的灵活交流输电设备和轻型直流输电应用技术，积极研究应用统一潮流控制器（UPFC）、可控高抗、轻型直流输电，提高线路输送能力和电压、潮流控制的灵活性，为电网安全、经济运行提供技术支撑；在数字化变电站建设的基础上，进一步研究与完善智能变电站的技术架构和技术体系，构建智能设备的自诊断和状态预警体系，推进高效集成的技术体系与管理体系建设，重点关注超导设备、大型电力电子设备、大型储能元件等新设备的集成应用技术，分阶段逐步完成常规变电站—数字变电站—智能化变电站的整体升级；开展高压网甚至超高压网的超导限流技术研究，提高电网运行经济性；研究包括超高压线路自动巡检机器人在内的智能化巡视技术，使架空导地线、防振装置、绝缘子和杆塔等输电设备的损伤情况及通道状况得到及时发现，提高运行维护水平；进一步提高输变电、二次设备的智能化水平，为大规模新能源接入电网提供技术支撑。

1）紧凑型交流输电。紧凑型交流输电是以增加分裂导线根数、降低电抗、增加电容，从而提高电路输送能力的一种方法。这种输变电技术如果条件符合，可以使输电量增加30%以上，具有较高的经济性。紧凑型交流输电增加了线路输送密度，减少了线路波阻抗，对增加输电量具有显著效果。目前，这种输变电技术应用较纯熟的当属俄罗斯，我国也在对该技术进行研究和应用。

2）柔性交流输电。柔性交流输电技术最早产生于美国，是一项提高配电系统性能的综合性技术，历经三代的技术改革逐步趋于完善。这项变电技术将电力电子技术、控制技术等高新技术集中运用变电输送系统中，使变电输送系统更加可靠、可控，大大提高了输变电系统的整体性能，将其节电优势发挥到了最大，同时也使整个电力系统科技水平大大提高。

3）分频交流输电。分频交流输电是由我国首先提出的全新输电方式，主要通过降低输电频率来减小输电系统电抗，从而达到增加输电容量的目的。分频交流输电不仅减少了输电线路的回路数和出线走廊数，提高了输电容量，而且在距离适当时可以显著地提高经济效益。此外，分频交流输电运行输电性能较好，打破了仅靠提高电压来提高输送能力的局限。

4）高压直流输电。高压直流输电的发展已超过 60 年的历史，这一技术在其发展过程中与电力电子技术、计算机技术、光纤技术和新材料技术的发展相结合逐步趋于完善。由于高压直流输电的线路造价较低，降低了运行成本，提高了经济效益，同时还有不存在稳定问题、可以与交流电联网等优势，在电力发展中应用较为广泛。

5）微波输电。微波是波长介于无线电波和红外线辐射间的电磁波，微波输电利用电磁波与交流电之间的转换将电能提供给用户使用。这种输电技术摆脱了输电导线高、电路损耗大、占用资源多等劣势，具有结构简单、损耗低、环保等优点。我国在微波输电领域尚属空白。

6）多相输电。多相输电指的是多于三相的输电系统。这种输电技术主要是通过在相同电压等级的条件下，采用增加输电相数的方法来增加电能的输送量。多相输电降低了出线走廊面积、减小了相间电压，但多相输电有输电导线增加、线路造价上涨、输电保护较难等缺陷，从而限制了其发展。

7）四相输电技术。四相输电技术是在三相变两相平衡变压器的基础上做进一步推广而形成的，四相输电系统应用的关键是研究与实施四相四芯柱结构的三相变四相电力变压器。四相输电技术集合了多相输电和三相输电的优势，既提高了输送电量，又降低了投资成本，而且结构简单，对电路养护与设计工作带来了极大的便利。

（3）配电领域

配用电系统作为电力系统到用户的最后一环，与用户的联系最为紧密，对用户的影响也最为直接。智能配用电技术的发展对保证用户的高效、高质量、高可靠供电具有重要意义。此外，智能配用电技术的发展可以带动众多相关产业，有助于扩展基于电力设施的系统增值服务领域。

未来的配电系统将朝着具备灵活、可靠、高效的配电网网架结构，高可靠性和高安全性的通信网络，高渗透率的分布式电源接入，高级配电自动化系统的全面实施的总体方向和总体目标发展。

重点研究智能配电网的规划关键技术，以制定与实施技术规范和标准为龙头带动配电网智能化的科学发展；研究含分布式发电的微网规划、中压配电网电压等级优化配置和规划，研究对降低电能损耗、改善电能质量、优化资源配置方面的效益；研究配电网电能质量和节能环保关键技术，研究快速的低损耗无功补偿技术、三相不平衡补偿技术、分布式储能减少峰谷差的可行性及应用技术等；加强对分布式电源接入、集中/分散式储能、电动汽车充电站、智能调度和通信、配电网互动技术、实用型配电网自动化等关键技术的研究，开展试点与逐步推广应用工作；加强配电网信息一体化应用平台关键技术研究与构建工作，实现灵活调整、快速控制、风险评估、安全预警、紧急自愈和精细管理等功能。

智能配电网要求高层次的配电系统自动化系统与之相适应，需要对现有的配电自动化系统进行发展和延伸，以适应分布式电源接入、供电可靠性提高的要求。高级配电系统自动化在故障隔离与自愈、分布式电源与可平移负荷调度、通信技术、计算机辅助决策等方面有新的要求，需要建立在具备可自愈的配电网络结构基础之上，可以有效提高供电可靠性，缩小非故障停电区域，减少停电恢复时间。配电自动化系统中需充分考虑分布式电源、储能系统、电动汽车充放电设施、用户定制电力技术和智能需求侧管理等方面的影响。同时，其功能需要延伸至用户室内网，在保证用户用电可意性要求的前提下，有效增加电力设备的利用率。还可根据电力用户用电信息采集（AMI）系统提供的大量实时数据，对配电网的工况进行状态估计、快速仿真与模拟，实现运行方式的优化等，以保证配电网运行在高水平状态。

在未来智能配电网中，希望通过自愈技术快速恢复对停电区域的供电（理想情况下做到 0 s 切换），同时确保电能质量满足要求。完成上述任务需要依靠继电保护、故障隔离与供电恢复（网络重构）、安全稳定控制等不同系统来完成。这需要将传统的彼此独立工作、各司其职的保护、控制、自动化系统融合成为统一的综合自动化系统，彼此协同工作，将故障扰动给配电网带来的影响降至最低。

快速仿真与模拟包括风险评估、自愈控制与优化等高级软件系统，以期达到改善电网的稳定性、安全性、可靠性和运行效率的目的。配电快速仿真与模拟需要支持以下 4 个主要的自愈功能：网络重构，电压与无功控制，故障定位、隔离和恢复供电，当系统拓扑结构发生变化时能够对继电保护实现再整定。这 4 个主要功能彼此相互联系，例如，网络的任一重构方案都要求对继电保护重新整定，需要确定新的电压调节方案，这些都需要高级配电自动化系统智能化地加以完成。

（4）用电领域

用电新技术涉及的面很广，例如，电动汽车、节能型照明电器、智能型家用电器等。

重点研究高级量测体系的关键技术，研究构建能够适应智能电网发展的用电技术框架体系，形成智能用电计量、通信、信息、自动化、管理与服务等业务领域的标准规范体系；逐步构建能够覆盖全业务流程的智能用电系统和双向互动用电营销技术支持平台，为电力用户提供可靠、优质与多元化的用电服务和能效管理策略；重点加强用电业务领域基础建设，实现购、供、用三个环节信息的快速、全面掌握，将需求侧管理反馈信息从大用户延伸到低压用户，完善智能计量体系建设，实现自动计量系统由 AMR（自动抄表）向 AI（先进架构）的升级改造，整体推进"全采集、全覆盖"的用电管理支撑平台的建设；开展新能源利用方面的专题研究与试点工程建设，与相关产业合作，大力推动电动汽车等智能电器的发展，构建电动汽车充电站网络，研究支持大规模电动汽车充电的电网控制技术，并开展试点工程，研究风能、太阳能等分布式能源以及储能设备的接入技术，研究智能电能表、智能家电的应用技术，开展相关技术标准与规范的研究制定工作，并以此为依托，开展支持用户实现智能家居的技术研究与试点工作。重点是提高电能在终端能源消费中的比例，为用户提供友好、互动的多元化用电服务与相关增值服务，并通过与用户的友好互动实现电网设备利用效率的有效提高。

在智能配电系统中，大量智能用电装备将可以通过感知系统的频率变化信息，自动参与到负荷的移峰填谷中来，也可以通过智能化的控制系统，选择合适的用电时机，还可以通过感知到的用电价格信息，自动确定用电水平。这些用电新技术的核心就是在不影响用户生产生活水平的前提下，降低用电水平，选择合适的用电时机。

特别值得指出的是，在智能配电系统中，电动汽车将不仅仅是单一的用电设施，同时还将成为储能设施，理想情况下的电动汽车将能够在用电低谷时实现电能的存储，在用电高峰时充当电源的角色。

（5）智能用电的挑战和展望

1）面临的挑战。未来智能用电发展会给电力企业带来诸多的可能和挑战，在为其他产业发展提供广阔的市场空间的同时，其自身的产业格局和业务范围将被重构，信息产业向电力行业的渗透是一很好例证。Google 通过 Energy 和 PowerMeter 等业务，逐渐利用其广大的用户资源和强大的服务器优势向电力行业延伸，于 2010 年 2 月获得批量能源交易许可，同年 7 月成功实现第一笔电力交易。智能用电所促进的未来产业高度融合和竞争无疑将使电力企业重新思考自身的定位与发展方向。

我国面临着"后京都时代"的巨大减排压力，如何建设好以低碳化为特征的未来电网将是电力企业面临的又一挑战。建设能效管理系统、提高终端能源利用效率是用电侧减少碳排放的重要手段。现阶段如何提高能效管理系统的实际应用效果，吸引用户更深入地参与到综合能效管理中来；如何使高可靠性、高带宽的新型通信技术更好地支撑智能用电中的能效管理系统，这些都是目前智能用电领域迫切需要解决的问题。

2）未来展望。智能用电海量数据的积累成为电网企业的巨大财富，挖掘这些数据的潜在价值将成为智能用电领域一个非常重要的研究方向。用电数据从大的方面说，可以反映整个社会的经济发展水平；从小的方面说，可以反映用电者的消费能力水平。作为与社会上每个行业、每个家庭及每个人联系最为密切的基础能源数据，可以反映出很多用电者的社会属性。如统计长时间不用电的家庭数量，可以得出城市房屋的空置率；如统计购电缴费记录，可以得出使用者的信用度。电网企业可以建立统一的数据中心，对数据进行加工和价值挖掘，为政府、其他行业提供增值咨询服务。电网企业将不仅是提供能源服务的企业，同时还是依靠挖掘用电数据来创造价值的企业，在当下数据为王的时代会大有作为。

随着智能用电在城市社区、楼宇、园区的快速推广，可以预见在不远的将来，将逐步建成覆盖整个城市的智能能源网络。该网络不仅为构建绿色低碳的生产生活环境提供最有效的实现方式，还具备较好的功能扩展性，可广泛融合互联网、物联网、云计算等信息通信技术，为城市发展提供必要的基础管理网络，全面支撑智慧的医疗、智慧的交通、智慧的城市服务、智慧的公共安全等智慧城市多方面应用实现。因此城市能源管理对智能用电而言是一次本质上的巨大转变。

展望未来，除了要继续深入在智能用电领域的技术研究和实践外，还要积极参与智能用电相关国际标准的制定，更多地开展领域内的国际化交流，分享各自领域的经验与想法，促进智能用电的全球化大发展。

5.7 降低配电网线损的管理措施

线损率是电力企业的一项综合性的指标，其高低直接反映了本企业电网的规划设计、生产技术和运营管理水平。在"两网"改造后，由于电网的结构趋于合理，电网各元件的损耗接近于经济、合理的水平。因此，降低线损的主要工作就是加强线损管理，进一步规范营业标准，严格线损考核，加强计量管理，积极开展用电普查和反窃电工作，堵漏增收，使线损最小化。

5.7.1 线损管理的组织措施

（1）加强线损管理的具体措施

加强线损管理的具体措施如下：

1）建立线损管理体系，制定线损管理制度。由于线损管理工作是一项较大的系统工程，它涉及面广，涉及的部门较多。因此，必须建立全局性的线损管理体系，制定线损管理制度，明确各部门的分工和职责，制定工作标准，共同做好线损管理工作。

2）加强基础管理，建立健全各项基础资料。通过经常性地开展线损调查工作，可进一步掌握和了解线损管理中存在的具体问题，从而制定切实可行的降损措施。

3）开展线损理论计算工作。通过开展线损理论计算，全面掌握各供电环节的线损状况及存在的问题，为进一步加强线损管理提供准确可靠的理论依据。

4）制订线损计划，严格线损考核。各单位应建立健全线损管理与考核体系，定期编制并下达综合线损、网损、各条输配电线路、低压台区的线损率计划，并认真考核兑现，努力提高线损管理人员的工作积极性。

5）开展线损小指标活动。根据国家电网有限公司《电力网电能损耗管理规定》中的线损小指标内容，分解落实到有关部门，并认真考核，做到人人都关心线损工作。

6）建立各级电网的负荷测录制度。测录的负荷资料可用于理论计算、计量表计的异常处理和电网分析，确保电网安全经济运行。

7）加强计量管理，提高计量的准确性，降低线损。要求各级计量装置配置齐全，定期进行轮换和校验，减少计量差错，防止由于计量装置不准引起线损波动。

8）定期开展变电站母线电量平衡工作。各单位应确定专人定期开展母线电量平衡工作，统计中发现母线电量不平衡率超过规定值时，应认真分析，查找原因，及时通知有关部门进行处理，特别是关口点所在母线和 10 kV 母线，其合格率应达到 100%。

9）合理计量和改进抄表工作。线损率的正确计算与合理计量和改进抄表方法有密切关系，因此应做好以下几个方面的工作：

① 固定抄表日期。因为抄表日期的提前和推后会严重影响当月售电量的减少或增加，使线损率发生异常波动，不能真实反映线损率的实际水平。因此，对抄表日期应予以固定，不得随意变动，在条件允许时，尽量扩大月末抄表的范围。

② 提高电表实抄率和正确率。做到正确抄表，预防错抄、漏抄、估抄和错标倍率现象发生。

③ 合理计量。对高压供电低压计量的客户，应逐月加收客户专用变压器的铜损和铁损，做到计量合理。

④ 建立专责与审核制度。坚持每月的用电分析工作，对客户电量变化较大的，特别是大电力客户，要分析原因，防止表计异常或客户窃电现象发生。

10）组织用电普查，堵塞营业漏洞。进行用电普查，以营业普查为重点，查偷漏、查卡账、查互感器变比、查电能表接线和准确性，以及查私自增加变压器容量等，预防电量丢失。

11）开展电网经济运行工作。根据电网的潮流分布情况，合理调度，及时停用轻载或空载变压器，利用无功电压管理（AVC）系统投切电力电容器，努力提高电网的运行电压，降低网损。

（2）降低管理线损的重点工作

降低管理线损具体应抓好以下几个方面的工作：

1）加强计量管理，对电能表的安装、运行、管理必须认真到位，专责负责，努力做到安装正确合理，定时轮换校验，保持误差值在合格范围内，确保电能计量装置的准确性。

2）按时到位正确抄表，提高电能表的实抄率，杜绝估抄、漏抄和错抄现象的发生。

3）计量装置必须加封、加锁，采取防盗措施。

4）加强用户的用电分析，及时发现问题，解决问题，消除隐患。

5）定期进行用电普查，对可疑用户重点检查，堵塞漏洞。

6）加强电力法律法规知识宣传，消灭无表用电和杜绝违章用电，严肃依法查处窃电。

（3）线损管理的组织措施

由于线损工作涉及的部门较多，为使各部门之间能够相互协调，互相配合，积极工作，根据国家电网有限公司《电力网电能损耗管理规定》中第二章第一条规定："各分公司、电力集团公司、省（自治区、直辖市）必须建立健全线损领导小组，由公司主管领导担任组长。领导小组成员由有关部门的负责人组成，分工负责、协同合作。日常工作由归口管理部门负责，该部门必须设置线损管理岗位，配备专责人员"。

（4）省、市电力公司线损管理的职责

省、市电力公司线损管理的职责如下：

1）负责贯彻国家和国家电网有限公司的节能方针、政策、法规、标准及有关节电文件，并监督、检查下属单位的贯彻执行情况。

2）制定本地区的降损规划，组织落实重大降损措施。

3）制定线损管理制度，核定下属单位的线损率计划指标，并认真考核。

4）总结交流线损工作的管理经验并分析降损效果及存在的问题，提出改进措施。

5）组织下属单位开展线损理论计算和降损节电劳动竞赛活动。

6）负责本单位电网关口计量点的设定，并提出关口计量管理要求，确保电能计量的准确性。

7）定期汇总、分析线损完成情况，根据存在的问题制定降损措施，并组织实施。

8）节能领导组的日常工作由归口管理部门办理。

（5）地市县电力公司线损管理的职责

地市县电力公司线损管理的职责如下：

1）认真贯彻上级节能方针、政策、法规、标准及有关节电文件，并负责监督、检查基层单位（部门）的贯彻执行情况。

2）负责编制并实施本单位降损规划和降损措施计划。

3）制定本单位线损管理与考核办法，并认真落实。

4）根据省、市电力公司下达的年（季）度线损率计划指标，分解下达本单位的线损率计划，努力完成上级部门下达的线损率计划指标。

5）坚持每季（月）度召开线损分析例会，总结交流线损工作经验，提高管理水平。

6）按期向上级报送线损分析和总结材料。

7）组织线损理论计算和开展降损节电劳动竞赛活动。

8）定期开展线损调查工作，根据存在的问题提出改进措施。

9）负责本单位电网关口计量点的设定，并提出关口计量管理要求，确保电能计量的准确性。

（6）生产部门线损管理的职责

生产部门线损管理的职责如下：

1）参与线损率计划的审定和定期分析工作，负责本单位的网损管理工作。

2）负责编制技术降损措施计划，并组织实施。

3）负责电压、无功综合管理，合理配置无功设备和调压设备。

4）负责设备的检修管理，监督检查检修质量，开展带电作业。

5）组织有关部门按期进行线损理论计算工作。

6）推广各种降损技术措施，积极采用降损的新技术、新设备、新材料、新工艺。

7）负责变电站站用电管理。

8）负责各变电站做好电能平衡工作。

9）负责对各变电站抄表工作的管理，抄表到位，正确率达 100%。

（7）计划部门线损管理的职责

计划部门线损管理的职责如下：

1）参与线损率计划的审定和定期分析工作，具体负责线损率计划的下达等工作。

2）负责降损近期、长远规划的制定和年度降损项目的立项工作。

3）负责统计、分析线损完成情况，定期上报线损统计报表。

4）负责各类关口表计的确定、下达、统计和管理。

5）负责统计自备发电厂的发电量。

（8）农网线损管理的职责

农网线损管理的职责如下：

1）负责做好农网的规划和技术改造。

2）会同有关部门做好农电线损指标的考核和管理。

3）负责农村低压台区的线损管理工作。

4）负责农网无功设备的配置和管理。

（9）用电营销部门线损管理的职责

用电营销部门线损管理的职责如下：

1）负责组织营业普查和稽查工作，减少营业责任差错，防止窃电和违章用电。

2）严格抄表制度，固定抄表例日，提高月末及月末日 24 时抄见电量比重。

3）负责电能计量管理，确保电能计量的准确性。

4）监督并指导客户无功补偿设备的管理，防止客户向系统倒送无功电力；认真执行客户功率因数考核和奖惩制度。

5）会同有关部门做好配电网线损分线、分压、分台区管理工作。

6）负责城市低压台区的线损管理工作。

（10）调度部门线损管理的职责

调度部门线损管理的职责如下：

1）负责完成网损率计划指标，并接受检查。

2）编制、执行和调整电力系统的运行方式，做到经济运行。

3）负责电力系统的电压和无功潮流计算，做好无功电力调度和电压调整等工作。

4）参加拟定线损率指标和改进电力系统经济运行的措施。

5）负责电力网的线损理论计算，提出降低网损的技术措施和管理措施。

6）负责按月统计网损率，并分析网损率完成情况。

7）督促并指导下级调度部门做好网损管理工作。

（11）计量部门线损管理的职责

计量部门线损管理的职责如下：

1）负责对电能计量装置定期进行检验和轮换。

2）负责对小电厂上网电量关口、地对县关口、各类考核用关口、各类用户的计量装置进行维护和管理，并定期开展综合误差试验和电压互感器二次电压降测试。

3）积极推广装设失电压断流计时仪；提出并实施改进计量精度的措施。

4）逐月对变电站的母线进行电量平衡，并及时处理母线电量不平衡情况。

5）推广使用计量新技术、新设备。

6）负责对新装电能计量装置的设计审查和验收，使其符合 DL/T 448—2016《电能计量装置技术管理规程》的要求。

（12）线损专职（责）人员岗位职责

线损专职（责）人员岗位职责如下：

1）负责处理日常的线损管理工作。

2）根据上级下达的线损指标，编制本年度各单位年、季、月度线损指标，经线损领导小组讨论后，下达给调度部门和所属各供电单位执行。

3）不定期地组织开展线损调查工作，根据存在的问题制定降损措施。

4）会同有关部门编制本单位降低线损的措施计划，并督促实施。

5）定期组织线损技术培训，开展线损理论计算工作。

6）按期编写线损分析报告和工作总结，并报送上级主管部门。

7）组织有关部门检查线损工作和线损率指标的完成情况。

8）参加与降损节电有关的基础建设、技术改革等工程项目的设计审查。

9）拟定线损节电奖惩分配方案并检查线损节电奖惩的实施情况。

10）组织开展线损节电劳动竞赛活动。

5.7.2 线损指标的管理

（1）指令性计划

国家根据社会主义的基本规律，国民经济有计划按比例的发展规律、价值规律，以及其他经济规律的要求，对国民经济和社会发展的主要活动所下达的具有约束力的计划称为指令性计划。它主要适用于全民所有制单位。对于供电企业来说，指令性生产计划中只有售电量和线损两项指标。

（2）指导性计划

由各级人民政府或计划主管部门按隶属关系下达的，用以指导经济和社会发展的部分活动的计划称为指导性计划。它是国家实行计划管理的一种形式。这种计划不像指令性计划那样，由国家直接规定其任务，一般不具有强制性，如供电企业中售电量、售电均价、电费回收和线损率等指标。

（3）线损率考核的意义

线损率是供电企业的一项综合性的指标，线损率的高低直接反映了本企业的供电状况和管理水平。因此，加强对线损率指标的管理与考核，可进一步促进供电企业加强对线损的基础管理，完善各项制度和办法，优化电网结构，合理调度，提高电气设备的效率，调动线损管理人员的工作积极性，堵漏增收，降低线损。

（4）编制线损率计划的依据

根据上级供电企业下达的线损率计划，参照理论线损计算结果和前五年线损率实际完成值，考虑影响线损率升降的各种因素以及电网变化情况和降损技术措施落实情况，编制各单位线损率计划，经线损领导小组讨论、批准后，下达各单位执行。

线损率计划制订的依据如下：

1）将前五年每年的供电量和损失电量的累计值进行加权平均，计算出线损率并作为线损计划的基数。

2）依据下列影响线损变化的因素，对线损计划进行修正：

① 电网结构和运行方式的变化情况，如新设备投运、潮流变化增加的损失电量、客户计量装置位置的变更对线损的影响。

② 用电结构的变化情况，如大客户、无损电量的增加或减少对线损的影响。

③ 各级电压售电量与去年同期比较变化情况。

④ 上年线损实际完成值与线损计划比较情况。

⑤ 其他损失电量的变化，如用户抄表日期的变化、供售电量表计误差的变化、退补电量情况等。

⑥ 由于完成降损措施项目所减少的损失电量。

⑦ 各电压等级的理论线损值，包括固定损耗和可变损耗两部分。

⑧ 考虑线损考核期内的天气变化情况，该因素对供售电量存在不同期的影响较大。

⑨ 分析前三年影响线损变化的原因。

⑩ 参照国内有关线损率的标准和先进的线损率计划指标等。

（5）线损率计划的编制方法

线损归口管理部门根据上级下达的综合线损率计划，参照本单位各电压等级的理论线损计算结果和前三年的实际完成值，以及创一流企业的标准和同业对标的结果，考虑影响线损率升降的各种因素，编制本单位综合线损、主网线损、220 kV 网损、110 kV 网损、35 kV 网损、10 kV 网损、单条 10 kV 线路、各公用台区低压线损率计划指标。经本单位线损领导小组讨论后，下达各单位执行，并严格考核。

编制线损率计划是指根据以往期间内达到的指标值，以及由各种变化因素计算出来的指标值，并与线损率定额进行比较来编制。具体如下：

1）网络结构和运行方式的变化情况，如新设备投入运行增加的损耗电量、用户计费表计位置的变更对线损电量的影响。

2）各级电压（110 kV 及以上和 35 kV 及以下）售电量同上期比较变化情况。

3）其他损耗电量的变化，如用户抄表日期的变化、供售电量表计误差的变化、退补电量情况等。

4）由于完成降损措施项目所减少的损耗电量。

5）由线损理论计算求得各电压等级（110 kV 及以上和 35 kV 及以下）的固定损耗和可变损耗理论值，它是编制线损率计划的理论依据。

根据上述变化因素按下列公式编制线损率计划：

$$下期损耗电量=(下期售电量/本期售电量)^2×本期可变损耗电量$$
$$+本期固定损耗电量+本期不明损耗电量-降损节电量$$
$$+其他网络结构和运行方式变动因素影响的损耗电量 \quad (5-86)$$

$$下期线损率计划=\frac{下期损耗电量}{下期损耗电量+下期售电量}×100\%$$
$$=\frac{下期损耗电量}{下期供电量}×100\% \quad (5-87)$$

最后对线损率进行核对。

（6）线损考核的方式

为加强基层单位的线损管理，提高线损管理人员的工作积极性和责任心，对线损管理人员的考核是必不可少的。但是，由于各单位线损管理的体制不同，线损考核的方式也不同，在此所介绍的线损考核方式仅作参考使用。

线损考核的方式主要有经济考核、责任考核、线损抵押金考核和业绩考核等。

（7）经济考核方式

经济考核方式是将线损率与线损管理人员的工资挂钩，采用月考核、季兑现考核方式。经济考核方式又分为4种，分别是：

1）以变电站出口供电量或低压台区总表为基数，减去按线损率计划计算的损失电量，剩余部分作为被考核单位的售电量，再将售电量与售电均价计划相乘，即得出被考核单位应上缴的电费。如果被考核单位放松了管理，造成电量的亏损，亏损部分全部由被考核单位从个人工资中支付。计算公式为

$$应上缴的电费=供电量×(1-线损率计划)×售电均价计划 \quad (5-88)$$

2）以变电站出口供电量或低压台区总表作为供电量，由线损率计划计算售电量，将计算的售电量与实际售电量比较，多损（或少损）电量部分按实际电价构成比例计算补交（或退还）电费、全额兑现。计算公式为

$$计算售电量=供电量×(1-线损率计划) \quad (5-89)$$
$$多损电量=计算售电量-实际售电量 \quad (5-90)$$
$$补交电费=多损电量×实际电价构成比例 \quad (5-91)$$

3）以线损率计划作为基数进行考核，就是将实际完成线损率与计划相比较，用多损（或少损）电量与售电均价计划计算考核金额，多损部分全部由被考核单位或个人负担，少损部分按40%进行奖励。计算公式为

$$多损(或少损)电量=供电量×(实际线损率-线损率计划) \quad (5-92)$$
$$扣发工资金额=多损电量×售电均价计划 \quad (5-93)$$
$$奖励工资金额=少损电量×售电均价计划×40\% \quad (5-94)$$

4）线损考核是按实际线损率与计划相比，每超过或降低1个百分点扣奖被考核单位或个人相应工资的方法进行。

（8）责任考核方式

责任考核就是将线损率考核与个人的岗位挂钩，规定如果被考核人连续三个月完不成线损率计划时通报批评，连续六个月完不成线损率计划时将责令下岗，调离工作岗位。

（9）线损抵押金考核

线损抵押金考核就是在每年初对线损管理人员抵押部分资金，然后将实际线损与计划比较进行考核，年底如果完成线损率计划将双倍给予奖励，否则抵押金全部扣除。

（10）业绩考核

业绩考核就是将线损管理的内容分为两部分，即线损率指标（包括综合线损率、主网线损、220 kV 网损、110 kV 网损、35 kV 网损、10 kV 网损、单条 10 kV 线路、各公用台区低压线损率计划指标）和工作质量进行考核，采用百分制形式，将考核分数与管理人员的工资和奖金挂钩，实行月考核、季兑现，考核时以 100 分为基本分，每降低 1 分可扣减相应的工资或奖金，只罚不奖。

（11）实行分压、分线、分台区管理与考核

为进一步加强线损的过程管理，实现集团化运作、集约化发展、精细化管理的目标，在线损管理方面，实行分压、分线、分台区管理与考核，可有效、准确、及时地发现线损管理过程中存在的问题，以便及时采取针对性的措施，将问题消灭在萌芽状态，努力提高线损管理的工作效率和工作质量，真正从根本上改变以往的粗放性管理，实现细化管理。

1）加强组织领导。各单位应成立由行政一把手或生产经理为组长的线损领导小组，建立健全全局性的线损管理体系和考核体系，制定和完善线损管理办法和考核办法，明确各部门的职责和工作标准，定期召开线损领导小组会议，处理线损管理过程中出现的重大问题，制定降损措施，并监督实施。

2）强化基础管理。各单位应重点抓好以下工作：

① 完善各变电站主变压器三侧、母线进出线、公用配电变压器低压侧计量装置。

② 开展线损调查和用电普查工作，摸清各电气设备和输配电设备的技术参数，建立健全电气设备台账，查清每条配电线路所连接的配电变压器的台数，分清公用变压器与专用变压器。

③ 加强变电站站用变压器的管理，完善计量装置，理顺生产用电与生活用电及其他用电的关系。

④ 强化变电站母线电量平衡工作，有条件的单位可实施母线电量平衡的在线计算，监督检查计量表计的运行准确性。

⑤ 弄清和理顺分压、分线、分台区管理与考核的关系，不能存在电量跨压、跨线、跨台区现象。

⑥ 查清每台公用配电变压器所连接的用户数。

⑦ 按线路、配电变压器分列抄表卡（已实现计算机电费开票的，计算机内按线、按变压器分列户号）。

⑧ 固定各级关口、变电站的各表计、专用变压器用户、配电变压器总表与低压用户抄表时间，将两者相对应。

⑨ 按不同电压等级、输配电线路，每台配电变压器要分别制订线损率考核计划。

⑩ 按电压等级、输配电线路、按配电变压器分别统计供电量、售电量、线损电量和线损率。

⑪ 制定线损分压、分线、分台区管理的奖惩办法。

3）认真做好线损分压、分线、分台区管理。

① 制定并下达分压、分线、分台区线损率计划，确定管理目标。

② 层层签订线损分压、分线、分台区管理责任书，做到人员到位，责任到位，考核到位。

③ 抓住典型，推动线损分压、分线、分台区管理的真正落实。

④ 选准突破口，把"分"作为首先要抓住并且必须要解决的主要矛盾，只有"分"才能定人定岗，才能严格考核，才能将线损管理落到实处。

⑤ 加强电网的规划建设、客户的报装管理，保证线与变、变与户时时相对应。

⑥ 固定变电站、配电变压器总表和客户的抄表时间，定期检查抄表情况，不得发生估抄、漏抄和错抄现象。

⑦ 认真做好线损的统计工作，要真实反映线损率的实际完成情况，为管理提供准确可靠的依据。

⑧ 每月召开线损分析例会，公布分压、分线、分台区线损的实际情况，并按照奖惩办法的有关规定考核兑现。

（12）对专线非专用线路也要进行线损考核

对专线非专用线路，由于线路的产权属于客户所有，计量点应安装在线路的产权分界点，即变电站的出口端。线路的线损应由客户按用电量比例进行分摊。如果某一客户计量装置出现故障或客户窃电，势必造成本线路的线损增大，而增加的线损由其他客户承担，这样容易造成其他客户的不满情绪，易形成多户窃电的状况。因此，加强对专线非专用线路的线损考核，落实管理人员，对预防客户窃电，提高供电企业的服务水平有着重大意义。

（13）线损小指标

线损小指标包括以下几个方面：

1) 关口电能表所在的母线电量不平衡率。

2) 10 kV 及以下电网综合线损率及有损线损率。

3) 月末日 24 时抄见售电量的比重。

4) 变电站（所）用电指标。

5) 变电站高峰、低谷负荷时功率因数。

6) 电压合格率。

（14）线损小指标的计算方法及要求

1) 母线电量不平衡率的计算及指标要求。计算公式为

$$母线电量不平衡率(\%) = \frac{输入电量 - 输出电量}{输入电量} \times 100\% \qquad (5-95)$$

式中，输入电量是指输入母线的电量（kW·h）；输出电量是指由母线输出的电量（kW·h）。

对变电站母线电量不平衡率的指标要求如下：

① 发电厂和 220 kV 及以上变电站母线电量不平衡率不应超过 ±1%。

② 220 kV 以下变电站母线电量不平衡率不应超过 ±2%。

③ 关口点所在母线电量不平衡率的合格率为 100%。

④ 10 kV 母线电量不平衡率的合格率为 100%。

2) 月末及月末日 24 时抄见电量比重。计算公式为

$$月末及月末日 24 时抄见电量比重(\%) = \frac{月末及月末日 24 时抄见电量}{月售电量} \times 100\% \quad (5-96)$$

要求月末及月末日 24 时抄见电量比重在 70% 以上。

3）变电站站用电率。计算公式为

$$站用电率(\%) = \frac{月、季、年站用电量}{月、季、年变电站主变压器供电量} \times 100\% \quad (5-97)$$

站用电率由各变电站统计并上报有关单位。

4）变电站高峰、低谷负荷时功率因数。变电站高峰、低谷时功率因数的计算方法分别为

$$高峰功率因数 = \frac{高峰有功电量}{\sqrt{高峰有功电量^2 + 高峰无功电量^2}} \quad (5-98)$$

$$低谷功率因数 = \frac{低谷有功电量}{\sqrt{低谷有功电量^2 + 低谷无功电量^2}} \quad (5-99)$$

一般要求地区电网的高峰功率因数不小于 0.95，低谷功率因数不大于高峰功率因数。

5）电压监测点电压合格率。电压监测点分系统电压监测点（中枢点）和供电电压监测点，系统电压监测点（中枢点）由系统调度部门确定，供电电压监测点按《电力系统电压和无功电力管理条例》中有关规定确定。

$$对一个监测点电压合格率(\%) = \frac{电压合格时间}{运行时间} \times 100\% \quad (5-100)$$

$$电压合格时间 = 运行时间 - 电压不合格时间 \quad (5-101)$$

日、月、季、年电压合格率分别对应日、月、季、年监测点的运行时间和监测点电压合格时间进行计算。

系统电压监测点、供电电压监测点电压合格率指同级电压监测点电压合格率的算术平均值，即

A 级电压监测点电压合格率(%) =

$$\frac{A_1 级电压监测点合格率(\%) + A_2 级电压监测点合格率(\%) + \cdots + A_n 级电压监测点合格率(\%)}{n} \times 100\%$$

$$(5-102)$$

5.7.3　线损的统计与分析

1. 线损率统计的主要内容

线损率的统计是指对线损率实际完成情况的统计计算（即线损报表），是加强线损管理的基础，没有准确、真实、全面的线损统计，线损分析工作就失去意义，就无法根据线损率的完成情况发现问题，从而解决问题，提高线损管理水平。因此，做好线损率的统计、分析工作对进一步加强线损管理有着重要的意义。

线损率统计计算的内容及要求如下：

1）35 kV 及以上输电线路、变电站联络线的线损率及功率因数。

2）10 kV 配电线路的线损率及功率因数。

3）各变电站的有损线损率、综合线损率及功率因数。

4）变电站的母线电量不平衡率。

5）变电站主变压器电能损耗。

6）计量表计不在产权分界点的专用线路线损率及功率因数。

7）专线非专用线路的线损率及功率因数。

8）城市和农村低压台区线损率。

9）各电压等级（如500kV、330kV、220kV、110kV、35kV等）网损率及功率因数。

10）全公司综合线损率及功率因数。

11）线损小指标完成情况等。

2. 对线损率的统计要求

对线损率的统计要求如下：

1）利用现代化手段实现线损率自动生成，减少人为干预。

2）有条件的企业实现线损率在线计算。

3）实现分压、分线、分台区计算线损率。

4）要求基础数据（如供电量、售电量）准确、真实。

5）计算出的线损率、功率因数数据准确。

6）对表计或互感器的变更、表计异常等现象，应及时补退电量。

7）旁路母线带负荷时，要及时调整电量。

3. 线损管理应具备的各种报表

线损管理应具备的各种报表如下：

1）电力线路供电损失统计月报表（分电压等级统计）。

2）电力线路（供售对应）供电损失统计月报表。

3）城市线路分台区线损考核报表。

4）供电所低压线损统计报表。

5）线损小指标完成情况统计表。

6）变电站供电关口电能表分时段电量月报。

7）变电站供电量计算及母线电量平衡表。

8）变电站的运行月报。

9）电容器可用率报表。

10）电压合格率统计报表。

11）变电站功率因数统计报表。

12）变电站站用电率统计报表。

4. 线损分析

线损分析是指在线损管理中，将线损完成情况与线损指标、理论线损、上月实际完成值、去年同期值、国内先进指标、国家一流标准进行比较，查找线损升降的具体原因，根据存在的问题制定降低线损的措施等工作。

线损分析的目的在于确定配电系统结构运行的合理性，找出配电系统结构、配电系统运行、设备性能、计量装置和用电管理等方面存在的薄弱环节，以便采取相应的降损措施。线损分析的方法主要是采用对比的方法，并与理论计算相结合，与查阅有关技术资料及营业账目相结合，还应进行实地调查等。

5. 线损分析的基本模式

线损分析的基本模式有以下几个方面：

1）主要对本月实际完成值和累计值进行分析。

2）要求与计划值、同期值、理论线损值进行比较分析。

3）节能降损效益分析。

4）目前存在的问题及降损措施。

6. 线损分析的主要项目

线损分析的主要项目包括：

1）对网损分析应分别按输、变电设备进行分压、分线、分主变压器进行分析，将实际线损值与理论值和去年同期值比较，找出线损升高或降低的原因，明确主攻方向。

2）对配电线损应按分线、分台区进行，将实际线损值与理论值、计划值和去年同期值比较，考虑供、售电量不同期因素，查找线损波动原因，制定降损措施。

3）分析在公用配电线路上大电力客户电量变化对有损线损率的影响。

4）无损电量的变化对线损率的影响。

5）供、售电量不对应对线损波动的影响。

6）本年度完成的技术降损项目对线损率的影响。

7）开展用电普查、堵漏增收对线损率的影响。

8）母线电量不平衡情况对线损率的影响。

9）抄表不到位、表计异常、核算差错或退补电量对线损率的影响。

10）改变抄表时间对线损率的影响。

11）电网结构的变化对线损率的影响。

通过以上各项分析，查找在管理和技术上存在的问题，并提出切实可行的降损措施。

7. 线损分析的具体内容

（1）综合线损率分析

1）统计本月综合线损率完成情况，本月综合线损率与计划值和去年同期值比较变化情况，计算与计划值和去年同期值相比多损或少损电量，具体分析本月综合线损率升高或降低的原因。

2）累计综合线损率完成情况，累计综合线损率与计划值和去年同期值相比变化情况，计算与计划值和去年同期值相比多损或少损的电量，具体分析累计综合线损率升高或降低的原因。

（2）网损率分析

1）统计本月各电压等级网损率完成情况，与计划值和去年同期值相比变化情况，计算与计划值和去年同期值相比多损或少损电量，具体分析本月网损率升高或降低的原因，要求各单位按输电线路或变电站进行分析，查找线损率变化的原因。

2）累计各电压等级网损率完成情况，与计划值和去年同期值相比变化情况，计算与计划值和去年同期值相比多损或少损电量，具体分析累计网损率变化的原因。

（3）10 kV 有损线损率分析

1）统计本月 10 kV 有损线损率完成情况，与计划值和去年同期值相比变化情况，计算与计划值和去年同期值相比多损或少损电量，具体分析本月 10 kV 有损线损率升高或降低的原因。

2）累计 10 kV 有损线损率完成情况，与计划值和去年同期值相比变化情况，计算与计划值和去年同期值相比多损或少损电量，具体分析累计 10 kV 有损线损率升高或降低的原因。

3）对超标线路进行分析。分析每条线路线损率超标的原因，特别是实际线损率比理论线损率高 2 个百分点及以上的线路，要找出线损率高的具体原因，并制定相应的措施。

4）低压台区线损率分析。由于低压台区的供电量与售电量抄表时间是一致的，不存在电量不对应因素，因此在进行低压台区线损率分析时，应重点对本月低压线损率的完成情况进行分析。要求将本月低压线损率与计划相比，与去年同期相比以及与理论线损值相比，并分析线损率升高或降低的原因。

5）母线电量不平衡分析。统计本月母线电量不平衡情况，对超标母线要具体分析超标原因，制定相应措施。

6）简要说明上月降损措施的落实情况、线损管理的重点工作，以及取得的效益，做到闭环管理。

7）安排下月的重点工作及措施，通过对各项线损完成情况以及存在的各种问题的分析，有针对性地提出下月或近期降损工作的重点及措施，并认真落实。

8. 线损指标的分析内容

比较本期与上期的线损率指标和本期线损率统计值与计划值之间的差异，是指标分析的基本内容。指标分析可以从以下 5 个方面进行：

1）售电量增减及用电类别与电压构成的变化。
2）电力系统的运行方式、潮流分布和电力网结构的变化。
3）降损措施和工程投产的影响。
4）新增大用户的影响。
5）更换系统主要设备元件的影响。

9. 网损分析的主要内容

网损是指电力网各设备的电能损耗，它是综合线损的组成部分，一般情况下网损率可达 2% 左右。加强网损的管理与分析对降低线损、提高效益有着重大意义，如果网损发生异常，应通过以下步骤进行分析：

1）按电压等级进行分析。一般情况下，网损包括 500 kV 网损、220 kV 网损、110 kV 网损和 35 kV 网损这 4 部分，在准确做好线损统计的条件下，将各电压等级线损率分别与前三个月线损完成情况进行比较，找出线损发生异常的电压等级。

2）在线损发生异常的电压等级中，计算各变电站、输电线路、主变压器损耗和线损率，并分别与前三个月线损完成情况进行比较，找出线损异常的电网元件。

3）如果输电线路线损较高，应查明是线路的参数（如导线型号、长度）发生变化造成的，还是本线路的负荷发生变化造成的。如果本线路带有变电站，应检查变电站的线损是否发生异常、站内主变压器三侧的计量装置运行是否正常、电压互感器有无断相或三相全部断开的情况等。

4）根据检出的异常现象，查阅变电站的运行记录，找出发生异常的起始时间和终止时间，并根据实际情况追补电量。

10. 对地区线损构成进行分析

为加强对地区线损的管理，应定期对地区线损的构成进行合分析，查找薄弱环节，制定措施并进行整改。对地区线损构成分析应包括以下内容：

1）对输、变电线损应分压、分线进行分析。

2）对配电线路应分区、分站、分线或分台区（以配电变压器供电范围划分）进行分析。

3）对地区电网的空载损耗和负载损耗进行分类分析，计算空载线损率和负载线损率等。

11. 对电网结构进行分析

对电网结构分析时，首先要按电压等级统计线损率，并且对不同的供电结构，特别是对双绕组、三绕组变压器各种减压和连接方式所对应的供电量、线损率进行统计分析，找出改变供电结构、降低线损的途径。

12. 对配电线路的线损进行分析

由于配电线路数量大，覆盖面较广，引起线损波动的主要因素就是配电系统的线损波动，为此，加强对配电系统的线损分析对查找原因、堵塞漏洞、降低线损有着重要作用。

对高损线路分析的方法如下：

1）根据变电站出口供电量与实际线损率计算配电线路的损失电量。

2）将实际线损率与理论线损和线损率计划值相比，如实际线损率比理论线损率高 2 个百分点以上，或实际线损率超过线损率计划，应重点进行分析。

3）根据变电站母线电量不平衡情况，判断变电站出口供电量表计运行是否正常。

4）分析检查本线路有无串带其他线路供电的现象。

5）计算由于抄表时间不对应引起的错月电量。

6）检查本线路本月有无退补电量现象，计算退补电量的影响程度。

7）计算各低压台区的低压线损率。

8）计算所有低压台区的合计损失电量和线损率。如果合计线损率较高，应分别对各台区的线损进行分析，重点分析损失电量较大或线损率较高的台区，查找是总表原因还是客户原因，根据存在问题采取措施；如果合计低压线损率不高，应从高压线损入手进行分析。

9）根据变电站出口供电量与配电变压器的总表计算本线路高压综合线损率和损失电量。

10）如高压综合线损率较高，应从专用变压器着手，计算专用变压器的用电量占总供电量的比例，以及专用变压器的用电量与前 2~3 个月相比电量变化情况。如专用变压器电量变化较大，应查明电量变化大的变压器有哪些，特别是电量减少幅度较大的变压器，然后逐台进行分析，查找原因。

经过以上分析，对发生异常的公用台区或专用变压器应组织人员进行用电普查和线损调查，根据存在的问题制定降损措施。

13. 对售电量的构成进行分析

对售电量的构成进行分析的方法如下：

1）对地区线损应分析向邻近地区输出的供电量（即过网电量）对地区线损的影响。

2）对无损售电量占总售电量的比例进行分析，分析比例的变化情况对线损率的影响。

3）按线路或大用户对售电量进行分析，售电量变化在 20%以上的，应分析原因。

14. 对台区低压线损的分析

对台区低压线损进行分析的方法如下：

1）根据台区总表和客户的售电量计算低压线损率。

2）将实际线损率与理论线损和线损率计划值相比，如实际线损率比理论线损率高 2 个百分点以上，或实际线损率超过线损率计划，应重点进行分析。

3）检查台区供电量总表运行是否正常。

4）分析检查本台区有无串带其他台区客户的现象。

5）检查本台区本月有无退补电量，计算退补电量的影响程度。

6）有条件的台区按线路走向分别计算各出线的损失电量和低压线损率，以便于分析原因。

7）分析各客户的用电情况，对售电量变化较大的客户，应重点分析，查找原因。

8）根据分析的结果开展用电普查和线损调查，制定切实可行的降损措施。

15. 影响线损波动的原因分析

影响线损波动的因素较多，主要有以下两种：

1）管理因素。如供、售电量的差错，计量漏洞，抄表制度，抄表日期的变动等。要求：①抄表日期应固定，并努力提高月末及月末日 24 时抄见电量比重，如能做到供、售电量统一时间抄表，则为最佳方案；②抄表人员必须亲到现场抄表，做到不漏抄、不错抄、不误乘倍率，计算准确，严禁估算、代抄和电话要数（特殊情况除外，但也要每季或半年到现场核对一次）。

2）技术因素。如负荷的增减、运行方式的变化、电压的高低、用电负荷性质的变化、负荷率的高低等因素。

为了使线损率真实、准确、有可比性，应切实做好线损理论计算，通过计算掌握线损率的变化规律，开展线损分析活动并进行对比，即实际与计划、实际与额定、理论与实际、本期与上年同期、本系统与条件相似的其他系统对比等。

16. 影响线损率升高的主要因素

影响线损率升高的主要因素有以下几个方面：

1）由于供、售电量抄表时间不一致引起的错月电量（或不对应电量）。

2）售电量抄表时间按抄表例日提前抄表，造成售电量减少。

3）改变了原来的正常运行方式，以及系统电压低造成损失增加。

4）由于季节、负荷变动等使电网负荷潮流有较大变化，引起线损增加。

5）一、二类电能表有较大误差（如供电量正误差、售电量负误差）。

6）本期有冲退售电量现象。

7）供、售电量统计范围不一致，如供电量的统计范围大于售电量的统计范围。

8）供电量表计底码多抄或错抄，造成供电量增大。

9）变电站的站用电用电量增加。

10）无损用户的用电量减少。

11）存在客户窃电现象等。

17. 供、售不对应电量的形成与计算方法

对于 10 kV 公用配电系统而言，由于供电量表计一般在变电站数量有限而且集中，抄表时间一般固定在每月的月末日 24 时或 25 日的 24 时。而售电量由于计量表计较多（高达几万或几十万）而且比较分散，不可能在月末日一天抄完，同时对抄回的表计还要进行核算和收费，这样就决定了售电量表计必须分开轮流抄表，存在供电量与售电量抄表时间不对应，将引起供、售不对应电量。

如某一单位供电量抄表时间为每月的 25 日，售电量抄表时间为每月的 5 日，比如在统计 4 月份线损电量时，供电量抄表时间为 4 月 25 日，表计记录电量的时间为 3 月 25 日—4 月 25 日，而售电量抄表时间为 4 月 5 日，统计电量的时段为 3 月 5 日—4 月 5 日，在此期间供售对应的时间只有 10 天，即 3 月 25 日—4 月 5 日，不对应时间为 20 天，即 4 月 5 日—4 月 25 日。

由于供电量与售电量抄表时间不统一，在计算线损时存在不对应电量，计算不对应电量的方法有以下两种，仅供参考。

方法一：如果有条件，在抄录售电量表计时同一天抄录供电量表计，此时计算出的供电量为对应供电量。

$$本月不对应电量=本月月末抄表供电量-本月对应供电量$$
$$累计不对应电量=累计月末抄表供电量-累计对应供电量$$

方法二：如果本单位没有对应供电量数据。应采用以下方法计算。

本月不对应电量

=（本月总有损供电量-上月总有损供电量）×（1-10 kV 有损线损率计划）

×（1-10 kV 公用配电线路月末抄表客户用电量占本月总有损供电量的比例）

累计不对应电量

=（本月总有损供电量-去年 12 月份本月总有损供电量）×（1-10 kV 有损线损率计划）

×（1-10 kV 公用配电线路月末抄表客户用电量占累计总有损供电量的比例）

18. 影响供电量准确的因素

在抄录或计算供电量时，容易发生差错的因素主要有倍率错误、表计底码抄错、计算错误、电能表轮换后新旧表计底码抄错、计量方法错误、送电与受电相互抄错、电话误报或误听数字，以及旁路开关带负荷、电压互感器缺相、电能表停转或走慢漏计电量等。

19. 10 kV 有损线路中大电力客户由于规模增大变为无损线路时，对 10 kV 有损线损率的影响

对 10 kV 有损线路中部分大电力客户，由于生产规模的扩大，用电容量和用电负荷的增加，公用线路已不能满足其用电的需要，需要新建专线为其供电。在这种情况下，10 kV 公用线路上的大电力客户电量会随之减少，从而影响 10 kV 有损线损率的增加。影响线损率升高的计算方法如下：

1）计算或统计 10 kV 公用线路倒出时本线路大电力客户的用电量。

2）计算该电量所产生的损失电量，即

影响的损失电量=倒出时本线路大电力客户的用电量×倒出前本线路的线损率

3）计算影响 10 kV 有损线损率升高的百分点，即

影响 10 kV 有损线损率升高的百分点=影响的损失电量/10 kV 总有损供电量×100%

20. 无损电量对线损的影响

（1）无损电量的变化对综合线损的影响分析

如图 5-23 所示。设系统有损部分总供电量为 A，损耗电量之和为 ΔA，总的售电量为 A_Σ，无损电量占总售电量比例为 p，则有损线损率 $\Delta A\%$ 满足下式：

$$(1-\Delta A\%)A=(1-p)A_\Sigma$$

故可得

$$A_\Sigma=\frac{(1-\Delta A\%)A}{1-p}$$

又因综合线损率为 $\Delta A_z\%=\dfrac{\Delta A}{A+pA_\Sigma}$，将 A_Σ 表达式代入，得

$$\Delta A_z\%=\frac{\Delta A}{A+p\dfrac{(1-\Delta A\%)A}{1-p}}=\frac{\Delta A\%}{\left[1+\dfrac{p}{1-p}(1-\Delta A\%)\right]}$$

当 $\Delta A\%\leqslant10\%$ 时，将上式简化为

$$\Delta A_z\%\approx(1-p)\Delta A\%=\Delta A\%-p\Delta A\%$$

上式表明，有损线损率与综合线损率之差近似等于无损电量比率与有损线损率之乘积。

供电企业无损电量的变化对综合线损率将产生重大影响，无损电量增大将影响综合线损率降低，无损电量减少将影响综合线损率升高。如果无损电量的变化主要集中在高电压部分，如 110 kV 或 220 kV 以上时，对综合线损率的影响将更大。为此，准确计算由于无损电量的变化对综合线损的影响，可及时发现问题，并采取相应措施。

（2）无损电量的变化对综合线损的影响的计算

1）计算无损电量的变化造成网损电量的变化情况：

网损电量的变化量(±)＝无损电量变化量×本电压等级及以上网络的网损率

式中，网损电量的变化量是指由于无损电量的变化引起的网损电量的增加或减少量（kW·h），正值表示网损电量的增加量，负值表示网损电量的减少量；无损电量变化量是指本期无损电量与去年同期相比增加的电量（kW·h）。

2）计算无损电量的增加对综合线损的影响：

$$影响综合线损率(\pm)=\frac{本期损失电量-网损增加的损失电量}{本期供电量-无损电量增加量}\times100\%$$

正值表示影响综合线损升高的百分点，负值表示影响综合线损降低的百分点。

21. 抄表工作与线损的关系

按时准确地抄录电量是计算线损的基础，由于抄表时间不固定、实抄率低、错抄、漏抄、错计算、错统计等都会使售电量发生较大幅度的波动，从而影响线损的准确性，为此可进行以下几项工作：

1）稳定抄表日期。因为抄表日期提前或推后会使当月少抄或多抄电量，使线损率增高或降低，故应固定抄表日期，不得随意变动，在条件许可的情况下，尽量扩大月末及月末日 24 时抄表的范围。

2）提高电表实抄率和正确率。为此要提高抄表人员的思想认识和觉悟水平，减少和消

灭"锁门户",杜绝错抄、漏抄和错算倍率等现象的发生。

3）对高压供电低压计量的用户,应逐月加收客户专用变压器的铜损和铁损,做到合理计量。

4）建立审核制度,严格执行客户(特别是大电力客户)用电分析制度,对用电量变化较大的客户,应查明原因。

22. 大电力客户的电能表抄录

必须按规定日期到位正确抄表,如由于客观原因需要变动时,必须经过上级部门的批准,并将影响电量值报线损专责人,以便掌握线损变化因素并采取相应措施。对离抄表人员15 km 以内的电能表,不允许用电话或书信方式抄表,对以用电话或书信方式抄表者,最多三个月应到现场核对一次。大电力客户电能表抄录内容应包括以下几个方面:

1）抄表前必须核对表号、表位数与卡账记载是否相符。

2）按有功、无功电能表准确抄录指示数,抄完后再认真核对一遍。

3）核对电流互感器、电压互感器的变比与卡账是否一致。

4）计费的变压器容量与运行变压器容量是否相符。

5）抄需量表时必须抄录准确,并认真核对。

6）对有备用电源或高压备用设备的电能表,无论当时运行与否,都应该到位准确抄表。

如果在对大客户抄表时发现电量与平时相差悬殊,抄表人员应当立即向客户了解情况,做好记录;核对电能表表号、抄表指示数表计位数、倍数等是否与卡账相符;检查计量装置是否正常,客户有无窃电现象等。抄表人员对电量异常情况应于抄表日当天填写"异常报告单"报报装员,通知有关人员进行调查核实。

23. 固定抄表日期与线损的关系

线损电量等于供电量与售电量之差。供电量和售电量抄表时间是不统一的,供电量表都是月末抄表,而售电量的客户既多又分散,要统一在月末抄表是不可能的。一般大用户在月末抄表,中等用户在中、下旬抄表,小用户机关照明等均采取轮流抄表,抄表日期都是固定的,若不将抄表时间固定,必然要影响线损率的波动。如 2 月份供电量是 28 天,售电量有的客户为 31 天,则会造成本月线损率虚降(相应 3 月份虚增)。因此,抄表时间应予以固定,不得随意变动。

固定抄表时间有利于对线损的分析,通过与同期进行比较,找出线损变化的规律,及时发现问题,并立即采取措施使线损趋于稳定。如果抄表时间不固定,会使电量发生很大波动,从而影响线损的准确性。

24. 营业核算对线损的影响

计算线损的售电量主要来源于营业部门的核算,如果核算环节出现异常,致使售电量不准,将严重影响线损率的波动。影响售电量的因素主要有以下几个方面:

1）核算员录入客户表计底码错误。

2）客户倍率发生变化,未及时变更相应的核算资料。

3）由于客户表计异常,未及时将退、补电量计入售电量。

4）客户更换表计后,核算处理错误。

5）对加变压器损耗的客户,由于变压器容量发生变化,未及时调整应加的变损电量。

6）对客户漏算电量。

25. 开展线损调查工作的必要性

线损调查是线损管理不可缺少的重要环节，只有通过线损调查，深入了解线损管理方面存在的问题，才能为制定降损措施提供依据。为此，线损管理人员要不定期深入现场调查研究，组织并参与有关线损管理方面的各项活动，认真分析影响线损波动的各种因素并一一检查落实，从中发现问题，解决问题，这样线损管理的水平才能提高。

26. 对线损管理人员要进行业务培训

由于目前部分线损管理人员的业务素质存在一定的差距，特别是农村线路上的管理人员文化水平较低，对计量表计不会进行检查，不会装表，无法对表计的准确性做出结论，致使丢失电量现象时有发生。另外，随着科学技术的不断发展，线损管理新技术不断涌现，只有不断学习，加强业务培训，才能提高线损管理水平，提高工作质量和效率。

第6章 农村典型台区线损分析与计算

研究农网典型台区线损分析与计算，可以为农网台区降损措施的选择提供依据，有效减少因线损造成的经济损失，提高供电能力，降低线损率，保证电网高效安全运行，保障供电服务，大力提高电力企业的经济效益；而且，有利于满足农村日益增长的用电需求，建设合理的网络布局，实现短半径、小容量、密布点和多电源供电，实现农网配电变压器和用户的智能化检测，提升农村一户一表一台区的管理水平，建设农网配电线路智能化系统，促进配电自动化向低压台区和户表的延伸，推动农网降损升级工程建设和管理水平。

6.1 农村典型台区调研分析

台区作为末端供电单元，包含大量低压用户、低压配电线路及相关辅助设备，存在点多、面广、环境复杂等特点。为了分析台区线损并提出合理的降损措施，需要进行实地调研，开展台区的调研工作，一方面掌握各种典型线路、典型台区损耗的实际情况，制定针对性的解决方案，降低线路和台区损失；另一方面通过摸清典型线路和典型台区的真实损失率水平，为线损承包测算指标提供参考依据。本节主要对某省部分台区进行调研，根据人均售电量、供电半径以及变压器容量对台区进行分类，完成台区线损分析。

1. 农网存在的问题

（1）农村低压配电网的特点

全社会用电构成的变化、地区的产业结构以及居民负荷的差异是电力负荷特性最直接、最重要的影响因素。

1）缺乏长远规划，忙于应付现存问题。由于缺乏长远规划，农网配电变压器的选择不合理，低压线路迂回曲折，直接造成农网的损耗居高不下。没有考虑该地区的负荷增长，不能提前做好有效的负荷预测来指导选择变压器和线路的线径。

2）农网结构薄弱。农网多为辐射型网络，环网用得较少，负荷的转移能力较差，事故、检修的停电范围较大，供电可靠性较低。在很多供电区域采用的是单回路、单主变的供电方式，变电站间的联系不好，转供电能力差，部分地区的供电可靠性低于99%。虽然自1998年以来，实施了大规模的农网技术改造和设备的更新，选用了一部分新型的配电设备如真空或SF断路器，对改善和提高农村供电条件起到了一定作用，但是由于各地发展不平衡，在经济相对较落后的地区，新设备主要用于变电所中，而对于事故多发的户外配电线路并没有太大的改变。许多线路架设时间早，存在供电半径过长、技术水平低、设备老化严重、安全可靠性较差、线路损耗大、电能质量差、布局严重不合理等问题，有的线路上带有多台变压器，负荷分布不合理，常因一个用户故障导致整个线路停电。线路交叉跨越多，影响配电线路的安全经济可靠运行，大部分农网缺乏一个统一的规划。

3）设备陈旧，健康水平低，安全性及可靠性差。如农网运行的变压器多为高耗能型，有的地区占到了50%以上。部分地区农网中的低压架空线路仍然采用的是裸铝线，给广大农民的生命安全造成了极大的威胁。

4）电能质量差，线损率高。在偏远地区，供电线路长，损耗过多，导致电压偏低，负载不能正常工作，主要表现在异步电动机温度升高、照明灯变暗等。在经济较发达地区大量的工矿企业从城市中心迁移到城郊和农村地区，再加上农村居民家用电器的增多，大量整流装置的应用，使得传统的非线性设备和现代电力电子非线性设备大量投入，造成农网中的谐波问题日趋严重，农网电能质量严重下降，电能损耗显著上升。近年来，随着农网负荷的迅速增长，现有的配电网因导线过细、回路数少、配电变压器布点不足、无功补偿容量欠缺，电压合格率普遍偏低，在全国范围内，多数农村10 kV 配电网在正常运行的情况下低于96%。有的地区线损率高达10%以上。

5）农村用电峰、谷矛盾突出，季节性强，农电管理人员素质差，管理水平较低。农村乡镇企业用电主要为季节性农业用电，在负荷低谷期，配电变压器都处于"大马拉小车"运行状态，配电变压器无功损耗大，因此仍存在较大的线损率。

6）户内线整改与农网改造不同步，安全用电受到威胁，用电量增长受到限制。大部分农户户内配电线普遍存在截面偏小、接线混乱、导线使用多年绝缘老化破损的现象，深入调查发现有些农户甚至用胶质线和双绞线当作主配电线，一旦用上较大容量的家用电器，导线过电流发热是必然的。在保护设施上，许多农户无刀开关，只在进户线安装一只熔丝盒。由于安全用电得不到保证，因此发展农村用电市场，提高农村用电量的目标就难以实现。

（2）农网改造的重要性和特殊意义

目前我国农村电力网和农村供电电源共同组成农村供电系统。农村供电系统的输电和发电成本相对于城市较高。因为农村用户通常比较分散，而且供电、输电距离远，住户用电负荷密度不高，而且受季节和气候影响较大。这些情况造成农村当地用户使用的电能质量不高，输、送、变电设备容量的送电量较低。我国农村电力发展迅速，规模也在不断扩大，进程由快到慢，相应的技术手段和措施由早期落后到现今的日趋完善，电网坐落分布也由城乡分割初步走向城乡统筹。我国于1998年进行农网大规模改造，对农村陈旧电力基础设备进行更换，对电线进行重新铺设，基本改变了农网落后简陋的状态。国网乡镇地区在2003—2011年这8年时间，统计售电量增长了19倍，变压器容量增长了2.1倍，人均用电量增长了23倍。近几年，我国农村经济飞速发展，这使得进入城镇化速度加快，同时对电网的供电能力、供电水平要求越来越高。但是由于农村供电方式和设备还是以前的，较为陈旧老化，电网结构也较为薄弱，线损较大，电价过高，电能质量不能保证，这些都严重制约着农村经济发展以及居民生活水平的提高。为此国家电网有限公司表示进行农网改造升级刻不容缓。

2. 台区线损统计与分析

调研过程中，需要统计台区供电半径、配电变压器容量、总用户数量、供电量、总电能损耗等。基于统计数据，完成线损理论计算，并形成相关表格，见表6-1~表6-4，表中，差值=理论线损率（%）-实测日线损率（%）。

表 6-1　地区 1 的台区线损统计与分析

序号	台区名称	台区属性 （城网/农网）	供电半径 /m	配电变压器容量 /kV·A	总户数 /户	供电量 /kW·h	总损耗 /kW·h	理论线损率（%）	实测日线损率（%）	差值（%）
1	D-1 号台区	城网	63	315	505	1896	84	4.43	4.47	-0.04
2	D-2 号台区	城网	107	200	471	1347	61	4.53	4.75	-0.22
3	D-3 号台区	城网	116	200	294	1144	53	4.63	4.88	-0.25
4	D-4 号台区	城网	93	200	238	548	30	5.47	5.62	-0.14
5	D-5 号台区	城网	72	200	223	908	59	6.50	7.14	-0.64
6	D-6 号台区	城网	130	50	467	292	15	5.14	4.89	0.25
7	D-7 号台区	城网	73	200	386	1360	67	4.93	4.47	0.46
8	4D-8 号台区	城网	96	200	355	1410	95	6.74	6.47	0.26
9	D-9 号台区	城网	60	200	275	842	52	6.18	5.69	0.49
10	D-10 号台区	城网	177	315	708	2910	201	6.91	6.57	0.34
11	D-11 号台区	农网	204	315	529	1708	108	6.32	6.50	-0.18
12	D-12 号台区	农网	172	200	561	1432	74	5.17	4.93	0.23
13	D-13 号台区	农网	249	200	526	1362	92	6.75	6.46	0.30
14	D-14 号台区	农网	161	315	474	2054	103	5.01	5.15	-0.13
15	D-15 号台区	农网	179	200	415	931	57	6.12	5.58	0.54
16	D-16 号台区	农网	166	200	368	1304	60	4.60	4.31	0.29
17	D-17 号台区	农网	168	200	217	1100	74	6.73	6.63	0.10
18	D-18 号台区	农网	336	315	531	1823	138	7.57	8.04	-0.47
19	D-19 号台区	农网	278	315	444	1601	117	7.31	7.67	-0.36
20	D-20 号台区	农网	363	200	293	1094	73	6.67	6.22	0.45
21	D-21 号台区	农网	382	200	208	1360	99	7.28	6.64	0.64

表 6-2　地区 2 的线损理论计算结果分析

序号	台区名称	台区属性 （城网/农网）	供电半径 /m	配电变压器容量 /kV·A	总户数 /户	供电量 /kW·h	总损耗 /kW·h	理论线损率（%）	实测日线损率（%）	差值（%）
1	W-1 号台区	农网	320	250	134	548	21	3.81	1.27	2.54
2	W-2 号台区	农网	180	400	69	448	24	5.41	6.39	-0.98
3	W-3 号台区	农网	390	100	1	723	40	5.53	5.91	-0.38
4	W-4 号台区	农网	660	100	9	628	36	5.67	4.23	1.44
5	W-5 号台区	农网	487	250	231	118	4	3.59	3.31	0.28
6	W-6 号台区	农网	150	315	170	90	3	3.65	4.19	-0.54
7	W-7 号台区	农网	220	100	59	779	55	7.07	7.68	-0.61
8	W-8 号台区	农网	80	250	26	580	42	7.34	8.75	-1.41
9	W-9 号台区	城网	150	400	188	403450	364598	9.63	2.49	7.14
10	W-10 号台区	城网	90	500	255	429872	402738	6.31	9.95	-3.63
11	W-11 号台区	城网	660	800	205	518751	483526	6.79	10.51	-3.72
12	W-12 号台区	农网	540	100	136	115440	110835	3.99	4.06	-0.08

表 6-3 地区 3 的线损理论计算结果分析

序号	台区名称	台区属性（城网/农网）	供电半径/m	配电变压器容量/kV·A	总户数/户	供电量/kW·h	总损耗/kW·h	理论线损率（%）	实测日线损率（%）	差值（%）
1	T-1 号台区	农网	530	400	55	87.31	6.5	6.43	7.37	-0.94
2	T-2 号台区	农网	270	1260	30	183.97	16.53	9.33	9.02	0.31
3	T-3 号台区	农网	440	200	64	108.02	8.77	6.28	7.97	-1.69
4	T-4 号台区	农网	390	800	75	163.49	12.93	8.21	7.93	0.28
5	T-5 号台区	农网	640	630	62	174.44	14.23	7.46	8.1	-0.64
6	T-6 号台区	农网	700	500	61	214.44	17.33	7.82	8.06	-0.24
7	T-7 号台区	农网	660	315	78	137.88	11.27	5.91	7.99	-2.08
8	T-8 号台区	农网	360	315	67	135.99	11.1	6.2	8	-1.8
9	T-9 号台区	农网	340	500	53	94.47	7	8.61	7.5	1.11
10	T-10 号台区	农网	720	500	42	133.68	13.2	8.89	9.78	-0.89
11	T-11 号台区	农网	230	315	29	106.5	9.8	9.05	9.19	-0.14
12	T-12 号台区	农网	510	500	61	109.44	8.4	6.86	7.61	-0.75
13	T-13 号台区	农网	370	200	48	120.77	8.67	8.48	7.27	1.21
14	T-14 号台区	农网	610	1000	68	123.07	11.23	6.91	8.93	-2.02
15	T-15 号台区	农网	250	1000	35	91.49	6.73	6.81	7.32	-0.51
16	T-16 号台区	农网	340	315	12	3.41	0.23	1.16	6.48	-5.32
17	T-17 号台区	农网	400	315	49	104.08	7.03	5.68	6.69	-1.01
18	T-18 号台区	农网	490	1000	52	90.99	6.33	6.58	6.93	-0.35
19	T-19 号台区	农网	270	1000	21	72.68	6.83	8.5	9.32	-0.82
20	T-20 号台区	农网	360	1000	90	102.92	8.67	4.95	8.14	-3.19
21	T-21 号台区	农网	480	1260	92	208.21	17.63	6.17	8.28	-2.11
22	T-22 号台区	农网	400	500	40	113.45	9.33	8.33	8.24	0.09
23	T-23 号台区	农网	290	315	60	138.54	5.3	7.59	3.98	3.61
24	T-24 号台区	农网	440	1260	65	215.05	17.73	6.88	8.13	-1.25
25	T-25 号台区	农网	210	315	65	119.62	9.93	7.99	8.28	-0.29
26	T-26 号台区	农网	390	800	66	159.76	14.67	7.78	9.05	-1.27
27	T-27 号台区	农网	260	315	16	50.88	3.37	8.34	6.73	1.61
28	T-28 号台区	农网	340	200	43	118.34	7.27	7.56	6.23	1.33
29	T-29 号台区	农网	580	1260	108	168.21	12.53	6.39	7.37	-0.98
30	T-30 号台区	农网	760	100	83	135.28	13.3	8.19	9.67	-1.48

表 6-4 地区 4 的线损理论计算结果分析

序号	台区名称	台区属性（城网/农网）	供电半径/m	配电变压器容量/kV·A	总户数/户	供电量/kW·h	总损耗/kW·h	理论线损率（%）	实测日线损率（%）	差值（%）
1	H-1 号台区	农网	430	20	67	3010	2904	2.87	6.74	-3.86

（续）

序号	台区名称	台区属性 （城网/农网）	供电半径 /m	配电变压器容量 /kV·A	总户数 /户	供电量 /kW·h	总损耗 /kW·h	理论线损率（%）	实测日线损率（%）	差值（%）
2	H-2 号台区	农网	620	200	105	6070	5873	3.78	6.47	-2.69
3	H-3 号台区	农网	540	200	147	2724	2720	2.53	3.48	-0.95
4	H-4 号台区	农网	580	50	150	4957	4689	9.93	8.56	1.37
5	H-5 号台区	农网	460	200	158	2775	2473	15.42	13.85	1.56
6	H-6 号台区	农网	470	200	275	1848	1840	2.94	3.75	-0.82
7	H-7 号台区	农网	790	50	195	9901	9208	7.73	10.10	-2.37
8	H-8 号台区	农网	810	200	181	2450	2241	3.41	11.58	-8.17
9	H-9 号台区	农网	790	30	98	1610	1479	2.87	11.20	-8.33
10	H-10 号台区	农网	790	250	239	1100	1027	2.54	9.71	-7.17
11	H-11 号台区	农网	180	160	224	680	644	4.38	8.42	-4.04
12	H-12 号台区	农网	350	100	169	300	296	9.03	4.47	4.56
13	H-13 号台区	农网	650	200	194	6144	5750	1.96	9.53	-7.57
14	H-14 号台区	农网	540	200	145	5342	5000	1.31	9.52	-8.22
15	H-15 号台区	农网	860	315	198	5601	5200	3.50	10.25	-6.76
16	H-16 号台区	城网	261	1000	1656	47139	1900	4.03	4.24	-0.21
17	H-17 号台区	城网	159	630	441	27454	1530	5.57	5.57	0.00
18	H-18 号台区	城网	175	630	724	20208	762	3.77	3.77	0.00
19	H-19 号台区	城网	201	630	704	14638	931	6.36	9.09	-2.73

通过表6-1~表6-4可见，不同地区的台区或同一地区的不同台区线损率有一定差异，实测日线损率变化范围为1.27%~13.85%；而且理论线损率与实测日线损率也存在一定差异，变化范围为-8.33~7.14。线损率差异与各地区的经济发展状况、用电结构以及负荷特性有关。为了合理地降低台区线损，需要分析台区线损构成比例，有针对性地确定降损方案。

3. 台区线损的构成

在保证台户关系准确的前提下，台区线损可分为理论线损和管理线损。理论线损主要包括供电半径、低电压线路线径、三相不平衡、用户负荷特性、无功功率补偿等引起的损耗。管理线损主要包括计量装置（电能表、测量用互感器）的误差，如表计错误接线、计量装置故障、互感器倍率错误、二次回路电压降，营业工作中的漏抄、错算，用户违约用电、窃电，供售电量抄表时差，绝缘不良造成的泄漏电流等引起的损耗。

台区线损主要受以下几方面因素的影响：

1）台区拓扑结构及用户分布。

2）台区设备能耗水平。

3）台区用户用电特性。

4）抄表例日的变动导致台区损耗统计值的变化。

5）错抄、漏抄影响线损统计异常。

6）由于季节、负荷变化等使电网潮流发生较大变化，导致运行方式不合理。

7）供售不同期对差电量的影响。

8）电能表计的正负误差影响线损变化。

9）客户窃电。

10）基础档案错误。

11）其他影响因素。

6.2 台区分类

为了进一步分析台区线损，首先对农网台区进行分类，建立农网典型台区综合评价指标体系，确定农网典型台区的分类标准，接下来对农网的线损水平进行综合评价。线损水平综合评价的首要前提，是挖掘能够反映其真实线损水平的信息，建立一个能够科学、系统、全面反映其状态的指标体系。因此，本节分析农网台区线损的情况以及影响线损的各类影响因素，根据指标的选取原则筛选评价指标，建立农网典型台区综合评价指标体系。

1. 建立农网典型台区分类模型

人均售电量对线损产生极大的影响，但是其为非可控指标，并且电网运营记录了与之相关的生产资料，满足可操作性，所以将人均售电量作为分类依据。而供电半径是指从电源点开始到其供电最远的负荷的距离。如果网架缺少统一的规划，则用电负荷分散，变压器供电半径大，供电线路很长，在山区经常造成线路首端用户电压过高而末端用户电压过低的现象，低压对于线路损耗的影响是巨大的，所以将供电半径作为分类依据。变压器容量的合理选择是影响线损大小的关键因素之一，变压器容量过大会造成"大马拉小车"的现象，变压器容量过小会造成"小车拉大马"的现象，所以将变压器容量也作为分类依据。

根据人均售电量、供电半径以及变压器容量对农网台区进行分类，将台区分为8类，典型台区分类情况如图6-1所示。其中，先以人均售电量的多少为依据将台区分为两大类：商业型台区以及农业型台区。商业型台区自然旅游资源丰富且距离城市、城区较近，交通便利，电压等级较高，人均售电量大，商户较多，用电负荷集中，用电压力较大，发展较好；农业型台区主要以农业生产为主，距离城市较远，电压等级较低，管理不完善，人均售电量较少，用电用户分散，商户较少，用电负荷不集中，电能压力较小。在确定农网台区属于商业型台区还是农业型台区之后，再依据供电半径是否合理以及变压器容量是否合理，将农网台区分为分散型台区、负荷型台区以及损耗型台区。

以人均售电量多少、供电半径是否合格以及变压容量是否合理为标准将台区进行分类，分类依据模糊。其中，供电半径以及变压器容量有国家规定要求，在分类时参考国家标准定义台区供电半径是否合理以及变压器容量是否合格，但人均售电量这个指标没有办法通过国家标准进行判定，这里采用模糊统计法进行确定，利用模糊统计方法来确定人均售电量这个指标的隶属函数。

模糊统计试验具有如下4个要素：

1）论域 U，本节中的论域为 $[0,25]$。

2）x_0 为 U 中的一个固定元素。

3）设 A 为 U 中的一个可变动的普通集合，它联系着一个模糊集$\underset{\sim}{A}$，相对应着一个模糊

概念 $\underset{\sim}{\alpha}$，A 的每一次固定化，就是对 $\underset{\sim}{\alpha}$ 做出了一个确认划分，它表示 $\underset{\sim}{\alpha}$ 的一个近似外延。

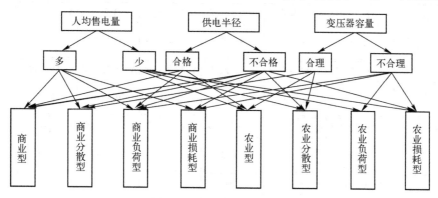

图 6-1　典型台区分类情况

4）条件 S，联系着对模糊概念 $\underset{\sim}{\alpha}$ 所进行规划的全部客观因素或心理因素，制约着 A 的运动。

模糊性产生的根本原因是 S 对划分过程没有严格限制，当 A 变化的时候，可以覆盖 x_0，也可以不覆盖 x_0，这就说明 x_0 与 A 的隶属关系是不确定的。

本节采用的模糊统计试验的过程是：在每一次试验下，要其对 x_0 是否属于 A 做一个确切判断。所以在每一次试验下，A 是一个确定的普通合集。这种试验的特点是：在各次的试验中，x_0 是固定的，而 A 是变化的。

若做 n 次试验，则 x_0 对 A 的隶属频率如下：

$$x_0 \text{ 对 } A \text{ 的隶属频率} = \frac{\text{"}x \in A\text{"的次数}}{n} \tag{6-1}$$

许多试验表明，随着 n 的增大，隶属频率会呈现稳定性。隶属频率的稳定值称为 x_0 对 $\underset{\sim}{A}$ 的隶属度。

基于对农网 56 个台区的调查及分析，可以得到"平均每人每天用电量的区间"，见表 6-5。

表 6-5　合理的平均每人每天用电量的区间

台区名称	A-1 号台区	A-2 号台区	A-3 号台区	A-4 号台区	A-5 号台区	A-6 号台区	A-7 号台区
平均每人每天用电量的区间/kW·h	3~10	5~9	5~10	4~12	4~7	3~8	1~5
台区名称	A-8 号台区	A-9 号台区	A-10 号台区	A-11 号台区	A-12 号台区	A-13 号台区	A-14 号台区
平均每人每天用电量的区间/kW·h	5~12	7~12	4~9	3~9	8~13	4~12	7~14
台区名称	A-15 号台区	A-16 号台区	A-17 号台区	A-18 号台区	A-19 号台区	A-20 号台区	A-21 号台区
平均每人每天用电量的区间/kW·h	2~10	6~12	8~12	4~9	8~12	5~6	4~13
台区名称	A-22 号台区	A-23 号台区	A-24 号台区	A-25 号台区	A-26 号台区	A-27 号台区	A-28 号台区
平均每人每天用电量的区间/kW·h	5~16	3~7	8~15	9~13	10~15	7~19	5~16

（续）

台区名称	A-29 号台区	A-30 号台区	A-31 号台区	A-32 号台区	A-33 号台区	A-34 号台区	A-35 号台区
平均每人每天用电量的区间/kW·h	2~5	4~13	8~16	10~13	11~14	8~15	5~16
台区名称	A-36 号台区	A-37 号台区	A-38 号台区	A-39 号台区	A-40 号台区	A-41 号台区	A-42 号台区
平均每人每天用电量的区间/kW·h	10~14	5~13	6~11	5~11	10~20	2~7	1~5
台区名称	A-43 号台区	A-44 号台区	A-45 号台区	A-46 号台区	A-47 号台区	A-48 号台区	A-49 号台区
平均每人每天用电量的区间/kW·h	11~14	8~18	9~13	12~15	6~18	4~10	6~11
台区名称	A-50 号台区	A-51 号台区	A-52 号台区	A-53 号台区	A-54 号台区	A-55 号台区	A-56 号台区
平均每人每天用电量的区间/kW·h	4~8	3~8	3~9	4~9	5~10	4~10	6~12

根据相对频率绘制直方图，如图 6-2 所示。再将这些统计数据进行分组统计，见表 6-6。

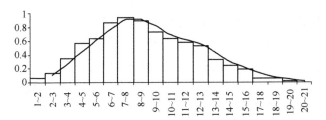

图 6-2　频率直方图以及趋势线

表 6-6　分组统计表

序号	分组	频数	相对频率	序号	分组	频数	相对频率
1	1~2	5	0.089	11	11~12	33	0.589
2	2~3	8	0.143	12	12~13	30	0.536
3	3~4	20	0.357	13	13~14	19	0.339
4	4~5	32	0.571	14	14~15	14	0.25
5	5~6	36	0.642	15	15~16	11	0.196
6	6~7	49	0.875	16	17~18	4	0.071
7	7~8	52	0.930	17	18~19	4	0.071
8	8~9	50	0.893	18	19~20	2	0.035
9	9~10	41	0.732	19	20~21	1	0.017
10	10~11	36	0.643		Σ		7.65

由于隶属频率的稳定值称为元素的隶属度，那么由图 6-2 可得到"合理的平均每人每天用电量"隶属函数的近似分布曲线。由分布曲线可知，7.5 kW·h 为平均每人每天用电量最合理的数值，则取人均售电量 ≥7.5 kW·h 代表人均售电量多，人均售电量 ≤7.5 kW·h 代表人均售电量少。

2. 指标选取的原则

农网典型台区综合评估指标体系主要体现在以下 5 个原则。

（1）系统性原则

评估体系的建立，应根据电网的整体水平，能够系统地反映农网台区的运行要求以及技术特点，并检查针对电网的结构和性能是否能够满足相关法规的要求。指标体系覆盖面应当足够广，可以全面地反映配电网的影响因素。

（2）层次性原则

农网台区综合评价体系是对线损综合评估的一个多角度分析系统，根据评估农网台区线损能力这一目标，建立规划线损、理论线损和管理线损三个准则的评估指标，这些准则既相互关联，又彼此独立。对以上三个准则继续分解下属属性指标，使评估体系具有一定的层次性，便于评估计算。

（3）客观性原则

在评估时要能够客观反映电网的结构特征以及运行的实际情况，尽量减少主观因素带来的影响，保证客观、实事求是地评估。

（4）科学性原则

评估指标体系应以科学、系统的研究为依据，详细指明指标的定义，不同评估指标之间的相关程度要合理，尽量避免指标间的重叠，从而避免重复计算和评估误差。一些很难完全避免交叉的指标，应根据优先级以确定其归属，把其分类到能体现指标特性的类别中。

（5）实用性原则

应该指明评估体系针对的对象和属性，指标的解释也需有针对性地给出，评估所用的数据采集和计算过程需要具备一定的科学性。对于评估过程中不具备的指标应特别指出。

3. 农网台区综合评价指标体系

传统的线损四分管理达标评价，评价维度涉及线损四分基础资料管理、线损四分指标管理、线损四分分析与线损异常管理、计量与抄表管理、考核管理等 9 个单元，采用专家组现场检查评审方式进行。整个评价过程需耗费大量时间和人力，而且容易受到抽样数据的限制和检查人员的主观影响，难以反映实际管理中存在的问题。线损管理的评价，多以线损指标作为评价标准。由于各农网台区网架结构、设备状况及用电结构的固有因素不同，线损指标水平高低与管理水平的高低并不一定匹配。单纯以线损率指标作为评价标准，存在一定的不合理性，甚至掩盖了指标背后的一些管理因素，不能全面反映线损管理水平。

农网台区线损分析，主要是考虑各种因素对线损的影响，从定性、定量角度对该影响有更加具体的认识。农网典型台区综合评价指标体系的基本指标是规划线损、管理线损以及理论线损。规划线损从网架结构的规划方面评价线损管理，管理线损从营销管理方面评价线损管理，理论线损从设备技术方面评价线损管理。为使指标体系中的指标满足全面性、实测性，以及独立性，本节将采用德尔菲法的思想构建评价指标体系。借助德尔菲法的思想，反复咨询多位专家，结合多位专家的意见，筛选出全面、可采集且有助于降损的指标，建立农网台区综合评价指标体系，如图 6-3 所示。该指标体系在总评估目标为农网台区线损情况时，分别从规划线损、管理线损和理论线损这三个一级指标进行考虑，指标体系中的每一个一级指标又包含多项二级指标，这样就可以从不同方面对农网台区线损情况进行量化分析。将所有一级指标构成一个大的集合，能够有效地对农网台区的整体线损水平进行评估，从而分析出各农网台区线损水平优劣，对今后农网台区线损的规划建设给出指导性意见。

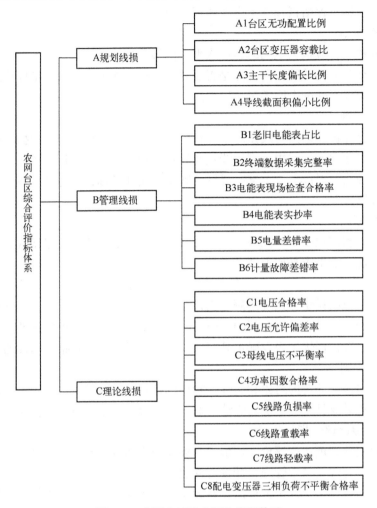

图 6-3　农网台区综合评价指标体系

6.3　典型台区线损计算

6.3.1　农村低压配电网线路结构及负荷特点

1. 线路结构

在配电网理论线损的计算过程中，原始网络结构数据的准确性对理论线损的计算结果影响很大，而以往的计算大多没有考虑用户接户线的线损，从而使理论线损的准确性降低。因此，为满足计算要求，在深入现场调研的同时，绘制所选典型台区的网络结构图，包括从电力变压器出口的主干线、支干线、接户线的线长、线型、线径、线制以及用电的用户号等。在处理配电网结构图时，需要对其进行计算线段的划分，而由于农村线路种类的繁杂以及用电负荷的差异性等，往往会出现多个计算线段。

农村低压配电台区由变压器向四周供电，线路呈放射状，用户分散且分布不均，使得线路结构较为复杂；用户的负荷类型有多种，接入用户的供电回路有单相两线制、三相三线制及三相四线制等，并且，农村网架缺少统一的规划，多数用户为满足自己的用电要求，自己搭接线路，所用导线型号繁多且新旧程度不一；居民的建房没有规划集中，用电负荷分散，变压器供电半径大，供电线路很长，在山区经常造成线路首端用户电压过高而末端用户电压过低的现象；由于农网管理落后，原始线路数据缺乏，所绘制的台区线路结构图较为粗糙，大多只记录了干线和支干线，用户的接户线基本被省略，而农村中的接户线类型多且大部分线路长，在计算线损时不可忽略；加之农村的扩建及改造，用户不断更新，而新增用户不能及时反映到其中，有关线路结构参数更是无法知晓。因此，很难按划分计算线段进行简化，若用等效电阻法计算理论线损，计算等效电阻的分段线路图基本和原始线路结构图一样，所划分的线段和节点数很多，加大了计算难度。

2. 负荷特点

农村用户用电主要以单相生活用电为主，部分地区有一定数量的农业生产或加工等动力用电。由于农网的落后性和复杂性，其用电负荷有着诸多特点，如三相负荷不平衡、用电负荷随季节变化而变化、台区变压器的负载率普遍偏低、部分台区三相出口电压偏高、功率因数的地域性及季节性变化等。这些不仅反映农网的用电特点，在一定程度上也反映了对线损的影响。

三相负荷不平衡是农村低压配电网中普遍存在的现象，也是影响线损的一个重要因素。农网中，由于大量单相负荷的存在且分布不均、各家各户单相负荷的增添不等、用电时段的差异性等，不可避免造成了三相负荷不平衡，而三相负荷不平衡对电网的运行造成了许多不良影响。因此，解决好三相负荷不平衡问题也是电力部门一项重要而棘手的工作。

农网由所处的地域及农村的生活方式决定了其用电负荷的性质。目前，绝大多数农村依然以农、林业为主，对季节及气候的依赖性较强，因而用电无法脱离季节变换的影响。尤其是那些以种植和养殖业为生计的用户，他们用电量的大小及负荷的谷峰值主要由季节和气候的变化来决定。

6.3.2　农网典型台区线损模型

目前，国内外在降低线损方面的研究主要侧重于技术方面的降损措施。主要措施包括：加强电网结构的合理性（如负荷中心供电法，即将电源进网点移至负荷中心处，就能大大改善线路上的电流分布，相当于加大导线截面及缩短线路长度，从而减小线路的等效电阻，达到降耗节电的目标）、电力网升压降损、增加并列线路运行、增设无功补偿装置等。如在无功补偿降损方面，低压配电网推广无功随机补偿（随机补偿就是将低压电容器与低压的感性负载并接，通过控制、保护装置与感性负载同时投切），确定电网经济合理的运行方式（环状网络的开环或合环运行及双回线路并列运行），合理调整负荷，提高负荷率，平衡三相负荷，使变压器经济运行，从而提高供电设备健康水平，开展带电作业。

1. 用等效电阻法计算理论线损的模型

等效电阻法计算理论线损的基本思想是：在低压配电网线路的首端处设想有一个等效的线路电阻，线路首端的总电流流过此等效的线路电阻时所产生的损耗电量与线路各支路的电流流过支路电阻时所产生的损耗电量的总和相等。等效电阻法理论线损计算模型如式（3-54）～

（3-57）所示。计算时首先将整个低压配电网从线路末端到首端、从分支线再到主干线划分计算线段。计算线段划分的原则是凡输送的负荷、导线的型号、线长均相同者为同一个计算线段。

计算中需要用到负荷形状系数，低压线路首端负荷形状系数 K 是描述低压线路首端负荷变化特征的一个参数，根据式（3-5）计算。农村低压台区用电负荷随季节的变换波动较大，其负荷形状系数也随之变化大，在很大程度上影响了理论线损计算的准确度，因此，需要选取合适的代表日进行数据采集。许多文献对代表日的选取方法做了详细介绍，但是由于农村低压台区供电方式多样和网络结构复杂，很难从理论上给出一个通用的原则。

代表日的选取遵循以下原则：所选的代表日非节假日，其供电量接近计算期的日平均供电量；所选代表日气候适宜，气温接近计算期气温的平均值；根据农村低压台区负荷变化的特点选取代表日；代表日数据记录应完整，能满足计算需要，一般要记录一天 24 h 整点的三相电流、三相电压、功率因数、有功电量和无功电量。

等效电阻法的计算模型比较简单，其准确度也能满足实用的要求，是一种较实用的低压台区理论线损计算方法。但是，该计算模型认为，若低压线路的供电方式是三相四线制，那么中性线的截面积将比相线的截面积要小得多，且中性线中所流过的电流也比相线中流过的电流要小，则线路的损耗电量近似为一相导线的损耗电量的 3.5 倍，即 N 取 3.5。针对三相严重不平衡的低压台区，该估算方法并不能保证理论线损计算结果的准确度。因此，必须结合农村低压台区的实际情况并考虑到三相不平衡对线损的影响，来实现较准确的理论线损计算。

以"等效电阻法"为基础，对利用该方法计算理论线损时所用到的有关物理量的确定进行比较分析，同时考虑三相负荷不平衡现象对理论线损计算结果的影响，引入三相不平衡增量系数，可实现较准确的理论线损计算。

2. 线路节点和支路编号

首先，结合实际线路结构图，对线路节点、支路（包括接户线）进行编号，由于农村低压台区网络结构的复杂性，使得分析线路的结构增加了难度。而要实现对低压线路结构的分析，进而确定负荷电量的分布情况，无论是利用手算还是结合计算机编程来实现，其首要的任务便是如何确定节点以及支路的编号原则。针对农村低压台区的实际情况，根据拓扑分析方法的基本思路，结合图 6-4 给出下述适用于农村低压开环网及辐射网的编号原则。

利用图中所绘制的线路结构图，将节点按照①~⑥的顺序依次来编号直到所有节点均编完，将支路按照 1~13 的顺序依次来编号直到所有支路均编完。

（1）节点编号原则

1）用编号①来代表一级节点，也就是首节点（电源点）。

2）从编号②开始依次为全部二级节点编号，也就是直接通过导线与电源相连的节点，正如图中的编号为②、③的节点。

3）依次类推，三级节点、四级节点、五级节点……直到完成所有末端支路的首节点编号为止，正如图中，三级节点的编号为④、⑤，四级节点的编号为⑥。

4）所有的末端节点编号为空 null 或 0。

（2）支路编号原则

1）当全部节点都编号完成以后，首节点为一级节点的支路划分成一级支路，由 1 开始，依次对其编号，如图中的 1、2、3 号支路。

2）首节点为二级节点的支路划分成二级支路，同时也要遵循以下规律，即与小号节点直接关联的下级支路先编号，与大号节点直接关联的下级支路后编号，如图 6-4 中的 4、5、6、7 号支路。

3）首节点为三级节点的支路划分成三级支路，同样遵循二级支路的编号规律，图 6-4 中的 8、9、10、11 号支路。

4）依次类推，四级支路、五级支路……直到完成了所有的末端支路编号为止。

按照上述原则实现对整个低压台区的线路结构的编号，不仅非常清晰地体现出每个节点与各个支路之间的关联关系，而且也可以寻找到各条线路之间的级别关系以及整个低压台区

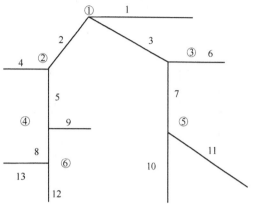

图 6-4　网络结构图

的始端信息与末端信息。接着，便可以确定各支路的负荷电量。

结合图分析整个网络负荷情况：从一级节点①开始，负荷电量并不只是 1、2、3 本支路所带的负荷电量，而应该是该支路以及其所有的下级支路所带的负荷电量总和。如 2 号支路的负荷电量应该是 2、5、8、9、12、13 号支路的负荷电量总和，而 3 号支路的负荷电量则是 3、7、1、11 号支路的负荷电量总和。同样，对于二级节点②、③的负荷电量，遵循同样的原则。依次类推，各级节点后支路负荷都适用该累加方式。

3. 实际线路等效电阻的确定

根据上述方法，选取某一台区实际线路结构图的一部分，如图 6-5 所示。利用抄表率为 100% 的用户月用电量数据（见表 6-7），并结合线路结构参数（见表 6-8），来实现支路负荷电量的计算（见表 6-9），进而确定等效电阻。

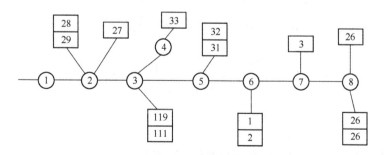

图 6-5　实际线路图

表 6-7　用户月电量

用户号	1	2	3	4	6	7	26	27	28	29	31	32	33	111	119
用电量/kW·h	80	21	0	60	50	52	151	10	0	50	31	210	132	202	492

表 6-8　线路参数

线 段 号	相 数	结构系数	线长/km	截面/mm²	单位电阻/(Ω/km)
1	3	3.5	0.05	25	1.38
2	1	2	0.05	16	1.15
3	3	3.5	0.05	25	1.38
4	1	2	0.12	16	1.15
5	1	2	0.06	25	0.727
6	3	3.5	0.05	25	1.38
7	1	2	0.08	16	1.28
8	3	3.5	0.06	25	1.38
9	1	2	0.08	25	0.727
10	1	2	0.03	10	1.83
11	1	2	0.12	10	1.83
12	3	3.5	0.58	25	1.38
13	1	2	0.12	10	1.83
14	3	3.5	0.1	25	1.38
15	1	2	0.02	10	1.83
16	3	3.5	0.09	25	1.38
17	1	2	0.14	10	1.83
18	1	2	0.08	10	1.83

表 6-9　支路负荷电量

支 路 号	1	2	3	4	5	6	7	8	9
负荷电量/kW·h	1670	151	1519	50	10	1459	132	543	784
支 路 号	10	11	12	13	14	15	16	17	18
负荷电量/kW·h	132	280	263	101	162	0	162	102	60

得出支路负荷电量后，便可根据公式来计算等效电阻：

$$R_{dz} = \frac{\sum_{j=1}^{n} N_j A_{j\Sigma}^2 R_j}{N\left(\sum_{i=1}^{m} A_i\right)^2} = \frac{2267921.15}{3.5 \times 1670^2} \Omega = 0.2323 \Omega$$

6.4　三相负荷不平衡对线损影响的分析与计算

农村低压配电网负荷的三相不平衡运行情况相当严重，在理论线损的计算中，必然要考虑到由三相不平衡现象所带来的损耗电量，因此，合理地确定三相不平衡度的取值成为计算准确性的关键。

三相负荷不平衡将直接危害电网的安全运行，轻则降低供电效率，重则可能烧断导线甚至烧毁用电设备。当出现严重的三相负荷不对称时，中性点发生位移，连接在重负荷相的单相用户就可能会出现电压偏低、电灯不亮、电气设备效率降低等现象，而连接在轻负荷相的单相用户却可能会出现电压偏高现象，极易造成电气设备绝缘击穿，从而使得电气设备损坏甚至烧毁；而三相负荷不平衡所产生的不平稳电压，会加大电压偏移，增大中性线电流，从而增加相线损耗电量与中性线损耗电量，降低变压器和电机的利用率，浪费能源。

6.4.1　三相负荷不平衡对线损影响的分析

当出现三相负荷不平衡现象时，就会在相间产生不平衡电流，不仅能够引起相线上的损耗电量，而且还会引起中性线上的损耗电量，从而造成了线路上总损耗电量的增加。

若三相负荷平衡，那么三相负荷电流的相量和为零，即

$$\dot{I}_A + \dot{I}_B + \dot{I}_C = 0 \tag{6-2}$$

假设某三相四线制线路的每相总负荷电流为 I，相线及中性线的电阻均为 R，则三相平衡时线路的损耗功率为

$$\Delta P = 3I^2R \tag{6-3}$$

如果三相负荷不平衡，假设某相负荷电流为 $2I$，另外两相负荷电流均为 $0.5I$，则由对称分量法可得到中性线负荷电流为

$$\dot{I}_N = 2I + \frac{1}{2}I\left(-\frac{1}{2}+j\frac{\sqrt{3}}{2}\right) + \frac{1}{2}I\left(-\frac{1}{2}-j\frac{\sqrt{3}}{2}\right) = \frac{3}{2}I \tag{6-4}$$

损耗功率为

$$\Delta P_{unb} = \left[(2I)^2 + \left(\frac{1}{2}I\right)^2 + \left(\frac{1}{2}I\right)^2 + \left(\frac{3}{2}I\right)^2\right]R = \frac{27}{4}I^2R \tag{6-5}$$

与三相负荷平衡时比较，三相负荷不平衡时损耗功率增加了 1.25 倍，可见三相负荷不平衡现象会造成损耗电量的增大。在极端情况下，全部的负荷均由一相供电，则损耗功率为

$$(3I)^2 R \times 2 = 18I^2R \tag{6-6}$$

此时，损耗功率为三相负荷平衡时的 6 倍，增大了 5 倍。

由于调整三相负荷使之趋于平衡几乎不需要增加投资，因此，应首先考虑采取调整三相负荷使之趋于平衡作为降损措施。

线损与三相不平衡度的关系，利用所采集的代表日 24 h 整点三相电流，先计算出代表日 24 h 整点三相负荷电流不平衡度，再求取平均值，从而得到代表日三相负荷电流不平衡度。具体表达式如下：

$$\delta_h = \frac{I_{zdh} - I_{pjh}}{I_{pjh}} \times 100\% \tag{6-7}$$

$$I_{pjh} = \frac{I_{Ah} + I_{Bh} + I_{Ch}}{3} \tag{6-8}$$

$$I_{zdh} = \max(I_{Apjh}, I_{Bpjh}, I_{Cpjh}) \tag{6-9}$$

$$\delta = \frac{1}{24}\sum_{h=1}^{24}\delta_h \tag{6-10}$$

式中，I_{Ah}、I_{Bh}、I_{Ch} 分别为代表日 24 h 整点三相电流（A），$h=1,2,\cdots,24$；I_{pjh}、I_{zdh} 分别为代

表日 24h 整点三相平均电流、三相最大电流（A）；δ_h、δ 分别为代表日 24h 整点三相不平衡度、代表日平均不平衡度。

农村低压台区大多是采用三相四线制的供电方式，对于实际运行中的三相负荷不平衡现象，可大致划分为以下三种情况，并根据每种不同的情况推出三相负荷不平衡增量系数。

1）三相负荷中"一相负荷重，一相负荷轻，一相负荷平均"。重负荷相电流设为 $(1+\delta)I_{pj}$，轻负荷相电流设为 $(1-\delta)I_{pj}$，中性线电流为 $\sqrt{3}\delta I_{pj}$。则线路的功率损耗为

$$\Delta P_1 = \left[(1+\delta)^2 I_{pj}^2 + (1-\delta)^2 I_{pj}^2 + I_{pj}^2\right]R + 3\delta^2 I_{pj}^2 \times 2R = 3I_{pj}^2 R + 8\delta^2 I_{pj}^2 R \tag{6-11}$$

当三相负荷平衡时线路损耗为

$$\Delta P_{ph} = 3I_{pj}^2 R \tag{6-12}$$

根据两者的结果进行比较得到

$$K_{\delta 1} = \frac{\Delta P_1}{\Delta P_{ph}} = 1 + \frac{8}{3}\delta^2 \tag{6-13}$$

$K_{\delta 1}$ 即为在此平衡类型时线损的增量系数，表示三相负荷不平衡时的线损值是三相负荷平衡时线损值的 $K_{\delta 1}$ 倍。根据国家能源局颁发的《架空配电线路及设备运行规程》（SD 292-88）规定：在低压主干线和主要分支的首段，三相负荷电流不平衡不得超过 20%。当 $\delta = 0.2$ 时，$K_{\delta 1} = 1.11$，也就是说，三相负荷不平衡所引起的线损增加 11%。

2）三相负荷中"一相负荷重，两相负荷轻"。设重负荷相电流为 $(1+\delta)I_{pj}$，两轻负荷相电流均为 $\left(1-\frac{1}{2}\delta\right)I_{pj}$，中性线电流为 $\frac{3}{2}\delta I_{pj}$，其功率损耗为

$$\Delta P_2 = \left[(1+\delta)^2 I_{pj}^2 + 2\left(1-\frac{\delta}{2}\right)^2 I_{pj}^2\right]R + \frac{9}{4}\delta^2 I_{pj}^2 \times 2R = 3I_{pj}^2 R + 6\delta^2 I_{pj}^2 R \tag{6-14}$$

根据比较得出

$$K_{\delta 2} = \frac{\Delta P_2}{\Delta P_{ph}} = 1 + 2\delta^2 \tag{6-15}$$

此种不平衡类型下，三相负荷不平衡时其线损值是三相负荷平衡时线损值的 $K_{\delta 2}$ 倍。$\delta = 0.2$ 时，$K_{\delta 2} = 1.08$，也就是说，三相负荷不平衡所引起的线损增加 8%。

3）三相负荷中"一相负荷轻，两相负荷重"。设两重负荷相电流均为 $(1+\delta)I_{pj}$，轻负荷相电流为 $(1-2\delta)I_{pj}$，中性线电流为 $3\delta I_{pj}$，其功率损耗为

$$\Delta P_3 = \left[2(1+\delta)^2 I_{pj}^2 + (1-2\delta)^2 I_{pj}^2\right]R + 9\delta^2 I_{pj}^2 \times 2R = 3I_{pj}^2 R + 24\delta^2 I_{pj}^2 R \tag{6-16}$$

根据比较得到

$$K_{\delta 3} = \frac{\Delta P_3}{\Delta P_{ph}} = 1 + 8\delta^2 \tag{6-17}$$

此种不平衡类型下，三相负荷不平衡时其线损值是三相负荷平衡时线损值的 $K_{\delta 3}$ 倍。当 $\delta = 0.2$ 时，$K_{\delta 3} = 1.32$，也就是说，三相负荷不平衡所引起的线损增加 32%。

根据上述计算分析可见，三相四线制低压线路在两相供电情况和单相供电情况下，线路损耗电量增加了 2~8 倍，严重地浪费了能源，造成了很大的经济损失，因此必须采取措施，确保供电负荷三相平衡。

6.4.2 计及三相负荷不平衡影响的线损计算

（1）电能表损耗（ΔA_b）

电能表损耗即固定损耗，单相电能表每月每只按 $1\,\mathrm{kW\cdot h}$ 计算，而三相电能表每月每只按 $3\,\mathrm{kW\cdot h}$ 计算。接户线已计入线路结构图即等效电阻中，故不再考虑其损耗。

（2）总损耗

由于农村低压台区多采用三相四线制的供电方式，且三相负荷在任何时候都存在不对称现象。等效电阻法计算理论线损时，不着重考虑三相不平衡现象，而适当计入中性线损耗，其线路结构系数取 3.5，得

$$\Delta A_1 = 3.5\,(KI_{pj})^2 R_{eq}T\times10^{-3} \tag{6-18}$$

总损耗 ΔA_Σ 为

$$\Delta A_\Sigma = \Delta A_1 + \Delta A_b \tag{6-19}$$

线损率 $\Delta A_\Sigma\%$ 为

$$\Delta A_b = \frac{\Delta A_\Sigma}{A_P}\times100\% \tag{6-20}$$

等效电阻法计算理论线损时，考虑三相不平衡现象，则用下式：

$$\Delta A_1' = 3K_\delta\,(KI_{pj})^2 R_{eq}T\times10^{-3} \tag{6-21}$$

总损耗 $\Delta A_\Sigma'$ 为

$$\Delta A_\Sigma' = \Delta A_1' + \Delta A_b \tag{6-22}$$

线损率 $\Delta A_\Sigma'\%$ 为

$$\Delta A_\Sigma'\% = \frac{\Delta A_\Sigma'}{A_P}\times100\% \tag{6-23}$$

式中，A_P 为配电变压器低压侧出口处有功电量（$\mathrm{kW\cdot h}$）。

（3）台区理论线损计算

先计算代表日的线损，则［月线损］＝［当月代表日线损］×30，［月总损耗］＝［月线损］＋［月表计损耗］，［月供电量］＝［当月代表日供电量］×30。

月线损率计算公式为

$$月线损率 = \frac{代表日线损\times30 + 月表计损耗}{代表日供电量\times30} \tag{6-24}$$

6.5 典型台区线损率的影响分析及评估方法

6.5.1 三相不平衡

三相平衡电路一般有三个要求：三相电压源的频率相同、幅值大小相等、相位互差 120°。基于以上要求，绝对的三相平衡不符合农网的实际情况，所以在农网中说的三相负荷不平衡指的是三相电流或电压的幅值不一致，同时电流和电压的幅值差不在合理范围之内。考虑到农网三相负荷不平衡的现象较为普遍，而且某些地区不平衡程度严重，对农网的经济安全运行造成了不可忽视的影响。因此，深入研究三相负荷不平衡对低压电网具有重大意义。

1. 三相负荷不平衡的原因

在农村低压三相四线制供电线路中，多种原因会造成三相负荷不平衡，主要原因有以下

几个方面：

1) 国家电网有限公司不断加大力度对农网进行升级和降损，虽然对提高农村用电产生了积极作用，但是大量大功率的家用电器和设备开始使用，家用电器单台容量大多数都在1000 W上，许多不对称负荷开始出现。

2) 在不同地方与电源不同距离频繁接入，必然导致某些线段三相负荷电流不平衡。

3) 线路中一部分单相负荷使用或停止的切换频率较高，随意性大，引起农村三相四线制低压线路三相负荷电流越来越不平衡。

4) 考虑到农网实际情况，绝大多数农网线路老旧落后，绝缘老化情况普遍，而且线路靠近树枝和草垛等物，导致某一相导线接地漏电，造成该相负荷电流急剧升高。

三相负荷不平衡时，理论线损与负荷平衡相比较会增加很多，同时导致电压质量下降严重，设备安全经济运行受到很大威胁。

2. 三相负荷不平衡的类型

根据电力部口的远程抄表系统，选取代表日并记录代表日的整点三相电流数据，将电流数据整理成曲线图，可以直观地反映三相负荷不平衡的类型。通常将不平衡的类型分为以下7种：

1) 一相负荷重，一相负荷平均，一相负荷平均。

2) 一相负荷重，两相负荷轻。

3) 两相负荷重，一相负荷轻。

4) 两相负荷重，一相负荷平均。

5) 一相负荷重，两相负荷正常。

6) 一相负荷轻，两相负荷正常。

7) 两相负荷轻，一相负荷平均。

为了保证理论线损的计算结果能够合理、严谨地反映真实情况，代表日的选定应根据以下原则：台区大部分用户的用电情况没有异常；电网负荷分布以及运行方式能代表正常情况；气温一般接近代表日的当地平均温度；代表日不在特殊节假日而且供电量接近理论线损（日、月、年）的平均水平。

根据远程抄表系统记录的三相电流分析，不平衡类型中前三种情况所体现负荷重与轻之间的差距最大，同时在农网运行中出现的概率也较大，而后四种情况与前三种相比较不仅出现概率要小，同时由于负荷重与轻之间差距较小，难以对其类型进行设定。所以下面重点对前三种负荷不平衡情况特点进行分析。

3. 农网三相负荷不平衡的特点

1) 同一台区在不同季节所选的代表日，不平衡类型有所变化。大部分农村用电负荷的大小和季节变化有一定关联，在春秋季节生产加工以及农机用电更为普遍，冬季则照明生活用电偏多，这一现象直接体现单相和三相用电的比例会因季节的变化而改变，同时存在单相负载在三相线路上分配不均，所以三相不平衡程度在不同的季节表现不一致。

2) 在代表日不同时段，三相负荷不平衡程度差异明显。在用电负荷相对较小的时段，例如深夜和凌晨，三相负载基本维持在平衡状态，相对在负荷高峰时段，不平衡程度恶化严重。这类负荷的单相生活用电及三相生产加工等用电量都比较大，白天的生产加工用电较多，三相负荷较平衡，晚上是生活用电的高峰时段，导致单相负荷的分配不均，从而使三相负荷不平衡现象凸显严重。

3）代表日内三相负荷不平衡类型交替变化。代表日当天可能存在两种或两种以上不平衡类型，并且在某些时间段之内交替变化。这是由于其中某一相负荷的波动相对异常，而其他各相负荷在波动时间之内没有同步，同时波动的大小均不相同，所以引起了三相负荷不平衡而且不同不平衡类型的交替出现。

4. 线损与三相负荷不平衡度的关系

由根据式（6-3）～式（6-17）可知三相不平衡对线损造成很大的影响，其中不平衡类型三相负荷电流不平衡度 δ 与线损增量系数 $K(\%)$ 的数量关系见表 6-10。

表 6-10　δ 与线损增量系数 $K(\%)$ 的关系

δ（%）	$K(\%)$		
	一相负荷重、一相负荷轻、一相负荷平均	一相负荷重、一相负荷轻	两相负荷重、一相负荷轻
0.10	2.67	2.00	8.00
0.11	3.23	2.42	9.68
0.12	3.84	2.88	11.52
0.13	4.51	3.38	13.52
0.14	5.23	3.92	15.68
0.15	6.00	4.50	18.00
0.16	6.83	5.12	20.48
0.17	7.71	5.78	23.12
0.18	8.64	6.48	25.92
0.19	9.63	7.22	28.88
0.20	10.67	8.00	32.00

根据表 6-10 可以得到以下结论：

1）当三相负荷电流不平衡度 δ 相同时，在常见的不平衡类型负荷中，"两相负荷重，一相负荷轻"的线损增量系数最大，"一相负荷重，两相负荷轻"居中，"一相负荷重，一相负荷轻，一相负荷平均"的线损增量系数最小。

2）当三相负荷电流不平衡度 δ 升高时，在常见的不平衡类型负荷中，"两相负荷重，一相负荷轻"的线损增量幅值最大，"一相负荷重，两相负荷轻"居中，"一相负荷重，一相负荷轻，一相负荷平均"的线损增量幅值最小。

3）低压线路在任意三相负荷不平衡类型的情况下，线路损耗均存在不同程度的增大，造成能源严重的浪费，引起不必要的经济损失。

6.5.2　供电半径

供电半径是指从电源点开始到供电的最远负荷点之间的线路距离长度，这里需要分清一个概念：距离所指的是供电线路物理距离，并不是空间上的距离。

1. 供电半径与负荷电流的关系

供电半径不是随意取值的,它受两方面因素的影响:一方面是电压等级,电压等级越高,供电半径也就相对较大,二者成正比的关系;另一方面是用户终端密集度,当电力的负载程度越多时,供电半径就相应越小,形成反比的关系。在相同等级的电压输电中,造成供电半径过大的原因是电压跌落的情况减小;在相同等级的电压下,郊外地区的供电半径要大于城市区域或者工业区域。

降低线损率的基本思路:一方面,降低负荷电流是降低线损率的重要举措之一。负荷电流越小,线损率也就越小,反之,负荷电流的增大会带来线损率增大的结果。计算出负荷电流的合理范围值,将负荷电流控制在相对应的正确范围运行时,就能够将线损率下降到最低值。另一方面,想要降低线损率,就要在合理考虑其他因素的条件下提高供电电压。线损率的不变损耗在整个线损率中占据的比例,决定着在电压升高时总的线损率的升降。

2. 供电半径与线损率的互联关系

(1) 过大的供电半径会增加线损率

协调好供电半径与线损率的关系是一个举足轻重的问题。供电半径不合理的计算会给供电网带来一系列的问题,从而影响到居民的日常生活。供电半径过大是一个常见性的问题。现在无论是乡村还是城市,都在飞速地发展,新农村建设的脚步在一步一步向前迈进,新规划住宅项目数量逐步增多。但是,这些发展同时带来了配电线路供电半径过大的问题,从而增加了线损率,导致低电压现象出现,影响供电质量,给居民的日常生活带来了不便。

(2) 不合理的供电半径取值会提高线损率

供电半径的优化是根据规划期单位供电面积年计算费用综合最小求出的,因而各种经济参数、线路的价格、当时的电价、变电所造价等都对优化供电半径产生影响。所以在取得最佳供电半径值时,需要精准各种参数,一个数字的问题都可能给供电半径最后的取值带来很大的差距。而供电半径的取值错误,会带来不合理的供电现象,以至于提高线损率。线损率是供电企业关注的重点,因为它对经济效益产生很大的影响,所以致力于降低线损率,才能提高电力网的高效运作,带来优质的经济效益。

3. 配电线路经济供电半径计算

从分析单位供电面积所承担的总计算费用与 10 kV 线路供电半径的关系入手,按照经济计量学原理有关投资与消费函数,求取当该费用为最小值时的供电半径值,具有最好的经济效果,故称为"经济供电半径"。由于实际电网建设中,10 kV 线路的建设还与 35 kV 或 110 kV 变电所的位置有关,而 110 kV 变电所与 35 kV 农村变电所不同,在它的负荷构成中,一般工业负荷所占比重较大;县工业用户的具体分布对 110 kV 变电所的布点有很大影响。故总计算费用中不考虑 110 kV 工程部分。总计算费用只包括 35 kV 送变电工程与 10 kV 线路工程建设投资,以及上述各项工程的年费用(折旧维护费及电能损耗费用)。采用农村 10 kV 配电线路的经济供电半径关系式如下:

$$0.173\delta\tan\varphi L^3 + 0.173\delta\tan^2\varphi \left(\sum_{i=1}^{m-1} R_i\right) L^2 + \left[0.173 J\rho U_N\cos\varphi + 0.173\delta\tan^2\varphi \left(\sum_{i=1}^{m-1} R_i\right)^2\right] L$$
$$- U_N^2\Delta U\% \times 10^3 = 0 \tag{6-25}$$

式中,δ 为负荷密度(kW/km²);ρ 为导线电阻率(Ω·mm²/km);J 为导线经济电流密度(A/mm²);φ 为线路负荷功率因数角;U_N 与 $\Delta U\%$ 分别为线路额定电压(kV)与允许电压降；L 为含 m 级变压时最高电压级线路的合理供电半径（km）；R_i 为基础级电压线路的合理供电半径（km）。

将 $\tan\varphi$、R_i、ρ、U_N 与 $\Delta U\%$ 分别取农网 $10\sim35\,\text{kV}$ 网络的运行经验平均值，则可得到

$$\delta = 1500/L_j^2 + 16000/L_j^3 \tag{6-26}$$

式中，L_j 为 $10\,\text{kV}$ 配电线路经济供电半径（km）。

为简化上式以便于应用，经常采用计算系数并分段取常数的办法，可导出经济供电半径的直接计算公式：

$$L_j = 10\sqrt{K_L/\delta} \tag{6-27}$$

式中，K_L 称为经济供电半径计算常数，可按不同负荷密度分段取值，见表 6-11。

表 6-11　不同负荷密度分段下的经济供电半径计算常数

$\delta/(\text{kW/km}^2)$	K_L
<10	22
10~25	27
26~40	31
>40	34

按式（6-27）计算时，经验算其实际误差均不超过表 6-11 所得值的 $\pm5\%$，故式（6-27）满足实际应用需要。据式（6-27），将所得结果再结合考虑到推导前提条件之近似性，推荐农村 $10\,\text{kV}$ 配电线路的经济供电半径，见表 6-12。

表 6-12　农村 10 kV 配电线路的经济供电半径

负荷密度 $\delta/(\text{kW/km}^2)$	推荐值/km
5 以下	20
5~10	20~16
10~20	16~12
20~30	12~8
30~40	10~7
40 以上	<7

另按线路允许电压降 7% 推算 10 kV 线路的供电半径，与表 6-12 所列经济供电半径相比较，经验算其结果基本相符；按经济供电半径供电时，其 10 kV 干线末端电压降为额定电压的 -7%~7%，故一般均可满足线路的电压要求。

具体规划工作中，对 10 kV 线路的初期供电半径宜选得适当偏小一些，以利于将来负荷发展及满足某些集中负荷的需要；农网中若有举足轻重的集中负荷或类似集中负荷的情况，不能再认为是均匀分布的面负荷时，则应另按集中负荷的供电方案单独考虑，且其经济供电半径显然将要缩短一些。

6.5.3　负荷分布

1. 负荷的分布情况和作用

对于通常的中压配电线路，不同的负荷分配方式对线损影响的差距是巨大的。负荷沿线

均匀增加的接线方式的线损是负荷沿线均匀减少方式的 8/3 倍，是负荷沿线均匀分布方式的 8/5 倍，是负荷分布前半段均匀增加、后半段均匀减少方式的 32/23 倍，是负荷分布前半段均匀减少、后半段均匀增加方式的 16/9 倍。

因此，在配电线路的设计改造施工过程中要尽可能地避免线损较高的接线方式，采用早分流、防迂回的方法；在导线半径的选择上，按照经济电流密度来选择，并根据该线路供电范围内未来负荷增长情况，适当考虑负荷增长裕度；在电网的调度中，在满足相应电压合格率的情况下，尽可能选择电压靠上限运行；在低功率因数负荷较集中的地方，特别是在线路末端时，选取恰当的位置安装无功补偿装置，并充分利用现有的电价政策经济杠杆和行政手段，督促有条件的用电客户安装无功补偿装置，扩大随机随器补偿的范围，提高线路的功率因数，降低线损。

地区负荷特性的变化对线损率产生直接的影响。目前，我国各地区的经济发展状况各不相同，用电结构也存在很大差别，这也就造成了各个地区线损率高低差异。在同一电网中，普遍存在不同程度的电网负荷分布不均衡的现象，也就造成了重载和轻载变压器同时运行的状况，从而导致变压器严重偏离经济运行区间，造成线损的增加。不同电压等级的负荷特性也因其用电结构和用电性质结构的不同而造成线损率的差异。

（1）大工业负荷

大工业负荷在电能消耗中处于主导地位，占全社会用电量的大部分。这类负荷一般被视为电网中的基础负荷，其受气候影响较小，运行状况直接关系到总负荷的大小，一方面由于大工业负荷本身负荷很大，另一方面是由于三班制连续生产。一般而言，大工业负荷规模大，耗电量多，负荷比较集中，日负荷率较高，同时率也较高，日负荷曲线波动较小，受外界影响较小，负荷总体比较稳定。

（2）非普工业负荷

相对大工业负荷而言，非普工业用户的用电设备数目多，单机容量小，单耗小，负荷曲线整体比较平稳。但是非普工业用电的负荷率高，功率因数低，总负荷大，某个用电企业的生产经营状况对整个行业影响很小，互补性强，不容易产生用电负荷的骤变，负荷总体变化比较平缓。

（3）商业负荷

商业负荷具有极强的时间性和季节性变动的特性，这种特性主要是由于商业负荷用户越来越多地使用空调、电风扇、制冷设备等对气候敏感的电器引起的，并且这类负荷也在不断增长。商业负荷的日负荷曲线峰谷差一般很大，负荷率也较低，其负荷高峰时段和电网总体负荷的高峰时段的同时率很高，与季节和温度的变化关系紧密；商业负荷与规划区域的城乡建设发展目标密切相关，随着商贸业的发展，该类负荷在电网峰荷中的比例越来越大。

（4）非居民照明负荷

非居民照明负荷主要指行政事业单位等公共负荷。该类负荷变化大，一天中每小时的负荷量不同，白天负荷大，夜间负荷小，随季节性变化非常明显，负荷率跨度大，负荷同时率高，年最大负荷利用小时数低且不确定，一般这类负荷的负荷曲线有一至两个日负荷高峰。

（5）城市居民负荷

城市居民负荷具有逐年稳步增长、明显的季节性波动和日变化等特点。在一般情况下，城市居民生活负荷的季节性变化和日变化会直接影响系统峰值负荷的变化，其影响程度主要取决于城市居民生活负荷所占系统总负荷的比重。尤其是随着电热器、空调装置、电炊具、电风扇、电冰箱、电视机等对气候非常敏感的家用电器日益广泛地使用，使得城市居民负荷变化对系统峰值负荷变化的影响越来越大。

用电负荷的分布情况，对于中压配电线路系统损失的影响常常是巨大的。实际应用中，负荷分布方式是多种多样的和复杂的，一般可就几种典型的负荷分布方式对配电线损的影响，从理论上加以分析。实际应用中的各种负荷分布形式，总可以分解为理论分析中的几种，或和某一种接近。这在中压配电网的优化、线损分析与理论计算中将起到一定的指导作用。

2. 负荷特性

对农网进行改造升级、新建变电站、改造高低压电路以及配电器可以解决乡镇电网与主干网通信较差等问题，提高供电质量及县级电网的供电可靠性，使农村生产活动、生活用电问题得到解决。下面从三点总结农网特性。

（1）用电量

表 6-13 为近几年农村用电量变化表，从中可看出用电水平发生了量的变化。到 2011 年底国家电网统计数据中显示，农村地区的售电量已有 1.63 万亿 kW·h，占据全公司销售总量的 53.1%。数据显示见表 6-13，农村的用电量已经占据了国网总售电量的一半以上。

表 6-13　我国农村用电量统计　　　（单位：kW·h）

年份	1980	1985	1990	1996	1997	1998	1999	2000	2001
用电量	03.2	07.8	43.4	811.6	982.2	041.2	172.3	2422.2	611.7
年份	2002	2003	2004	2006	2007	2008	2009	2010	
用电量	2992.3	3431.8	3932.6	4894.7	5508.9	5712.1	6103.3	6631.2	

由于国家大力推行农村建设发展，在 2006—2011 年这 5 年期间农村城镇化快速发展，农村居民生活用电量增长水平达到了 15.1%。农村经济发展消耗用电量年平均增长率达到了 18.4%，农业生产的用电量年平均增长率达到了 8.3%。农村用电量年平均增长率如图 6-6 所示，农网各类用电水平如图 6-7 所示。

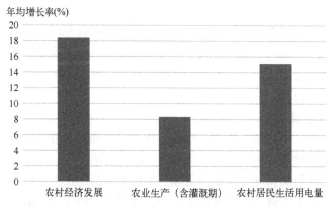

图 6-6　农村用电量年平均增长率

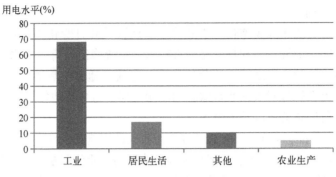

图 6-7 农网各类用电水平

由图可看出，工业用电占据大部分售电量，也是主要部分，剩余的居民生活、商业以及农业生产售电量都相差无几。

（2）农网运营状况

由于原有的农网线损、网损都较大，国家电网有限公司在国家政策的支持下对农网进行改革，对西部偏远农网设备进行了维护和改造，降低了网损，提高了供电可靠性，使农网电力基础设施得到了极大改善，具体数据见表 6-14。

表 6-14　农网改造前后损失比较　　　　　　　　（单位：kW·h）

年　　份	购电量	售电量	购售损失	购售损失率	送变电损失率	配电网损失率
1997	8723.2	7869.61	862.71	9.89	4.89	6.09
2000	10080.1	9298.91	782.89	7.79	4.39	4.79
2002	10553	10047.33	505.29	4.81	3.28	1.71
2003	11655.1	11163.1	492.11	4.21	3.21	1.10

自 2016 年开始实施"十三五"新一轮农网改造升级以来，国家电网有限公司累计安排投资 6444 亿元。其中，2019 年投资 1590 亿元。4 年来，共新建、改造 110kV 和 35kV 线路 10.9 万 km，变电容量达 21034 万 kV·A；10kV 及以下线路 85.8 万 km，配电变压器容量达 23088 万 kV·A。国家电网有限公司经营区内农网供电可靠率达到 99.82%，综合电压合格率达到 99.802%，户均配电变压器容量达到 2.45kV·A，"两率一户"指标以省为单位均达到国家要求。

新一轮农网改造升级完成后，国家电网有限公司经营区域农网供电能力明显提升。农网基本形成以 110kV 为主网架，35kV、10kV 链式和放射式为主的网架结构；户均配电变压器容量由 1.6kV·A 提升到 2.45kV·A，同比提升 53%；年户均停电和电压不合格时间较 2015 年分别缩短 6.9h 和 64.5h。

3. 农网主要负荷特性指标

电网中数据研究都以电力负荷特性为前提，其中用负荷特性指标来反映电力负荷特性。不同时间的电力负荷特性指标有不同的计算方法，通常用年、月、日来表示时间划分。其主要分为描述类指标、比较类指标及曲线型指标，不同类型指标在不同的情况下表达的意义也不同，有些指标对电力系统规划设计有指导作用，有些用作调度的依据，有些对电网改造具有指导意义等。

目前在国际上电力负荷特性指标并没有统一的标准，各国有自己的负荷特性指标，我国目前常用的有 15 种指标。下面具体介绍比较类主要指标和描述类主要指标。

（1）比较类主要指标

1）负荷率：时间段内平均负荷与最大负荷之比。

2）平均日负荷率：一个月内日负荷率的平均值为月平均日负荷率，一年的日负荷率平均值为年平均日负荷率。

3）峰谷差率：选定时间段内最大日峰谷差与当日最高负荷的比值。计算公式如下：

$$峰谷差率(\%) = \frac{日峰谷差最大值(kW)}{当日最高负荷(kW)} \times 100\% \qquad (6\text{-}28)$$

4）最小负荷率：最小负荷与平均负荷的比值。

5）月生产均衡率：时间段内月平均日用电量与此月最大日用电量之比。计算公式如下：

$$月生产均衡率(\%) = \frac{月平均日用电量(kW)}{月最大日用电量(kW)} \times 100\% \qquad (6\text{-}29)$$

6）年生产均衡率：一年内每个月最高负荷之和与最大一个月的最高负荷值和 12 乘积之比。计算公式如下：

$$年生产均衡率(\%) = \frac{12 \text{ 个月最高负荷之和}(kW)}{12 \times 月最大负荷(kW)} \times 100\% \qquad (6\text{-}30)$$

7）同时率：最高负荷与各组成单位最高负荷之和的比值。计算公式如下：

$$同时率(\%) = \frac{电力系统最高负荷(kW)}{电力系统各组成单位的最高负荷之和(kW \cdot h)} \times 100\% \qquad (6\text{-}31)$$

同时率的作用就是在电力系统设计规划过程中，防止单纯地将不同类型的负荷简单相加。需要考虑同时率分析每个区域各自的自身特点和特性曲线，然后进行正确合理地叠加。

8）不同时率：用户的最高负荷之和与电力系统综合最高负荷的比值。计算公式如下：

$$不同时率(\%) = \frac{用户最高负荷之和(kW)}{电力系统综合最高负荷(kW)} \times 100\% \qquad (6\text{-}32)$$

9）尖峰负荷率：某一地区平均负荷与电力系统最高负荷时该地区最高负荷的比值。计算公式如下：

$$尖峰负荷率(\%) = \frac{地区平均负荷(kW)}{电力系统最高负荷时地区最高负荷(kW)} \times 100\% \qquad (6\text{-}33)$$

（2）描述类主要指标

1）最高（低）负荷：选定时间（日、月、年）内负荷值的最大（小）值。

2）平均负荷：选定时间（日、月、年）内所有负荷值的平均值。

3）峰谷差：最高与最低负荷的差值。在负荷曲线图中，有腰荷和峰荷之分，以平均负荷分界，以下称为腰荷，以上称为峰荷。峰谷差反映电网调峰能力。

4）年最大负荷利用小时数：年最大负荷利用小时数与地区产业结构关系密切。若其数值小，则该地区以第三产业和居民用电为主；若数值较大，则该地区用电量以连续的重工业用电为主。此指标主要是用来反映负荷时间利用效率，其定义式为

$$年最大负荷利用小时数(\%) = \frac{年用电量(kW \cdot h)}{年最大负荷(kW)} \times 100\% = 8760 \times 年负荷率(\%) \quad (6-34)$$

上述介绍的是我国目前常采用的负荷特性指标。实际中通过确定城镇化率与负荷特性指标之间的关系,针对未来城镇化的发展,对农网的不同负荷进行预测。这是一个中、长期的预测过程,长期负荷的预测通常在 10 年以上,并采集以年为单位负荷特性数据,长期负荷的意义主要是对电力系统长远规划。中期负荷预测一般是 1~5 年,同样以年为单位,通常是对电力电量的平衡、变电站选址等进行规划。一般对城镇化水平进行中长期预测,通过城镇化水平与负荷特性对未来负荷进行预测,故选取的负荷特性指标也以年为单位。

6.5.4 线路型号

线损率是电网经济运行管理水平和供电公司经济效益的综合反映,是供电公司的一项重要经济技术指标。同时,线损管理涉及面广、跨度较大,又是一项政策性、业务性、技术性很强的综合性工作。线损管理水平的高低直接关系到供电公司的经营业绩,甚至在一定程度上影响和决定县供电公司的生存与发展。近几年,随着农网降损项目的完成,供电企业的经营模式发生了很大变化,线损率明显下降,但仍有一部分公用配电台区的线损偏高,严重影响了供电企业的发展。

对于不同类型的导线类型,单位距离的电阻也是有所不同的。线路中的电阻也是农网中产生电能损耗的主要原因。在材料一定的情况下,导线电阻大小与截面大小成反比,即截面越大,电阻越小。随着负荷的增长,一期农网降损时使用的导线截面已经显得过小,部分供电企业仍存在卡脖子供电、迂回供电现象,致使导线发热严重,断线事故时有发生,因此更换大截面导线显得尤为必要。

在电路中由于电阻的存在,电能在电网传输中,电流必须克服电阻的作用而流动,随之引起导电体的温度升高和发热,电能转换成热能,并以热能的形式散失于导体周围的介质中,因此产生了电能损耗(线损)。因为这种损耗是由导体对电流的阻碍作用而引起的,故称为电阻损耗,又因为这种损耗是随着导电体中通过电流的大小而变化的,故又称为可变损耗。按技术规程的要求,配电线路导线截面应按允许电压降和载流量进行校验。

合理地选择配电线路导线截面,既涉及投资的经济性,又关系到降损后的运行质量。盲目增大导线截面带来了一系列问题:如造价增加,电杆、横担、拉线等部件受力增加,金具型号加大,施工难度增加,运行的备品备件成本增加等。由于农网降损任务紧急繁重,在项目的实施过程中,对合理地选择导线截面问题重视程度不够,随意性较大。在考虑导线类型对线损率影响的同时,也需要考虑导线类型对于经济性的影响,即在输送负荷不变的情况下,更换粗导线截面积,减少线路电阻,从而达到降损的效果。换线后降低线损的百分比为

$$\Delta P\% = \left(1 - \frac{R_2}{R_1}\right) \times 100\% \quad (6-35)$$

式中,R_1 为换线前导线的电阻(Ω);R_2 为换线后导线的电阻(Ω)。由上面可知,导线截面偏大,线损就偏小,但会增加线路投资;导线截面偏小,线损就偏大,满足不了当今发展的供电需要,而且安全系数也小。

6.5.5　农网线损指标权重的确定

在建立了农网典型台区综合评价指标的基础上，本章主要介绍农网台区指标权重的计算和评分方法的确定。指标权重采用主、客观赋值结合的方法，避免了主观赋值缺乏客观依据，客观赋值缺少无法反映指标对实际问题重要程度的两大弊端，将主、客观赋值法加以融合。指标评分采用功效系数法进行评分，得出农网台区综合评分，分析每个台区线损的真实情况，找出台区线损薄弱的地方，为后续降损措施做准备。

1. 改进的层次分析法（IAHP）

层次分析法是美国运筹学家 Saaty 于 20 世纪 70 年代初期提出的一种简便、灵活而又实用的多准则决策方法。该方法具有系统性、简洁实用、所需定量数据较少等优点，运用层次分析法确定权重主要包括 4 个步骤：建立层次结构模型、构造各层次中所有判断矩阵、层次单排序及一致性检验、层次多排序及一致性检验。

由于常规的层次分析法在计算判断矩阵的时候每次都得进行一致性检验，对于指标比较多的情况，会相应增加计算的复杂程度，并且在实际情况中，判断矩阵通常是凭大致的估计来进行调整，随意性很大，有的时候一致性检验可能得通过多次的调整和尝试才能够通过。所以对常规的层级分析法进行改进，通过采取相应的数学计算方法，构建拟优一致矩阵，使其自然满足一致性校验要求，可以减小计算的复杂度和烦琐度。

IAHP 具体步骤如下：

1）计算判断矩阵时，采用九标度法的专家评分得到判断矩阵，构建目标层与准则层之间的判断矩阵，具体见表 6-15。

表 6-15　九标度法

标　度　值	标　度　意　义
1	a_i 与 a_j 同等重要
3	a_i 比 a_j 稍微重要
5	a_i 比 a_j 相当重要
7	a_i 比 a_j 强烈重要
9	a_i 比 a_j 极端重要
2、4、6、8	表述上述相邻判断的中间值
倒数	a_j 相对 a_i 的重要性，$a_{ji} = 1/a_{ij}$

在农网台区综合评价指标体系的基础上，根据指标体系中每个一级指标下二级指标间的归属关系，按照九标度法中定义的比例标度比较每个指标因素的相对重要性，并进行赋值，得到判断矩阵 C 如下：

$$C = \begin{bmatrix} c_{11} & c_{12} & \cdots & c_{1n} \\ c_{21} & c_{22} & \cdots & c_{2n} \\ \vdots & \vdots & & \vdots \\ c_{n1} & c_{n2} & \cdots & c_{nn} \end{bmatrix} \qquad (6-36)$$

式中，c_{ij} 表示进行评估过程中，第 i 个指标相对于第 j 个指标相比的重要性。

2）根据判断矩阵，求出判断矩阵的传递矩阵如下：

$$d_{ij} = \lg(c_{ij}) \qquad (6-37)$$

3）求出最优传递矩阵如下：

$$t_{ij} = \frac{1}{n}\Big(\sum_{k=1}^{n} d_{ik} - d_{jk}\Big) \qquad (6-38)$$

4）求出判断矩阵的拟优一致矩阵如下：

$$d'_{ij} = 10^{t_{ij}} \qquad (6-39)$$

5）利用平方根法计算出 $\boldsymbol{D'} = (d'_{ij})$ 的特征向量，该特征向量即为 IAHP 得出的主观权重 $\boldsymbol{\theta} = [\,\theta_1, \theta_2, \cdots, \theta_n\,]$。

该改进的层次分析法通过一系列的数学运算，建立并得出拟优一致矩阵，计算该矩阵的特征向量，减少了层次分析法中的一致性校验的多次运算。并且，应用 MATLAB 进行矩阵运算方便快捷，在很大程度上降低了评估计算的复杂程度。

2. 灵敏度权重法

灵敏度是网络参数的变化对网络输出量影响的一种量度。设输出变量 y 是网络参数变量 x 的函数，则函数相对于网络参数 x 的灵敏度定义如下：

$$S_x^y = \frac{\partial y}{\partial x} \qquad (6-40)$$

这样定义的灵敏度称为绝对灵敏度，但是绝对灵敏度通常不能确切地说明各种不同独立变量对系统函数影响的程度，所以常用相对灵敏度来表示，相对灵敏度的公式如下：

$$s_x^y = \frac{\partial y}{\partial x}\frac{x}{y} = \frac{\dfrac{\partial y}{y}}{\dfrac{\partial x}{x}} = \frac{\partial \ln y}{\partial \ln x} \qquad (6-41)$$

灵敏度数值的大小反映了变量对系统函数影响的大小。灵敏度越大，系统函数响应该变量变化的程度越敏感，反之越小，系统函数响应该变量变化的程度就越迟钝。

从农网的结构来看，农网属于配电网，是电力生产和供用电的最后一个环节，直接与各种用户相关联，也是保证对用户安全、稳定、连续供电的一个重要环节。从配电网结构来看，配电网中用户负荷支线和配电变压器的位置分布清晰，层次分明，而且配电变压器的铁损随配电网运行电压的变化而变化，配电网运行电压在额定电压的±5%之间变化，变化幅度不大。

在重点分析用户负荷支线线路电流、电压、功率因数、无功功率和有功功率等因素的影响而变化的规律后，结合全网的运行状况，提出灵敏度线损的可行性。网络线损根据式（3-54）计算。

在农网典型台区中，分析电压、功率因数、无功功率对线损的影响，全面分析线损对各因素的灵敏度。分析过程中时间都用 1 h。

（1）电流对线损的灵敏度分析

采用相对增量分析的方法，计算电流对线损的灵敏度。电流对线损的灵敏度公式如下：

$$\Delta A_{\mathrm{L}} = 3I^2 R \times 10^{-3} \times 1 \qquad (6-42)$$

$$S_I^{\Delta A} = \frac{\partial \Delta A}{\partial I}\frac{I}{\Delta A} = \frac{\partial \ln \Delta AI}{\partial \ln I} = \frac{\partial\,(\ln 3I^2 R \times 10^{-3})}{\partial \ln I} = \frac{\partial\,[\,2\ln I + \ln\,(3R \times 10^{-3})\,]}{\partial \ln I} = 2 \qquad (6-43)$$

（2）电压对线损的灵敏度分析

采用相对增量分析的方法，计算电压对线损的灵敏度。电压对线损的灵敏度公式如下：

$$\Delta A_{\mathrm{L}} = 3I^2 R \times 10^{-3} \times 1 = \frac{P^2 + Q^2}{U^2} R \times 10^{-3} = \frac{P^2 R}{U^2 \cos^2 \varphi} \times 10^{-3} \tag{6-44}$$

$$S_U^{\Delta A} = \frac{\partial \, \Delta A}{\partial \, U} \frac{U}{\Delta A} = \frac{\partial \ln \Delta A}{\partial \ln U} = \frac{\partial \left[\ln(P^2 + Q^2) + \ln(R \times 10^{-3}) - 2\ln U\right]}{\partial \ln U} = -2 \tag{6-45}$$

（3）功率因数对线损的灵敏度分析

功率因数对线损的灵敏度公式如下：

$$\Delta A_{\mathrm{L}} = \frac{P^2 R}{U^2 \cos^2 \varphi} \times 10^{-3} \tag{6-46}$$

$$S_{\cos\varphi}^{\Delta A} = \frac{\partial \, \Delta A}{\partial \, \cos\varphi} \frac{\cos\varphi}{\Delta A} = \frac{\partial \ln \Delta A}{\partial \ln\cos\varphi} = \frac{\partial \left[\ln(PR \times 10^{-3}) - 2\ln\cos\varphi\right]}{\partial \ln\cos\varphi} = -2 \tag{6-47}$$

（4）无功功率对线损的灵敏度分析

无功功率对线损的灵敏度公式如下：

$$\Delta A_{\mathrm{L}} = 3I^2 R \times 10^{-3} \times 1 = \frac{P^2 + Q^2}{U^2} R \times 10^{-3} \tag{6-48}$$

$$S_Q^{\Delta A} = \frac{\dfrac{\partial \left[\ln(P^2 + Q^2) + \ln(R \times 10^{-3}) - 2\ln U\right]}{\partial \, Q}}{\dfrac{\partial \ln Q}{\partial \, Q}} = \frac{2Q^2}{P^2 + Q^2} = 2\sin^2\varphi \tag{6-49}$$

（5）有功功率对线损的灵敏度分析

有功功率对线损的灵敏度公式如下：

$$\Delta A_{\mathrm{L}} = 3I^2 R \times 10^{-3} \times 1 = \frac{P^2 + Q^2}{U^2} R \times 10^{-3} \tag{6-50}$$

$$S_P^{\Delta A} = \frac{\dfrac{\partial \left[\ln(P^2 + Q^2) + \ln(R \times 10^{-3}) - 2\ln U\right]}{\partial \, P}}{\dfrac{\partial \ln P}{\partial \, P}} = \frac{2P^2}{P^2 + Q^2} = 2\cos^2\varphi \tag{6-51}$$

由以上各式可见，从理论上分析线损对运行电压、功率因数变化的敏感程度略高于其对无功功率变化的敏感程度，且适当地提高运行电压、提高功率因数、降低无功功率的传输可以降低农网线损。但由于农网运行电压的变化是在额定电压附近波动，且变化范围在 0～1 之间，变化幅度不大。

根据微增量灵敏度分析的原理，实时线损的微增量公式如下：

$$\frac{\Delta\Delta A}{\Delta A} = -2 \frac{\Delta U}{U} + 2\cos^2\varphi \frac{\Delta P}{P} + 2\sin^2\varphi \frac{\Delta Q}{Q} \tag{6-52}$$

$$\frac{\Delta\Delta A}{\Delta A} = -2 \frac{\Delta U}{U} - 2 \frac{\Delta\cos^2\varphi}{\cos^2\varphi} + 2\cos^2\varphi \frac{\Delta P}{P} \tag{6-53}$$

当负荷保持不变时，即有功功率的增量 $\Delta P = 0$ 时，实时线损的微增量公式如下：

$$\frac{\Delta\Delta A}{\Delta A} = -2 \frac{\Delta U}{U} + 2\sin^2\varphi \frac{\Delta Q}{Q} \tag{6-54}$$

$$\frac{\Delta \Delta A}{\Delta A} = -2\frac{\Delta U}{U} - 2\frac{\Delta \cos^2\varphi}{\cos^2\varphi} \qquad (6-55)$$

由于灵敏度表示的是各个因素对线损的影响程度，某种因素对线损的灵敏度越高，它的指标权重就会越大，这就是灵敏度线损的概念。即依据各个因素对线损的灵敏度，确定其客观权重。

下面介绍灵敏度线损的计算步骤：

1）确定计算线损的公式。

2）确定规划降损和技术降损中的二级指标公式和线损计算公式的关系，找到其相关性，比如导线截面积偏小比例和等效电阻有关、主干长度偏小比例与三相不平衡增量系数有关等。

3）将各因素与计算公式中的 5 个系数对应起来，平均分配其权重。

4）计算线损灵敏度。依据公式 $s_x^y = \frac{\partial y}{\partial x}\frac{x}{y} = \frac{\frac{\partial y}{y}}{\frac{\partial x}{x}} = \frac{\partial \ln y}{\partial \ln x}$，计算各个参数的相对灵敏度。

5）根据计算出的各参数灵敏度的大小，计算出各个因素对应的线损灵敏度，灵敏度大的因素其权重就大，灵敏度小的因素其权重就小，按照灵敏度的比例进行权重的计算。

6）对灵敏度权重进行归一化处理，得到最终的线损灵敏度权重。

3. 综合指标权重的确定

基于层次分析法缺乏客观依据，而线损灵敏度无法反映指标对实际问题重要程度的两大弊端，这里将主、客观赋权法加以融合，得到更符合实际的综合权重向量 ϖ。其中，各指标的主、客观权重集合分别为 $\theta = \{\theta_i \mid 1 \leq i \leq n\}$、$\omega = \{\omega_i \mid 1 \leq i \leq n\}$。在进行综合权重的计算过程中，假设主、客观权重的相对重要程度分别为 α 和 β，计算相对重要程度 α、β 的公式如下：

$$\begin{cases} \alpha_i = \theta_i/(\theta_i + \omega_i) \\ \beta_i = \omega_i/(\theta_i + \omega_i) \end{cases}, \quad 1 \leq i \leq n \qquad (6-56)$$

利用得到的主、客观权重集合以及相对重要系数，可以得到综合主、客观因素的综合权重 ϖ：

$$\varpi_i = \frac{\alpha_i \theta_i + \beta_i \omega_i}{\sum_{i=1}^{m}(\alpha_i \theta_i + \beta_i \omega_i)}, \quad 1 \leq i \leq n \qquad (6-57)$$

6.5.6 模糊综合评判法量化等级

基于得到的综合权重，考虑采用模糊综合评判法对某地区的农网台区线损水平进行评估分级，首先对综合权重向量 ϖ 和模糊评判矩阵 F 做模糊乘积运算，得到农网台区线损水平的评估结果。

模糊综合评判法是基于模糊集合理论，对评估对象进行模糊分级量化处理，最后对评价结果进行判断分级的方法。本节将农网台区线损情况结果分成 5 个不同程度等级，即模糊评判集 V 是由 V_1（线损情况好）、V_2（线损情况较好）、V_3（线损情况一般）、V_4（线损情况较差)、V_5(线损情况差)这5个等级组成。不同指标对于不同评语的模糊子集通过隶属函数来描述,此处采用 Gauss 型隶属函数 $f(x,\sigma,c)$,其计算公式如下:

$$f(x,\sigma,c)=e^{-\frac{(x-c)^2}{2\sigma^2}} \qquad (6-58)$$

式中,x 为决策指标;σ 和 c 为选取隶属函数的两个主要参数,其中 σ 一般取为正数,在这里令 $\sigma=0.3$,c 的值表示隶属函数的中心位置。

为了确保每个指标都有5个评语隶属度,本节分别选取4个指标的 c 值为:$c_1=1$,$c_2=0.66$,$c_3=0.33$,$c_4=0$。分别将 c_1、c_2、c_3、c_4 代入 $f(x,\sigma,c)$ 函数中得到5个评判集对应的隶属函数,再将判断矩阵 $\boldsymbol{R}$ 中的各指标 r_{ij} 代入得到隶属于模糊评判集 V 的评判矩阵 $\boldsymbol{F}$,如下:

$$\boldsymbol{F}=\begin{bmatrix} f_{V_1}(r_{i1}) & \cdots & f_{V_5}(r_{i1}) \\ \vdots & & \vdots \\ f_{V_1}(r_{in}) & \cdots & f_{V_5}(r_{in}) \end{bmatrix} \qquad (6-59)$$

式中,$f_{V_k}(r_{ij})$ 为指标 r_{ij} 对评判等级 V_k 的隶属程度,$k=1,2,\cdots,5$,$j=1,2,\cdots,n$。

考虑到模糊综合评判中常用的4种算子中,$M(\cdot,\oplus)$ 算子综合程度强,能够充分利用判断矩阵里的信息,所以采用 $M(\cdot,\oplus)$ 算子并且按照平均加权的原则确定评估体系。所得的总体评估结果如下:

$$\boldsymbol{T}_i=\boldsymbol{\varpi}\circ\boldsymbol{F}=\begin{bmatrix} t_i(V_1) & t_i(V_2) & t_i(V_3) & t_i(V_4) & t_i(V_5) \end{bmatrix} \qquad (6-60)$$

式中,$t_i(V_k)$ 表示每个指标相对于 V_k 的隶属度,即表示可用 V_k 描述的程度。

为了便于直观地理解评估的结果,对模糊评判集合进行相应量化,计算公式如下:

$$Z_i=\sum_{i=1}^{5}T_i(V_k)\times V_k \qquad (6-61)$$

根据评估计算所得的综合评分结果,判断其所在区间,即可得到该农网台区线损等级评估结果。农网台区的指标评估结果量化分级见表6-16。

表6-16 指标评估结果量化分级

等 级	农网台区线损情况	评分区间	量化分值
V_1	好	(85, 100]	95
V_2	较好	(70, 85]	80
V_3	一般	(60, 70]	65
V_4	较差	(50, 60]	55
V_5	差	(0, 50]	30

6.5.7 算例分析

本节研究对象是农网典型台区,选择多个农网台区进行综合评价以及评分。这些台区均装有电能表,能采集到代表日的相关数据。

(1)主观权重的计算

本节采用改进的层次分析法进行主观权重的计算,并综合10位电网的一线线损管理工作者的经验。

利用专家经验对一级指标间相互的直接影响程度进行判断，用 A、B、C 分别表示规划线损、管理线损、技术降损 3 个指标，采用九标度法，对不重要、稍微重要、一般重要、较重要、非常重要 5 个层次定义 5 个标度，分别用数值 1、3、5、7、9 进行赋值。如果评价的结果位于上述 5 个层级结果之间，则采用数值 2、4、6、8 进行赋值，得到各层指标判断矩阵。

改进的层次分析法中的判断矩阵如下所示，其中，规划线损指标层判断矩阵为 A、管理线损指标层判断矩阵为 B、理论线损指标层判断矩阵为 C，即

$$A=\begin{bmatrix} 1 & 3 & \frac{1}{3} & \frac{1}{3} \\ \frac{1}{3} & 1 & \frac{1}{5} & \frac{1}{5} \\ 3 & 5 & 1 & 1 \\ 3 & 5 & 1 & 1 \end{bmatrix}, B=\begin{bmatrix} 1 & \frac{1}{3} & 3 & 1 & 3 & 1 \\ 3 & 1 & 5 & 3 & 5 & 3 \\ \frac{1}{3} & \frac{1}{5} & 1 & \frac{1}{3} & 1 & \frac{1}{3} \\ 1 & \frac{1}{3} & 3 & 1 & 3 & 1 \\ \frac{1}{3} & \frac{1}{5} & 1 & \frac{1}{3} & 1 & \frac{1}{3} \\ 1 & \frac{1}{3} & 3 & 1 & 3 & 1 \end{bmatrix}, C=\begin{bmatrix} 1 & 2 & 1 & \frac{1}{3} & 3 & 2 & 2 & 1 \\ \frac{1}{2} & 1 & \frac{1}{2} & \frac{1}{5} & 2 & 1 & 1 & \frac{1}{3} \\ 1 & 2 & 1 & \frac{1}{3} & 3 & 2 & 2 & 1 \\ 3 & 5 & 3 & 1 & 7 & 5 & 5 & 3 \\ \frac{1}{3} & \frac{1}{2} & \frac{1}{3} & \frac{1}{7} & 1 & \frac{1}{3} & \frac{1}{3} & \frac{1}{5} \\ \frac{1}{2} & 1 & \frac{1}{2} & \frac{1}{5} & 3 & 1 & 1 & \frac{1}{3} \\ \frac{1}{2} & 1 & \frac{1}{2} & \frac{1}{5} & 3 & 1 & 1 & \frac{1}{3} \\ 1 & \frac{1}{3} & 1 & \frac{1}{3} & 5 & 3 & 3 & 1 \end{bmatrix}$$

一级指标准则层判断矩阵为

$$F=\begin{bmatrix} 1 & \frac{1}{3} & \frac{1}{2} \\ 3 & 1 & 1 \\ 2 & 1 & 1 \end{bmatrix}$$

通过计算得到判断矩阵 A、B、C 以及 F 的最大特征值和特征向量分别为

$$\lambda_{maxa}=4.0435$$
$$w_1=(0.2645 \quad 0.1179 \quad 0.6768 \quad 0.6768)^T$$
$$\lambda_{maxb}=6.0581$$
$$w_2=(0.3231 \quad 0.8113 \quad 0.1196 \quad 0.3231 \quad 0.1196 \quad 0.3231)^T$$
$$\lambda_{maxc}=7.9876$$
$$w_3=(-0.2938 \quad -0.1485 \quad -0.2938 \quad -0.8031 \quad -0.0794 \quad -0.1584 \quad -0.1584 \quad -0.3223)^T$$
$$\lambda_{maxf}=3.0183$$
$$w_4=(0.2762 \quad 0.7238 \quad 0.6323)^T$$

对最大特征值对应的特征向量进行归一化处理得到因素向量：

$$w_{1g}=(0.1524 \quad 0.0679 \quad 0.3899 \quad 0.3899)^T$$

$$w_{2g} = (0.16 \quad 0.4016 \quad 0.0592 \quad 0.16 \quad 0.0592 \quad 0.16)^{\mathrm{T}}$$

$$w_{3g} = (0.1301 \quad 0.0658 \quad 0.1301 \quad 0.3557 \quad 0.0351 \quad 0.0702 \quad 0.0702 \quad 0.1428)^{\mathrm{T}}$$

$$w_{4g} = (0.1692 \quad 0.4434 \quad 0.3874)^{\mathrm{T}}$$

这样就算出了农网台区综合评价体系的主观权重。

（2）客观权重的计算

本节通过对线损的灵敏度分析，分析各个因素对线损的影响程度，从而确定客观权重。首先分析规划降损及技术降损的二级指标都与哪些因素有关，结果见表6-17。

表6-17　各指标的关联因素

二级指标	相关因素
A1	$\cos\varphi$
A2	$\cos\varphi$、I
A3	R、U
A4	R
C1	R、U
C2	U、R
C3	U、I
C4	$\cos\varphi$、U
C5	P、Q
C6	P、Q
C7	P、Q
C8	U、I

根据上述对各因素灵敏度的分析发现，农网台区线损对 I、U 以及 $\cos\varphi$ 的灵敏度程度相近，但是灵敏度方向不一样。基于农网台区实际运行的基础上，基本上绝大多数 $\cos\varphi > \sin\varphi$，所以 $S_Q^{\Delta A} < S_P^{\Delta A}$，且 $S_Q^{\Delta A} + S_P^{\Delta A} = 2$。也就是说，有功有功率的影响程度比无功功率的大，且相加为2。

再通过计算权重平均值以及归一化处理可得权重分析结果，见表6-18。

表6-18　各指标权重分析结果

二级指标	权重结果
A1	0.281
A2	0.306
A3	0.248
A4	0.165
C1	0.127
C2	0.127
C3	0.169
C4	0.156

（续）

二 级 指 标	权 重 结 果
C5	0.084
C6	0.084
C7	0.084
C8	0.169

　　根据灵敏度的大小确定电流、电压、有功功率、无功功率以及电阻的权重关系。基本因素灵敏度权重对比见表6-19。

表 6-19　基本因素灵敏度权重对比

基 本 因 素	灵敏度权重
电流	0.282
电压	0.282
有功功率	0.246
无功功率	0.049
电阻	0.141

　　各二级指标灵敏度权重对比折线图如图6-8所示。

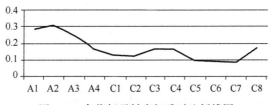

图 6-8　各指标灵敏度权重对比折线图

（3）综合权重的计算

　　为了避免主观赋值和客观赋值的局限性，本节采用主、客观融合的赋值方式。各指标权重 α_i 见表6-20。

表 6-20　各指标权重 α_i

二级指标	α_i
A1	0.352
A2	0.182
A3	0.611
A4	0.703
C1	0.506
C2	0.314
C3	0.435
C4	0.659

（续）

二级指标	α_i
C5	0.295
C6	0.455
C7	0.455
C8	0.458

各指标权重 β_i 的结果见表 6-21。

表 6-21　各指标权重 β_i

二级指标	β_i
A1	0.648
A2	0.818
A3	0.389
A4	0.297
C1	0.494
C2	0.659
C3	0.565
C4	0.305
C5	0.705
C6	0.545
C7	0.545
C8	0.542

最终的指标权重结果见表 6-22。

表 6-22　最终的指标权重结果

一级指标	一级指标权重	二级指标	二级指标权重	最终指标权重
规划线损	0.1993	台区无功配置比例	0.204	0.041
		台区变压器容载比	0.227	0.045
		主干长度偏长比例	0.206	0.041
		导线截面积偏小比例	0.237	0.047
管理线损	0.4026	老旧电能表占比	0.16	0.064
		终端数据采集完整率	0.4017	0.162
		电能表现场检查合格率	0.0592	0.024
		电能表实抄率	0.16	0.064
		电量差错率	0.0592	0.024
		计量故障差错率	0.16	0.064

（续）

一级指标	一级指标权重	二级指标	二级指标权重	最终指标权重
理论线损	0.3981	电压合格率	0.121	0.048
		电压允许偏差率	0.1	0.04
		母线电压不平衡率	0.143	0.057
		功率因数合格率	0.277	0.11
		线路负载率	0.065	0.026
		线路重载率	0.073	0.029
		线路轻载率	0.073	0.029
		配电变压器三相负荷不平衡合格率	0.148	0.059

（4）实例分析

选取两个代表台区进行分析，表6-23为两个台区基本数据表。

表6-23 台区基本数据

台区名称	低压线路型号及长度	变压器型号、容量及台数	供电半径/m	理论线损率（%）	实际线损率（%）
9号台区	$VLV_D-4\times95$, 0.0684 km $VLV_D-4\times70$, 0.0586 km $VLV_D-4\times50$, 4.15 km	S11-M-400 400 kV·A 2	293	10.5	12
3号台区	JKLY-25×2, 0.543 km JKLY-25×4, 0.421 km	S11-M-250 250 kV·A 1	584	9.3	12

取主、客观权重融合的方法，通过模糊综合评判法对这两个台区进行打分，最后结果见表6-24。

表6-24 台区打分结果

台区名称	综合得分	水平等级	线损分析
9号台区	62.463	一般	9号变电站变压器容量大，但是户数少，是典型的"大马拉小车"的情况
3号台区	69.405	一般	3号变电站三相不平衡严重，供电半径过长导致线路末端电压过低，线损率较高

6.6 台区降损措施及效益分析

本节对农网典型台区降损措施进行研究，主要介绍管理降损方法以及技术降损方法，提出弹性对标降损的概念及意义，利用弹性对标降损的思想，根据每个不同分类台区的特点，选定与之对应的对标台区；在考虑投资效益的基础上，建立考虑效益成本的多降损措施组合；并以某省农网台区为样本，验证弹性对标降损措施的实用性。

6.6.1　农网台区降损措施

农网台区降损措施分为管理措施和技术措施。

1. 农网台区降损的管理措施

推行电网降损承包经济制，是降低农网线损的非常重要的管理措施。它的范围很广，一般不用大量的投资，主要是靠组织成立线损管理领导小组和电网降损工作组，制定切实可行的相关规章制度，并制定线损考核指标。

（1）加强电量计量的管理

在电力系统的发电、输电、配电、变电和用电各个环节中，都安装了必不可少的电能计量装置。它是由各种类型电能表和与其配合使用的互感器、电能计量柜以及电能表到互感器的二次回路组成；作用是用来测量发电厂发出的电量、电网的售电量以及电网的购电量等生产参数，同时各种类型的电能表也收集了大量的数据，为人们统计电网数据、计算理论线损以及实际线损提供了数据基础。

对于电能表的选择，在条件允许的情况下可全部换成功能较多，具有正反方向有功、四象限无功、远程集中抄表、预付费及复费率等功能，过载能力强，自身损耗小的电子式电能表，不过也要根据实际情况，比如温度较低、湿度较大的地区就不适合用电子式电能表。

要按照 DL/T 1664—2016《电能计量装置现场检验规程》以及其他相关规定，在安装电能表前，必须完成校验，并且对运行中的电能表进行周期性的定期检查，如发现坏表等现象要及时更换，确保电能表能够准确地记录数据。

（2）加强电力营销的管理

根据统计调查，很多农网地区在管理线损方面，除了电能表的误差以外，绝大部分的线损是由电力营销管理不力造成的。主要包括：非法窃电，违章用电；供电单位的工作存在较多的漏洞，抄表和核算不准确；检查不够彻底，不及时，处罚力度不够等。因此加强电力营销管理是降低农网台区线损的重要方法之一。

（3）采用峰谷电价，减小电网的波动

对于配电线路来讲，线路的结构参数在一定时期往往是不会有太大变动的，在运行过程中变化最大的就是运行参数，其中线路电流的变化最为明显，也是影响线损最大的因素。尤其是在农网，高峰负荷和低谷负荷相差非常大，可能会引起电网的不稳定运行，造成较大的线路损耗，因此供电部门要采取相应的措施，采用峰谷电价，鼓励用电用户均衡用电，保证电路的电流不会出现过大的波动。

（4）供电半径不合理的治理

线路负荷应该满足电力用户负荷发展的要求，在规划时应考虑裕量问题，建立多降损措施方案；选择合理的供电半径，在农网改造前大部分的台区都存在供电半径过长的问题，影响到了末端电压，导致末端用户电压不足，需要根据负荷功率因数、有功功率、线路负荷特征系数等参数选择合理的供电半径，根据相关规定确定合理的导线截面积。农村地区都是架空线路，在规划走线的时候，要做好实地调查，确定好负荷点，在综合考虑投资和收益，合理规划走线的情况下确定合理的线路截面积，若条件允许，农网台区低压线路也可以优先选用集束导线。

（5）三相不平衡的治理

在农网台区三相四线制的线路中，由于各种原因造成三相负荷不平衡，这种情况下线损率急剧升高，电能质量明显下降。"同网同价"政策的出台，使得农网的电费降低，同时"家电下乡"等政策，使得各种类型的家用电器进入农网，这种单相负荷用、停的随机性非常大，就会导致线路越来越不平衡，成为农网非常突出的问题。在新建或者改造农网时要从线路的末端开始规划，使得单相负荷的用电量尽量相等，在用电高峰期的时候也能保持三相负荷的平衡。当发现出现三相不平衡的问题时，应及时解决，不能拖延，否则三相不平衡会越来越严重。

2. 农网台区降损的技术措施

降损技术措施是对电网的某些部分进行技术性的改造，提高电网技术装备水平，采用技术手段调整电网布局，优化电网结构，改善电网运行方式，在这过程中可能会投资一定数额的资金。

（1）无功补偿措施

电压损失与输送的无功功率成正比例关系，当导线截面积较大的时候，电阻较小，可以忽略不计，那么电感的大小就是决定电压降的主要因素。因此要在各个用电设备上加装无功补偿设备，进行就地补偿，减少电网的无功功率传送量，降低电压的损失，提高电网的电压水平及质量。

同时无功补偿也可以提高功率因数。功率因数的提高，在传输相同有功功率的条件下可以节省设备容量，提高供电设备的利用率。

为了使电网无功补偿取得最佳的综合效果，在进行无功补偿的时候应遵循"全面规划，合理布局，分级补偿，就地平衡"的原则。采用集中补偿与分散补偿相结合的方法，但是以分散补偿为主；采用调压与降损相结合的方法，以降损为主，由于农网供电系统很大部分的台区都有线路长、分支多、功率因数低、负荷比较分散的问题，所以无功补偿的目的是降损。

农网台区大多都属于 0.4kV 的低压线路，其用电设备的无功补偿可以采用低压母线就地补偿的集中补偿方式，补偿容量可以按照用电高峰月份的有功功率的平均值，提高功率因数的方法，进行确定。补偿容量的计算公式如下：

$$Q_b = P_j \left(\sqrt{\frac{1}{\cos^2\varphi_a} - 1} - \sqrt{\frac{1}{\cos^2\varphi_b} - 1} \right) \tag{6-62}$$

式中，Q_b 代表补偿容量（kvar）；P_j 代表用电高峰月份的有功功率的平均值（kW）；$\cos\varphi_a$ 代表增加无功补偿前的功率因数；$\cos\varphi_b$ 代表无功补偿后希望达到的功率因数。除了用这个公式计算，农网台区的无功补偿容量还可以查表得到，表中所给出的是单位有功功率所需要的无功补偿容量。单位有功负荷所需无功补偿容量（部分）见表6-25。

表6-25 单位有功负荷所需无功补偿容量（部分）

$\cos\varphi_a$ 　　　　$\cos\varphi_b$	0.86	0.88	0.90	0.92	0.94
0.54	0.97	1.02	1.07	1.13	1.20
0.56	0.89	0.94	0.99	1.05	1.12

（续）

cosφ$_a$ ＼ cosφ$_b$	0.86	0.88	0.90	0.92	0.94
0.58	0.81	0.87	0.92	0.96	1.04
0.60	0.74	0.79	0.85	0.91	0.97
0.62	0.67	0.73	0.78	0.84	0.90

为了避免功率因数发生比较大的波动，可以将电容器分为1~3组，分别并联到母线上，在用电高峰期，投入无功补偿装置2~3组，当用电低谷的时候，切出无功补偿装置1~2组。

（2）电网合理规划

在负荷较重、负荷较密、供电半径以及末端电压超过合理范围的情况下，可以考虑新增变电站，或者将变电站移动到负荷的中心。由于农网具有负荷季节性强等特点，季节不同，负荷的差距巨大，因此可以装设两台主变压器。考虑到变压器可以并列运行的可能，可以选择两台容量相同的变压器，也可以选择容量一大一小的变压器，这要具体分析台区负荷的特点，如果用电季节性很强，最好采用一大一小变压器。用电高峰时可以使两个变压器并行，用电低谷时运行容量小的变压器。

（3）电网的升压运行

随着农业生产的工业化发展，城乡经济水平的提高，农村对用电需求迅速增长，使原本投入农网运行的一些电力设备的负载压力增加很快，成为重载线路，目前的线路满足不了农网的用电需要，导致电能质量下降以及电网损耗的急剧增加。对电网进行升压改造可以大大降低线损，提高电能质量。但是升压改造投资巨大，并且升压改造之后，虽然电网运行的损耗降低了非常多，但是同时电网的固定损耗也随之增加了。因此如果想要电网升压后总的线损降低，使之符合经济运行的标准，必须使电网升压后其运行损耗的减少量大于固定损耗的增加量。也就是说，不是所有的农网台区都适合升压改造，这种方法比较适合线损情况非常严重的台区。表6-26为农网台区升压技术条件。

表6-26　农网台区升压技术条件

原有电网电压等级/kV	6	6	10	10
计划升压电网电压等级/kV	10	20	20	35
升压技术条件 $\Delta P_{gs1}/\Delta P_{gs2}$	≥2.78	≥11.11	≥4.0	≥12.25

注：ΔP_{gs1}为升压前固定损耗；ΔP_{gs2}为升压后固定损耗。

（4）合理改变导线截面积

一般的导线截面选择方法是用经济电流密度值或允许电压损失作为控制条件，但对于最大负荷利用小时数比较低的农电线路，往往不能满足允许的电能损耗值。故在选择导线截面时，采用按照线损率选择导线截面，并以此结合经济电流密度值构成综合选择方法，实现增大截面积的优化选择目标。本节采用平行集束导线的方法增大导线的截面积。

平行集束导线的全称是平行集束架空绝缘电缆，是20世纪90年代后期研制出的新型导线。它是用绝缘材料把各条绝缘导线连接在一起而构成的，是额定电压为1kV及以下架空绝缘电缆的一种。由于平衡集束导线的导体截面还比较小，目前仅适用于负荷较小的农村低压配电网。

与裸导线相比，集束导线的主要特点有：

1）线路阻抗小，约为 0.1 Ω/km，是裸导线阻抗的 1/5，可以减少线路电压损耗。例如 LGJ-50 导线线路的电压损耗为 5%，同样负荷使用同样截面的集束导线，其电压损耗仅为 4.24%，下降了约 0.76 个百分点，对改进电压质量有明显作用。

2）线路结构简单，金具种类和数量少，施工和维护运行方便。

3）占用空间少，狭窄街巷也能通过，与树木接近时，无须伐树和剪枝。

4）抗氧化、抗腐蚀性能好。

5）可用较短的电杆，也可省去电杆沿墙敷设。

6）减少触电危险，能够有效地防止窃电，便于维护管理。

7）可以带电作业。

8）雷电造成的损失小，事故率约为裸导线线路的 1/5，供电可靠性高。

9）集束导线线路可以在分支线上用 $4 \times 6 \text{ mm}^2$ 或 $4 \times 10 \text{ mm}^2$ 的导线构成三相线路供电，这可使用户在三相中比较均匀地分配，使三相负荷比较平均，从而降低了线损。

平行集束导线的价格是相同截面导线的价格 1.5 倍左右，如果计及平行集束导线沿墙敷设，可减小电杆使用量，线路造价与裸导线架空线路的造价持平。如果将单相 220 V 线路改为三相 380 V 线路，则线路上的线损将明显降低。此外，主干线上的负荷比较平均，使主干线上的损耗也有所降低。通过辽宁、山东、河南、江苏、吉林省等约 2000 个行政村在低压电网中进行试点应用，其降损、节能、扩容、安全和防窃电等方面均呈现良好效果。

平行集束导线比较适用于下列地区：变压器容量小、动力用电少、负荷分布平衡的居民区；城区居民小区；经济不发达的山区、偏远地区及地形不具备立杆条件的村庄；管理混乱、规划混乱、街道不整齐的村庄。

配电变压器作为电力系统的终端，是配电网中最常见、最重要的设备之一。它是连接电力系统与用户的纽带。正是由于它在电力系统中的重要地位，尤其在农村变电站中，需要从农村用电特点的角度出发，解决配电变压器的改造与运行问题，使线损尽量下降，提高能源的利用率。

（5）改变变压器

1）减容改造法。减容改造法就是利用原高能耗变压器的铁心和外壳，采用小一个等级的导线重新绕制高、低压绕组，并适当增加高、低压绕组的匝数，使其短路损耗和空载损耗达到一定标准，改造后的变压器，容量比原变压器容量减少 25%~30%。减容改造的优点是：改造费用低，大约为购一台低能耗变压器造价的 1/3，空载损耗和短路损耗均有所降低。

2）不减容改造法。不减容改造就是按低能耗变压器标准更换铁心材料，改进铁心制造工艺，利用原高、低压绕组或将铝导线换成铜导线，适当增加一次绕组的匝数和导线截面，同时适当增加铁心的极数，使铁心的功率损耗相应降低，改制后的容量与原变压器的容量相同。

3）选择新型配电变压器并合理配置容量。在配电网线损中，变压器损耗占很大一部分比重。因此，可以通过采用低损变压器来减小配电网线损，推荐选用 Sn 系列变压器或非晶合金变压器。低能耗变压器与高能耗变压器相比，其固定损耗平均下降 40% 左右，可变损耗平均下降 15% 左右。选用低能耗变压器，可以大量节约电能，降低运行费用，获得显著的经济效益。加快高耗能变压器的更新改造，是降损节能工作的关键。

表 6-27 为某地区将电网中公用变压器采用 S7、S9 型号的变压器，由 S11 相应型号来代替后所带来的配电网损耗变化，可见各项损耗大幅降低。

表 6-27　某地区电网采用低损变压器前后的线损情况

变压器型号	损失电量/kW·h			损耗占比（%）		
	线路损耗	变压器铜损	变压器铁损	线路损耗	变压器铜损	变压器铁损
原型号	3631.669	1993.024	4286.638	36.6	20.1	43.3
改为 S11	3110.02	1560.985	3285.95	39.1	19.6	41.3

变压器容量选择是否合理，对变压器的安全经济运行至关重要。如果选择的容量过大，变压器长时间在轻载状态下运行，将增加电网的固定损耗比重和无功损耗，用户也将增大电费开支。

变压器容量选择时，应对每个配电台区定期进行负荷测量，准确掌握各个台区的负荷情况及发展趋势。对于负荷分配不合理的台区可通过适当调整配电变压器的供电负荷，使各台区的负荷率尽量接近 75%，此时配电变压器处于经济运行状态。在低压配电网的规划时，也要考虑该区的负荷增长趋势，准确合理选用配电变压器的容量，不宜过大也不宜过小，避免"大马拉小车"的现象。对于负荷变化不大、负荷率较高的农村综合性配电变压器，可按实际高峰负荷总千瓦数的 1.2 倍选择确定配电变压器的额定容量。对于农村季节性用电的配电变压器，如排灌、打场专用变压器或主要供给农村工副业用电的变压器，为满足瞬间较大负荷电流的需要，可按农村季节性用电负荷的平均值的 2 倍来选择确定配电变压器的容量。

4）变压器的经济运行。农网位于大电网的末端，地域分布极为广阔，农网负载具有负载点分散、负载年利用小时数少、三相负载不平衡率及峰谷差大、平均负荷率低、季节性强、全年轻载和空载运行时间较长等特点。农网中变压器损耗占整个网损的比例较高，有时甚至高达 60%～70%。因此，变压器的经济运行对节能降耗意义重大。

变压器经济运行的实质就是指变压器的节电运行，具体是指在输电量相同的条件下，在确保变压器安全运行及保证供电量的基础上，充分利用现有设备，通过择优选取变压器最佳的运行方式、负荷曲线的优化调整即调整各台变压器的负载、全网变压器运行位置的优化组合以及变压器运行条件的改善等措施，最大限度地降低变压器的电能损耗和提高其电源侧的功率因数。当变压器运行方式已经固定时，就存在着合理调整负载、使变压器在经济运行区运行和使变压器间负载经济分配等问题；当负载固定时，就可以选择最佳的运行方式，使该系统总的损耗最小，从而提高输电效率。

根据 5.5 节内容，变压器运行的区间划分为经济运行区、允许运行区和最劣运行区。并列运行变压器经济运行方式的确定，主要是指配电所中有两台以上变压器并列运行，在相同负载条件下，优选功率损耗最小的运行方式。据此原则，在多种变压器运行方式中，可以按负载从小到大的次序选出各种变压器经济运行方式的经济运行区间。下面具体介绍变压器的运行方式、变压器并列运行经济运行方式的判定。

① 变压器的运行方式。当配电所变压器总台数为 n 时，则存在 2^n-1 种组合运行方式。

以 3 台变压器为例，存在 7 种运行方式，分别为单台变压器 A、B、C 运行，两台变压器 AB、BC、CA 并列运行以及 3 台并列运行。在这 7 种运行方式之间，还要经过 15 次的比较判定：即单台变压器之间经过 3 次，两台并列方式之间经过 3 次，一台与两台并列之间经过 6 次，两台并列与三台并列之间经过 3 次。其他台数并列运行以此类推。

② 变压器并列运行经济运行方式的判定。变压器并列运行的最理想情况是：空载时，并列的各变压器二次侧之间没有循环电流；负载时，各变压器所承担的负载电流应按它们的额定容量成比例地分配；各台变压器负载侧电流应同相位。

为了达到以上理想的并列运行情况，要求并列运行的各变压器必须满足下列 4 个条件：绕组联结组标号必须相同；电压比应相等；短路阻抗应接近；容量不能相差太大。变压器并列运行经济运行方式的判定，首先是判定单台与两台变压器并列运行方式技术特性的优劣，相关介绍详见 5.5 节，本节主要分析两种 n 台变压器并列运行方式技术特性的优劣。

③ 容量相同变压器并列运行。对容量相同、短路阻抗接近的变压器并列运行的经济运行方式可从 3 个方面进行分析判定：相同台数并列运行变压器组合间技术特性优劣的判定；不同台数并列运行变压器组合间技术特性优劣的判定；相同台数与不同台数并列运行变压器组合间技术特性优劣的判定。

a. 相同台数并列运行变压器组合间技术特性优劣的判定

当变配电所变压器总台数为 m、并列运行变压器台数为 n 时，则 n 台变压器组合运行方式有 C_m^n 种。对于这 C_m^n 种组合方式，根据判定组合后的技术特性优劣的结果，即可根据综合功率损耗大小确定经济运行方式。

设有 n 台容量相同的变压器并列以 I、II 两种方式运行，则其综合功率损耗 $\Delta P_{Zn\,I}$、$\Delta P_{Zn\,II}$ 计算式为

$$\Delta P_{Zn\,I} = P_{0Zn\,I} + \left(\frac{S}{nS_N}\right)^2 P_{kZn\,I}, \quad \Delta P_{Zn\,II} = P_{0Zn\,II} + \left(\frac{S}{nS_N}\right)^2 P_{kZn\,II} \tag{6-63}$$

b. 不同台数并列运行变压器组合间技术特性优劣的判定

n 台变压器并列运行与 $n+1$ 台变压器并列运行的综合功率损耗为 ΔP_{0Zn} 与 $\Delta P_{0Z(n+1)}$，这两种运行方式的综合功率临界负载功率 S_{LZ}^{A-AB} 为

$$S_{LZ}^{A-AB} = S_N \sqrt{\frac{\Delta P_{0Z(n+1)}}{\dfrac{\sum\limits_{i=1}^{n} P_{kZi}}{N^2} - \dfrac{\sum\limits_{i=1}^{n+1} P_{kZi}}{(N+1)^2}}} \tag{6-64}$$

c. 相同台数与不同台数并列运行变压器组合间技术特性优劣的判定

全面分析变压器的并列经济运行方式，不仅需要分析相同台数运行方式间技术特性的优劣和不同台数运行方式间技术特性的优劣，同时也必须全面分析相同台数与不同台数并列变压器运行方式间技术特性的优劣。下面以两种单台运行与一种两台并列运行的综合功率技术特性优劣为例加以说明。

设变配电所有两台变压器 A 和 B，$\Delta P_{0ZA} < \Delta P_{0ZB}$，由上述分析可知，变压器 A 和变压器 A、B 之间的临界负载功率为 S_{LZ}^{A-AB}，变压器 B 和变压器 A、B 之间的临界负载功率为 S_{LZ}^{B-AB}，变压器 A 和变压器 B 之间的临界负载功率为 S_{LZ}^{A-B}。综合考虑 S_{LZ}^{A-AB}、S_{LZ}^{B-AB}、S_{LZ}^{A-B} 之间的关系，

存在以下 3 种情况（见图 6-9）。

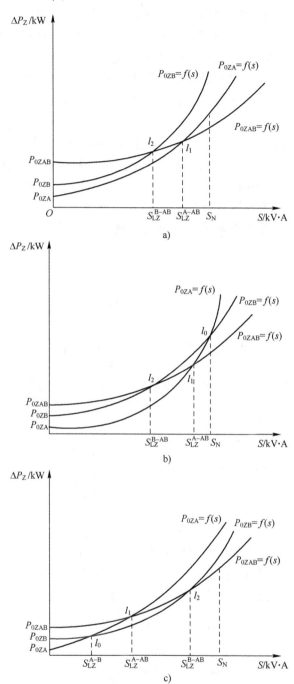

图 6-9 单台与两台并列运行变压器临界负载功率

情况 1：求得变压器 A、B 之间的临界负载功率 $S_{LZ}^{A-AB} = j\alpha$（虚根），即图 6-9a 中 $\Delta P_{ZA} = f(s)$ 与 $\Delta P_{ZB} = f(s)$ 两条曲线无交点，此情况下变压器 A 明显优于 B，所以不存在变压器 B 经济运行方式。只存在着变压器 A 与变压器 A、B 并列运行之间的经济运行方式，判别方式与不同台数并列运行变压器组合间技术特性优劣的判定的第 2 种情况相同。

情况 2：求得变压器 A、B 之间的临界负载功率 $S_{LZ}^{A-B}<S_N$，即图 6-9b 中 $\Delta P_{ZA}=f(s)$ 与 $\Delta P_{ZB}=f(s)$ 两条曲线相交于 l_0 点，S_{LZ}^{A-B} 介于 S_{LZ}^{A-AB} 与 S_N 之间，这样仍不存在变压器 B 的经济运行方式，只存在着变压器 A 与变压器 A、B 并列运行之间的经济运行方式。

情况 3：求得变压器 A、B 之间的临界负载功率 S_{LZ}^{A-B}，即图 6-9c 中 $\Delta P_{ZA}=f(s)$ 与 $\Delta P_{ZB}=f(s)$ 两条曲线相交于 l_0 点，S_{LZ}^{A-B} 在 S_{LZ}^{A-AB} 与 S_{LZ}^{B-AB} 之前，这样存在变压器 A、变压器 B 和变压器 A、B 三种经济运行方式，即当 $0<S<S_{LZ}^{A-B}$ 时，变压器 A 运行经济；当 $S_{LZ}^{A-B}<S<S_{LZ}^{B-AB}$ 时，变压器 B 运行经济；当 $S>S_{LZ}^{B-AB}$ 时，变压器 A、B 并列运行经济。

④ 容量不同变压器并列运行。容量不同、短路电压相接近、多台变压器并列运行时，其间负载分配是按容量成比例进行的。

a. 相同台数并列运行变压器组合间技术特性优劣的判定

设容量不同的变压器并列有两种方式运行，则其综合功率损耗 $\Delta P_{Zn\,I}$、$\Delta P_{Zn\,II}$ 的计算式为

$$\Delta P_{Zn\,I} = P_{0Zn\,I} + \left(\frac{S}{\sum_{i=1}^{n} S_{I\,i}}\right)^2 P_{kZn\,I} \tag{6-65}$$

$$\Delta P_{Zn\,II} = P_{0Zn\,II} + \left(\frac{S}{\sum_{i=1}^{n} S_{II\,i}}\right)^2 P_{kZn\,II} \tag{6-66}$$

令 $\Delta P_{Zn\,I}=\Delta P_{Zn\,II}$，对式（6-65）、式（6-66）联立求解，可得出综合功率的临界负载功率值：

$$S_{LZ}^{I-II} = nS_N \sqrt{\frac{\sum_{i=1}^{n} P_{0Zi\,I} - \sum_{i=1}^{n} P_{0Zi\,II}}{\frac{\sum_{i=1}^{n} P_{kZi\,II}}{\left(\sum_{i=1}^{n} S_{II\,Ni}\right)^2} - \frac{\sum_{i=1}^{n} P_{kZi\,II}}{\left(\sum_{i=1}^{n} S_{I\,Ni}\right)^2}}} \tag{6-67}$$

b. 不同台数并列运行变压器组合间技术特性优劣的判定

情况 1：单台与两台并列运行之间技术特性优劣的判定。设变配电所有容量不同的变压器 A 和 B，则变压器 A 单独运行与变压器 A、B 并列运行的综合功率损耗的计算式分别为

$$\Delta P_{ZA} = P_{0ZA} + \left(\frac{S}{S_N}\right)^2 P_{kZA} \tag{6-68}$$

$$\Delta P_{ZAB} = P_{0ZAB} + \left(\frac{S}{S_{NA}+S_{NB}}\right)^2 P_{kZAB} \tag{6-69}$$

令 $\Delta P_{ZA}=\Delta P_{ZAB}$，联立求解可得出综合功率的临界负载功率 S_{LZ}^{A-B}：

$$S_{LZ}^{A-AB} = S_N \sqrt{\frac{\Delta P_{0ZB}}{\frac{P_{kZA}}{S_{NA}^2} - \left(\frac{P_{kZA}+P_{kZB}}{S_{NA}+S_{NB}}\right)^2}} \tag{6-70}$$

对上式的分析判定亦有两种情况。

情况 2：n 台与 $n+1$ 台并列运行之间技术优劣的判定。

n 台与 $n+1$ 台并列运行的综合功率损耗的计算式分别为

$$\Delta P_{ZnI} = \sum_{i=1}^{n} P_{0Zi} + \left(\frac{S}{\sum\limits_{i=1}^{n} S_i} \right)^2 \sum_{i=1}^{n} P_{kZi} \qquad (6\text{-}71)$$

$$\Delta P_{Z(n+1)} = \sum_{i=1}^{n+1} P_{0Zi} + \left(\frac{S}{\sum\limits_{i=1}^{n+1} S_{Ni}} \right)^2 \sum_{i=1}^{n+1} P_{kZi} \qquad (6\text{-}72)$$

令 $\Delta P_{Zn} = \Delta P_{Z(n+1)}$，对式（6-71）、式（6-72）联立求解，可得出综合功率的临界负载功率 $S_{LZ}^{n-(n+1)}$：

$$S_{LZ}^{n-(n+1)} = nS_N \sqrt{ \frac{P_{0Z(n+1)}}{ \dfrac{\sum\limits_{i=1}^{n} P_{kZi}}{\left(\sum\limits_{i=1}^{n} S_{Ni} \right)^2} - \dfrac{\sum\limits_{i=1}^{n+1} P_{kZi}}{\left(\sum\limits_{i=1}^{n+1} S_{Ni} \right)^2} } } \qquad (6\text{-}73)$$

⑤ 变压器分列经济运行方式。变压器分列运行是指在变电所内分列运行的变压器，或相距较近分列运行的变压器（中间有联络线）。两台分列运行变压器有 3 种运行方式：变压器 A 单台运行；B 单台运行；A、B 分列运行。在相同负载条件下优选损耗小的运行方式，称为分列运行变压器的经济运行方式。

由分段开关共用的运行方式是指两台变压器在同一变电所内，分别向不同段母线供电，当一台停运时，另一台可通过母线分段开关（联络开关）向停运变压器所带母线段供电，从而实现共用运行方式。因连接母线很短，故可忽略其电阻和电抗。

GB/T 13462—2008 中给出了分列运行变压器采用共用变压器综合功率经济运行方式的临界负载功率 S_{gl} 的计算式：

$$S_{gl} = \frac{S_{Ng}^2 P_{0Zb} + S_b' \left[\left(\dfrac{S_{Ng}'}{S_{Nb}'} \right)^2 P_{kZb} - P_{kZg} \right]}{2S_b' P_{kZg}} \qquad (6\text{-}74)$$

式中，S_{gl} 为两台变压器分列和共用的临界负载功率（kV·A）；S_b' 为被切除变压器的负载功率（kV·A）；S_{Ng} 为共用变压器额定容量（kV·A）；S_{Nb}' 为被切除变压器额定容量（kV·A）；P_{0Zb} 为被切除变压器综合功率空载损耗（kW）；P_{kZb} 为被切除变压器综合功率额定负载损耗（kW）；P_{kZg} 为共用变压器综合功率额定负载损耗（kW）。

对负载波动较大的分列供电的变压器 A 和 B，在一定的负载条件下（$S_{gl}<S$），要采用共用运行方式时，应先比较共用变压器 A 和共用变压器 B 的技术特性优劣，然后将判定出的技术特性优的变压器共用和分列运行经济性进行比较，确定是共用还是分列，进而选择出最优的运行方式，以达到降低变压器损耗的目的。

（6）三相不平衡治理

针对三相不平衡的治理措施有很多，主要从管理手段上和技术方法上采取措施。

1）管理上的治理措施。针对已经出现三相负荷不平衡的配电变压器，可通过直接改变客户接线相序，达到三相负荷平衡的目的。具体办法如下。

① 对台区出口处、各分支点三相电流、电压进行测量，掌握台区三相负荷和电压情况。

② 统计出台区各用户的月用电量，三相用户分别统计出每相电量，以此为均衡各支线及台区三相负荷的参考依据。

③ 根据现场实际线路走向和结构情况，绘出台区低压线路三相负荷分布图，图中标明线路的每个分支点，以及每个分支点后详细的用户名称及接线相序。

④ 根据台区负荷分布图中内容，对各级负荷分支点下每相的用户情况、用电量进行汇总和统计，根据负荷分支点下每相用户的负荷情况，按首先确保最后一级负荷分支点的平衡，再考虑上一级负荷分支点平衡的原则制定三相负荷调整方案，确定需要调整接线相序的用户和该用户计划要调整到的相序名称。

⑤ 根据三相负荷调整计划，改变客户接线相序，进行三相负荷调整。

⑥ 调整结束后，对台区出口处、各分支点三相电流、电压进行测量，与调整前数据进行比对；若不平衡，再做进一步调整。

2）技术上的治理措施。在三相不平衡的技术治理上提出两点治理措施，分别为①采用三相不平衡调压器；②采用自耦变压器调节。具体原理如下。

① 三相不平衡调压器。假设 AB 两相间负荷不平衡，则在 AB 两相间跨接电容器 C_{ab}，该电容器承受的电压为 AB 线电压 U_{ab}。电容器的电流 I_C 对变压器 A 相和 B 相有功输出起的调整作用实质为：变压器 B 相出线增大的有功通过相线间电容器 C_{ab} 转移给 A 相负荷，减少的变压器 A 相出线有功功率，与增大的变压器 B 相出线有功功率，两者数值相等、方向相反。即 A、B 相输出有功功率变动，但有功功率之和不变。

可见在 AB 相线间跨接电容，在补偿变压器 A 相、B 相出线的无功功率的同时，将一定量的变压器 A 相出线有功转移到变压器 B 相出线。

② 自耦变压器。自耦变压器与普通变压器一样，既可是升压变压器，也可是降压变压器。根据变压器的运行特点，在重载相线路装设升压自耦变压器，提升重载相线路电压；在轻载相装设降压自耦变压器，降低轻载相线路电压。

6.6.2 弹性对标降损的概念及意义

1. 对标管理

标杆管理起源于 20 世纪 70 年代末，由美国施乐公司最先发起，后经美国生产力与质量中心系统化和规范化，至今已被西方企业界广泛应用，是现代最重要的管理方式之一。美国 1997 年的一项研究表明，1996 年世界 500 强企业中已有近 90% 的企业在日常管理活动中应用了标杆管理，其中包括 AT&T、Kodak、Ford、IBM、Xerox 等。

虽然从形式上来看，对标管理方法是一种类似于查缺补漏的管理方法，但实际上是模仿、学习和创新的过程。标杆是一种行业内部最佳标准，是检测企业内部不足、进行企业评估和测量的尺子。企业在标杆企业的影响和推进下，可以不断发展进步，不断追求创新。首先对标管理具有直接性，它能将业务、流程、链接进行分解和细化。对标管理从总体来说可以突破企业功能、性质和行业的局限性，重新重组企业具体的环节和流程，来突出企业的个性化发展。对标企业的学习其实是具有目的性的，通过学习对标管理，从对其他企业模仿发展到开始创新，对标管理使企业开始认真思考最好的商业模式。对标管理的过程中，企业通过学习优秀的企业经营来设定该企业产品、服务等方面的最高标准，根据自身情况进行合理的改进，来实现标准。企业通过学习对标管理，重新思考和设计最好的商业模式，这实际上是模仿和创新的过程，是摆脱传统封闭式管理的有效工具。

本节利用对标管理的思想，对标管理农网台区的线损，为降损提供标杆范本台区。首先是内部对标分析，在同一个分类的基础上，利用上文的权重分析以及评分标准，综合为不同台区确定量化等级，找到其中较优秀的台区作为这类台区的标杆台区，进行模仿学习；然后在理论确定供电半径、变压器容量、导线截面积的基础上与实际台区相结合，得到更为具有实践意义的多降损措施方案。

2. 弹性对标降损

弹性对标降损是将弹性和对标的概念结合起来。弹性是指一个变量相对于另一个变量的一定比例的改变属性，这里选取两个变量为同一类型农网的标杆台区以及对标台区。根据农网台区的分类，将各类型的优秀台区作为标杆，对差评对象与标杆综合对标分析，对评价差异大的维度方面展开指标性对标，通过对标发现问题所在，指导差评对象的相应改进。行业内综合对标：对台区综合评价的同时，引入其他网区较佳县网以实施综合对标分析，实现跨网区的行业内对标。竞争性对标评价：对网台区多年度的跟踪式综合评价，以评价排名进退分析实现竞争性对标，即以标杆台区为基准，对标台区的降损措施及需要改变、需要的多少都像标杆台区看齐。而"标杆台区"则并非综合评价优秀的台区，由于综合评价包括 3 个部分，任何一部分评分高的台区都可以称作标杆台区的一部分，也就是说，在所有评价和对标的农网台区中，选出各个部分优秀的台区组合成一个标杆台区，其他的对标台区都会以这几个农网台区组合成为的样本虚拟标杆台区为基准。

6.6.3　多降损措施组合的降损方案

1. 多降损措施组合的必要性

农网台区降损措施种类较多，本章从管理降损以及技术降损两方面对降损措施进行了研究，但以往研究中大多只针对农网台区的某一降损方面进行优化，涉及的范围较窄，无法对现状农网台区中存在的多种损耗薄弱环节进行综合处理，从而在现有降损措施研究中往往存在降损方式单一、组合优化不成体系等问题。因此，为了能够综合地解决农网台区存在的诸多问题，本节考虑实施多降损措施组合的降损方案。

2. 降损备选方案的确定

降损备选方案是由降损措施组合而成，由于农网台区损耗影响因素分析的存在，可以初步确定在农网台区中的技术损耗的主要影响因素及其相应的降损措施种类，因而，在生成降损备选方案时可以确定降损措施的选中情况。假设经过损耗分析后所选择的降损措施分别为 X_a、X_b、X_c，则该情况下降损备选项目的构成结构图如图 6-10 所示。

在每一类降损措施种类的实施项目确定的情况下，一个降损备选措施是降损项目被选中情况的组合，同时也满足降损措施 x_i^j 间的互斥性，如下式所示：

$$\begin{cases} f_i = (x_1^1, x_1^2, \cdots, x_1^{k_1}, \cdots, x_4^{k_4-1}, x_4^{k_4}) \\ \text{s. t.} \quad \text{项目间互斥关系约束 } G \\ \quad x_i^j = 0 \text{ 或 } 1 \end{cases} \tag{6-75}$$

式中，f_i 为第 i 个降损备选项目；G 为降损项目间的互斥性，即同一种类的降损措施的不同实施项目在农网台区中的实施是不可能同时发生的约束。降损措施间互斥关系约束主要是在降损决策流程中体现。

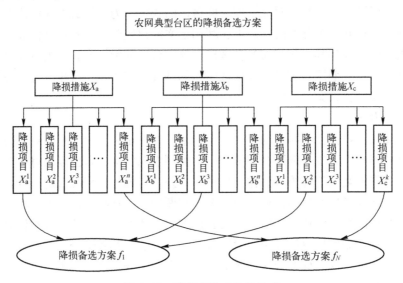

图 6-10 降损备选方案的生成

农网台区降损备选项目的生成流程如下：

1）通过农网台区损耗分析确立对理论线损起重要作用的影响因素。

2）基于灵敏度分析，确立农网台区优化决策中的降损措施 X_i 的选中情况。

3）对每一个被选中的降损措施 X_i，通过各降损措施权重分析的研究得到可供选择的降损措施 x_i^j。

4）忽略项目间互斥关系约束，根据降损措施的各种组合生成初始的农网台区降损备选项目 f_i。

6.6.4 农网台区降损效益成本分析

（1）无功补偿降损节能效益成本分析

在电网中装设各种无功补偿的装置，可以提高功率因数，降低农网台区线损。因此当功率因数提高到一定程度时，可以充分降低线损率。

$$\Delta P_1 = \frac{P^2}{U^2 \cos^2 \varphi_a} R_{dz} \times 10^{-3} \tag{6-76}$$

$$\Delta P_2 = \frac{P^2}{U^2 \cos^2 \varphi_b} R_{dz} \times 10^{-3} \tag{6-77}$$

$$\Delta P_1 - \Delta P_2 = \frac{P^2 R_{dz}}{U^2} \left(\frac{1}{\cos^2 \varphi_a} - \frac{1}{\cos^2 \varphi_b} \right) \times 10^{-3} \tag{6-78}$$

$$降损百分比 = \frac{\Delta P_1 - \Delta P_2}{\Delta P_1} \times 100\% \tag{6-79}$$

式中，P 为有功功率（kW）；R_{dz} 为等效电阻（Ω）；U 为实际电压（kV）；$\cos\varphi_a$ 为改造前的功率因数；$\cos\varphi_b$ 为改造后的功率因数。

因此根据 $\cos\varphi_a$ 以及 $\cos\varphi_b$ 的值就能确定提高功率因数对降低线损的百分比，其效益见表 6-28。

表 6-28　提高功率因数对降低线损的百分比效益（部分）

$\cos\varphi_a$ ＼ $\cos\varphi_b$	0.80	0.85	0.90	0.95	1.0
0.55	52.73	58.13	62.65	66.48	69.75
0.60	43.75	50.17	55.56	60.11	64.0
0.65	33.98	41.52	47.84	53.19	57.75
0.70	23.44	32.18	39.51	45.71	51.0
0.75	12.11	22.15	30.56	37.67	43.75

农网台区一般采用母线集中补偿的形式，大部分都利用电容器进行无功补偿，电容器的成本价格大约为 30 元/kvar，综合造价为 40~50 元/kvar，回收年限较短，为 1.5~2 年。使用寿命较短，一般为 10~15 年，质量好的大约为 20 年。

（2）改造线路的效益成本分析

通过对线路的改造和规划，可以解决供电半径较长和导线截面积较短的问题，这种技术往往用在电力负荷发展较快的台区。公式如下所示，分别为供电半径的减小的量、导线截面积增加的量以及导线阻值减小的量。

$$\Delta L = L_a - L_b \tag{6-80}$$
$$\Delta S_j = S_{aj} - S_{bj} \tag{6-81}$$
$$\Delta R = R_1 - R_2 \tag{6-82}$$

式中，L_a 为改造前供电半径长度（km）；L_b 为改造后供电半径长度（km）；S_{aj} 为改造前导线截面积（mm²）；S_{bj} 为改造后导线截面积（mm²）；ΔR 代表改造后的导线阻值（Ω）。

在不考虑其他等效电阻的情况下，其降损百分比公式如下：

$$降损百分比 = \frac{R_1 - R_2}{R_1} \times 100\% \tag{6-83}$$

那么更换导线对降低线损的百分比效益见表 6-29。

表 6-29　更换导线对降低线对损的百分比效益

改造前导线		改造后导线		线路线损降低率（%）
型号	电阻/(Ω/km)	型号	电阻/(Ω/km)	
LGJ-16	2.04	LGJ-25	1.38	32.4
LGJ-25	1.38	LGJ-35	0.95	31.2
LGJ-35	0.95	LGJ-50	0.65	31.6
LGJ-50	0.65	LGJ-70	0.46	29.6
LGJ-70	0.46	LGJ-95	0.33	28.3

（3）升压运行的节能效益成本分析

电力网改造升压之后，会按照改后的电压等级运行，它不仅可以提高电能，也可以降低线损，但这是一个比较大的资金投入，而且在 5~8 年之后才能收回一部分投资资金。电力网升压运行的节电效果计算公式如下：

$$A = (A_{P.q} + A_{P.q}r\%)(\Delta A_q\% - \Delta A_q\%\delta\%) \tag{6-84}$$

电网升压改造投资回收年限公式如下：

$$N = \frac{Z_\Sigma}{AG_d} \tag{6-85}$$

式中，A 为电网升压后的年节电量（$kW \cdot h$）；$A_{P.q}$ 为电网改造前的年供电量（$kW \cdot h$）；$r\%$ 为电网改造前电量的递增率；$\Delta A_q\%$ 为电网改造前的年均线损率；$\delta\%$ 为电网改造后线损率降低的百分数；Z_Σ 为总投资（元）；G_d 为节约电量的平均电价（元）。

6.6.5 算例分析

下面的算例是基于某省农网台区数据，给出降损方案。

本节选取 2016 年 8 月 3 日（星期三）作为负荷实测和线损理论计算与分析夏季负荷的代表日，主要分析农网台区 380 V 线损统计结果。

由于低压台区点多面广，为确保低压线损率计算相对准确，按台区所在位置、台区供电半径及同等比例的原则来选取台区：一是每一个地市供电公司选取比例相同；二是城网、农网选取比例相同；三是分类选取比例相同，即供电半径小于 150 m、150~250 m、250~400 m、大于 400 m 四个分类比例相同。低压台区理论线损计算选取 3% 的公用变压器台区进行实测并进行理论计算，此外再选取 5% 的公用变压器台区利用采集系统计算实测日的线损率。接户线损失和电能表损失均考虑在低压损失内。负荷实测以 15 天为一个周期对台区考核表及所带低压用户进行抄表，并安排专人对抄表实抄率进行了抽查，确保台区各类电量数据准确。由于实际工作难度及某些台区重点开展等影响，本次选取实测台区 6026 个、城网 1680 个、农网 4346 个，供电半径小于 150 m 的 1139 个、150~250 m 的 1224 个、250~400 m 的 1083 个、大于 400 m 的 2580 个。

根据典型日的调查，选取 76 个农网台区进行分析。根据农网典型台区的分类模型可以将这 76 个台区进行分类，分类结果如图 6-11 所示。

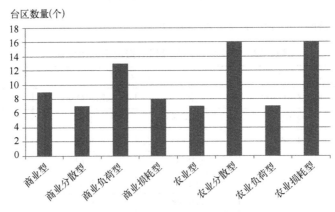

图 6-11 农网台区分类结果

结合这 76 个台区可得以上统计结果，其中较多的为农业分散型、农业损耗型以及商业负荷型，其他类型分布比较均匀。

首先进行标杆台区的选择，在线损情况较好的台区中，先初步筛选一部分台区作为标杆台区的备选，再对这些台区进行评分，选出规划线损、管理线损以及理论线损分数最高的台区，一起组成对标台区。

农业对标台区中规划线损得分最高为 7 号台区，其线损率趋势变化图如图 6-12 所示，该台区综合得分 90.324，规划线损部分得分为 95.321。

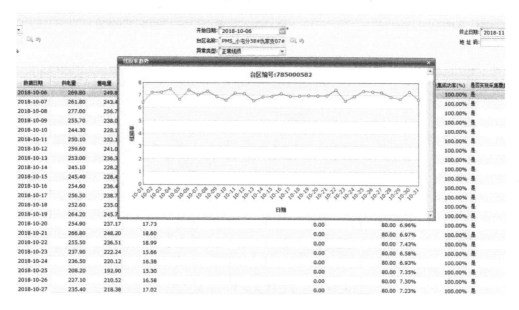

图 6-12　7 号台区线损率趋势变化图

农业对标台区中管理线损得分最高为 5 号台区，其线损率趋势变化图如图 6-13 所示，该台区综合得分 87.324，其中管理线损得分为 90.623。

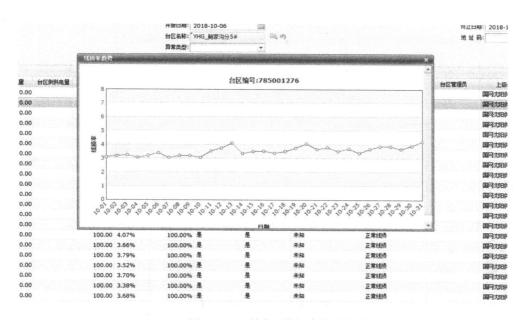

图 6-13　5 号台区线损率趋势变化图

农业对标台区中理论线损得分最高为 25 号台区，其线损率趋势变化图如图 6-14 所示，该台区综合得分 89.249，其中管理线损得分为 93.143。

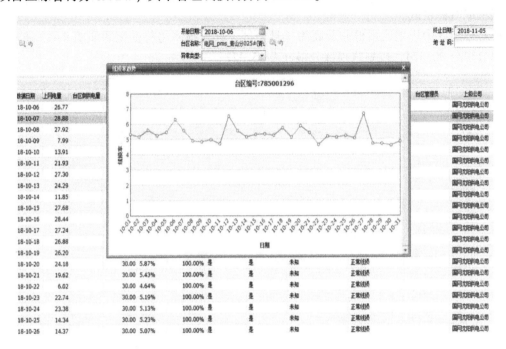

图 6-14　25 号台区线损率趋势变化图

商业型标杆台区的选取方式和农业型标杆台区相同。下面选取几个典型台区进行分析。

6 号台区近一个月来线损率变化幅度特别大，还出现负损的情况，图 6-15 为 6 号台区一个月线损率趋势变化图。

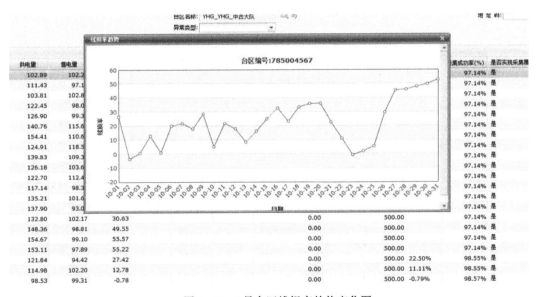

图 6-15　6 号台区线损率趋势变化图

由图 6-15 线损率趋势图可以看出，月初时线损率突然下降变成负损，考虑以下几种可能：现场台区总表某相线铜铝氧化或者接线松动；系统统计电量大于人工计算电量；进行调查发现，该台区都是居民用电，但是由于供电半径略大，导线截面积偏细导致线损率高，在本月中下旬又出现线损率突然下降变成负损的情况，原因和月初情况基本相同，但考虑一个月期间有 4~6 次线损率突然下降很多的情况，电能表出现问题的概率较大，可能是电能表老化等原因，可以考虑更换新的电能表；月末线损率又突然上升，通过排查发现了一些用户窃电的行为。

经过综合分析与计算，6 号台区属于农业分散型，但是管理上较为混乱，在管理线损的评分中较低，综合评分为 53.63。标杆台区为农业型标杆台区。表 6-30 给出 6 号台区降损方案。

表 6-30　6 号台区降损方案

方　案	降损措施	投资成本/万元	降损百分比（%）
方案 1	排查窃电现象	0	12.9
方案 2	排查电能表接线问题，以及老旧电能表，并进行更换	1.303	23.4
方案 3	更换老旧电能表，并减少台区供电半径，将变压器移动到负荷中心位置	2.527	44.6
方案 4	更换老旧电能表，移动变压器位置至负荷中心处，并更换导线换成 YJLHV-4×50+1×25	3.555	69.2

4 号台区近一个月来线损率变化不大，稳定在 40%~56% 之间，属于高损台区；并且没有出现突然间线损过大，或者过小的情况。图 6-16 为 4 号台区一个月线损率趋势图。

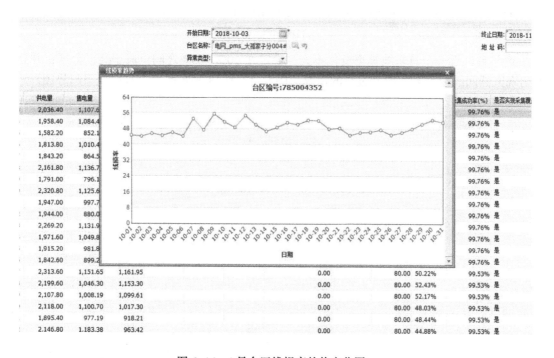

图 6-16　4 号台区线损率趋势变化图

由图 6-16 线损率趋势图可以看出，该台区属于持续的高损耗台区，损耗的变化幅度小，但是线损率过高，峰值约为 56%，距离标准台区还有非常大的差距；根据调查显示，该台区户数较多，人均售电量比较高，也有一部分商业用户，但是此台区的容量仅为 80 kV·A，变压器容量严重不足，"小马拉大车"问题较为严重；经排查发现，该台区采集成功率虽然能达到 98% 以上，但是有部分用户电能表电量数据采集失败，采集系统会使用不完整的数据进行线损的计算，导致台区线损计算少计用电量；部分裸露的配电线路长时间或断续地与树枝、围墙等接触，使供电设备出现漏电现象，导致线路损耗较大；由于该台区还有一部分商业用户，负荷分布不平均，导致台区的三相负荷分配不均匀，进而导致台区配电变压器三相电流不平衡，造成台区高损。

经综合分析与计算，该台区属于商业负荷型台区，同时也存在三相不平衡等问题，综合评分为 67.89。标杆台区为商业标杆台区，表 6-31 给出 4 号台区降损方案。

表 6-31　4 号台区降损方案

方　案	降损措施	投资成本/万元	降损百分比（%）
方案 1	调整集中器天线，直到信号强度增加	0	13.1
方案 2	排查供电设备老旧情况，更换新的设备	1.532	19.6
方案 3	调整集中器天线，更换老旧设备，更换 100 kV·A 容量的变压器	2.964	34.1
方案 4	调整集中器天线，更换老旧设备，更换 125 kV·A 容量的变压器	3.282	49.3
方案 5	调整集中器天线，更换老旧设备，更换 100 kV·A 容量的变压器，对用电负荷进行调整，从 A、B 相供电的用户调整 7 户至 C 相	3.423	64.2
方案 6	调整集中器天线，更换老旧设备，更换 125 kV·A 容量的变压器，对用电负荷进行调整，从 A、B 相供电的用户调整 7 户至 C 相	3.891	79.1

38 号台区近一个月来线损率变化不大，稳定在 60%~85% 之间，属于高损台区；并且没有出现突然间线损过大，或者过小的情况。图 6-17 为 38 号台区一个月线损率趋势图。

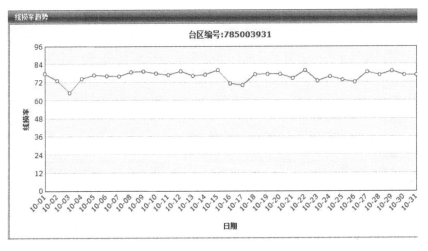

图 6-17　38 号台区线损率趋势变化图

由图 6-17 可以看出，该台区线损变化不大，但是一直居高不下，降损潜力非常大，线损率最高值高达 82.8%。该台区采集系统中采集到的数据发现，采集成功率大于 100%，营销系统基础档案信息与现场不一致，没有做到信息同步，档案信息更新滞后于现场电能表更新情况，造成电量少计，使得台区长期高损。通过排查发现，部分用户窃电问题突出，导致表计计数与实际售电量出现较大误差、台区配电变压器功率因数低、变压器无功补偿严重不足、供电设备老化等问题。

经综合分析与计算，该台区属于农业负荷型台区，同时存在档案更新不及时等问题，综合评分较低，为 47.38。标杆台区为农业标杆台区，表 6-32 给出 38 号台区降损方案。

表 6-32　38 号台区降损方案

方　案	降损措施	投资成本/万元	降损百分比（%）
方案 1	及时更新相关档案，确保采集数据的准确	0	12.7
方案 2	及时更新相关档案，排查窃电现象	0	29.3
方案 3	及时更新相关档案，排查窃电现象，更新老旧设备	1.287	53.9
方案 4	及时更新相关档案，排查窃电现象，更新老旧设备，在每线安装电容器	2.933	76.2

81 号台区近一个月来线损率变化不大，稳定在 43%~63% 之间，属于高损耗台区。在月初出现了小范围的浮动，而后趋于稳定。图 6-18 为 81 号台区一个月线损率趋势图。

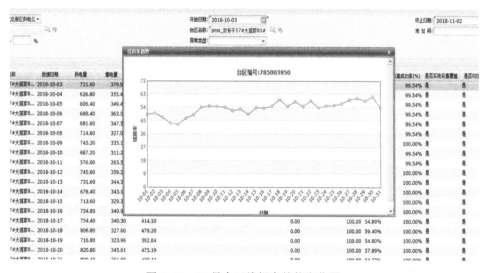

图 6-18　81 号台区线损率趋势变化图

由图 6-18 可以看出，该台区在月初小幅度波动之后，线损基本稳定在 54%~63% 之间，线损率较高。经过统计调查发现，台区下总表、用户电能表互感器实测倍率与铭牌不符，造成电量统计错误，互感器因长时间运行出现了故障。同时发现该台区负荷较重，供电半径过长，台区内用户物理分布过于分散，供电半径超过了 500 m。

经综合分析与计算，该台区属于商业分散型台区，同时存在电能表互感器实测倍率与铭牌不符的问题，综合评分为 69.21。标杆台区为商业标杆台区，表 6-33 给出 81 号台区降损方案。

表 6-33　81 号台区降损方案

方　案	降损措施	投资成本/万元	降损百分比（%）
方案 1	对电量进行核查，精确统计电量	0	12.2
方案 2	对电量进行核查，将变压器移至负荷中心，减少供电半径	0.713	32.9
方案 3	对电量进行核查，更换互感器，将变压器移至负荷中心	1.217	42.3

附 录

附录 A 部分配电变压器技术数据

表 A-1 SL7 系列 10 kV 电力变压器技术数据

变压器型号	空载损耗/kW	负载损耗/kW	空载电流（%）	阻抗电压（%）
SL7-30/10	0.15	0.80	2.8	4
SL7-50/10	0.19	1.15	2.6	4
SL7-63/10	0.22	1.40	2.5	4
SL7-80/10	0.27	1.65	2.4	4
SL7-100/10	0.32	2.00	2.3	4
SL7-125/10	0.37	2.45	2.2	4
SL7-160/10	0.46	2.85	2.1	4
SL7-200/10	0.54	3.40	2.1	4
SL7-250/10	0.64	4.00	2.0	4
SL7-315/10	0.76	4.80	2.0	4
SL7-400/10	0.92	5.80	1.9	4
SL7-500/10	1.08	6.90	1.9	4
SL7-630/10	1.30	8.10	1.8	4.5
SL7-800/10	1.54	9.90	1.5	4.5（5.5）
SL7-1000/10	1.80	11.60	1.2	4.5（5.5）
SL7-1250/10	2.20	13.80	1.2	4.5（5.5）
SL7-1600/10	2.65	16.50	1.1	4.5（5.5）
SL7-2000/10	3.10	19.80	1.0	5.5
SL7-2500/10	3.65	23.00	1.0	5.5
SL7-3150/10	4.40	27.00	0.9	5.5
SL7-4000/10	5.30	32.00	0.8	5.5
SL7-5000/10	6.40	36.70	0.8	5.5
SL7-6300/10	7.50	41.00	0.7	5.5

表 A-2 SZ7 系列 10 kV 有载调压变压器技术数据

变压器型号	额定电压/kV		联结组标号	空载损耗/kW	负载损耗/kW	空载电流(%)	阻抗电压(%)
	高压	低压					
SZ7-200/10				0.54	3.40	2.1	4
SZ7-250/10				0.64	4.00	2.0	4
SZ7-315/10				0.76	4.80	2.0	4
SZ7-400/10				0.92	5.80	1.9	4
SZ7-500/10	6 6.3 10	0.4	Yyn0	1.08	6.90	1.9	4
SZ7-630/10				1.40	8.50	1.8	4.5
SZ7-800/10				1.66	10.40	1.8	4.5
SZ7-1000/10				1.93	12.18	1.7	4.5
SZ7-1250/10				2.35	14.49	1.6	4.5
SZ7-1600/10				3.00	17.30	1.5	4.5

表 A-3 S9 系列 10 kV 级配电变压器技术数据

变压器型号	额定电压/kV		联结组标号	空载损耗/kW	负载损耗/kW	空载电流(%)	阻抗电压(%)
	高压	低压					
S9-30/10				0.13	0.60	2.1	4
S9-50/10				0.17	0.87	2.0	4
S9-63/10				0.20	1.04	1.9	4
S9-80/10				0.24	1.25	1.8	4
S9-100/10				0.29	1.50	1.6	4
S9-125/10				0.34	1.80	1.5	4
S9-160/10				0.40	2.20	1.4	4
S9-200/10	11 10.5 10 6.3 6	0.4	Yyn0	0.48	2.60	1.3	4
S9-250/10				0.56	3.05	1.2	4
S9-315/10				0.67	3.65	1.1	4
S9-400/10				0.80	4.30	1.0	4
S9-500/10				0.96	5.10	1.0	4
S9-630/10				1.20	6.20	0.9	4.5
S9-800/10				1.40	7.50	0.8	4.5
S9-1000/10				1.70	10.30	0.7	4.5
S9-1250/10				1.95	12.00	0.6	4.5
S9-1600/10				2.40	14.50	0.6	4.5
S9-630/10	11 10.5 10 6.3 6	3.15 6.3	Yd11	1.20	6.20	1.5	4.5
S9-800/10				1.40	7.50	1.4	5.5
S9-1000/10				1.70	9.20	1.4	5.5
S9-1250/10				1.95	12.00	1.3	5.5

（续）

变压器型号	额定电压/kV		联结组标号	空载损耗/kW	负载损耗/kW	空载电流（%）	阻抗电压（%）
	高压	低压					
S9-1600/10				2.40	14.50	1.3	5.5
S9-2000/10				3.00	18.00	1.2	5.5
S9-2500/10	11 10.5 10 6.3 6	3.15 6.3	Yd11	3.50	19.00	1.2	5.5
S9-3150/10				4.10	23.00	1.0	5.5
S9-4000/10				5.00	26.00	1.0	5.5
S9-5000/10				6.00	30.00	0.9	5.5
S9-6300/10				7.00	35.00	0.9	5.5

表 A-4　S9-M 系列 10kV 级低损耗全密封电力变压器技术数据

变压器型号	额定电压/kV		联结组标号	空载损耗/kW	负载损耗/kW	空载电流（%）	阻抗电压（%）
	高压	低压					
S9-M-30/10F	3 6.3 10 ±5%	0.4	Yyn0 Dyn11	0.13	0.60	2.1	4
S9-M-50/10F				0.17	0.87	2.0	4
S9-M-63/10F				0.20	1.04	1.9	4

表 A-5　S11 系列 10kV 级配电变压器技术数据

变压器型号	空载损耗/kW	负载损耗/kW	空载电流（%）	阻抗电压（%）
S11-30/10	0.100	0.60	1.4	4
S11-50/10	0.130	0.87	1.2	4
S11-63/10	0.150	1.04	1.2	4
S11-80/10	0.175	1.25	1.1	4
S11-100/10	0.200	1.50	1.0	4
S11-125/10	0.235	1.80	1.0	4
S11-160/10	0.270	2.20	0.9	4
S11-200/10	0.325	2.60	0.9	4
S11-250/10	0.395	3.05	0.8	4
S11-315/10	0.475	3.65	0.8	4
S11-400/10	0.565	4.30	0.7	4
S11-500/10	0.675	5.10	0.7	4
S11-630/10	0.805	6.20	0.6	4.5
S11-800/10	0.980	7.50	0.6	4.5
S11-1000/10	1.155	10.30	0.5	4.5
S11-1250/10	1.365	12.00	0.5	4.5
S11-1600/10	1.650	14.50	0.4	4.5

参 考 文 献

[1] 陈珩. 电力系统稳态分析 [M]. 4版. 北京：中国电力出版社，2015.

[2] 朴在林，孟晓芳. 配电网规划 [M]. 北京：中国电力出版社，2015.

[3] 廖学琦，郑大方. 城乡电网线损计算分析与管理 [M]. 北京：中国电力出版社，2011.

[4] 濮贤成，唐述正，罗新，等. 线损计算与管理 [M]. 北京：中国电力出版社，2015.

[5] 刘丙江. 线损管理与节约用电 [M]. 北京：中国水利水电出版社，2005.

[6] 王俊，黄丽华，葛丽娟，等. 电力系统分析 [M]. 2版. 北京：中国电力出版社，2020.

[7] 孟晓芳. 基于规划平台的配电网规划方法 [M]. 北京：科学出版社，2021.

[8] 汝绪丽. 一种含分布式电源的配电网线损计算方法 [D]. 济南：济南大学，2019.

[9] 胡毅飞. 含分布式电源的10 kV配电网线损计算研究 [D]. 郑州：郑州大学，2017.

[10] 李小龙，张旭辉，曾岸理，等. 小电源接入配网后的线损理论计算方法研究 [J]. 电工电能新技术，2011 (4)：30-34.

[11] MA C J, DASENBROCK J. A novel indicator for evaluation of the impact of distributed generations on the energy losses of low voltage distribution grids [J]. Applied Energy, 2019, 242：674-683.

[12] 唐勇俊，刘东，阮前途，等. 计及节能调度的分布式电源优化配置及其并行计算 [J]. 电力系统自动化，2008, 32 (7)：92-97.

[13] 王婷，李凤婷. 改进等效容量法在含风电配网线损计算中的应用 [J]. 电测与仪表，2014 (1)：59-63.

[14] ABU-MOUTI F S, El-Hawary M E. Optimal distributed generation allocation and sizing in distribution systems via artificial bee colony algorithm [J]. IEEE Transactions on Power Delivery, 2011, 26 (4)：2090-2101.

[15] 孟晓芳，朴在林，解东光，等. 分布式电源在农村电力网中的优化配置方法 [J]. 农业工程学报，2010, 26 (8)：243-247.

[16] CHRIS J D, LUIS F O, GARETH P. Harrison network distributed generation capacity analysis using OPF with voltage step constraints [J]. IEEE Transactions on Power Systems, 2010, 25 (1)：296-304.

[17] SHAYANI R A, de OLIVEIRA M A G. Photovoltaic generation penetration limits in radial distribution systems [J]. IEEE Transactions on Power System, 2011, 26 (3)：1625-1631.

[18] 孟晓芳，刘文宇，朴在林，等. 基于网络拓扑分析的配电网潮流节点分析法 [J]. 电网技术，2010, 34 (4)：140-145.

[19] 王伟. 含分布式电源的配电网潮流计算及网损分析的研究 [D]. 兰州：兰州理工大学，2014.

[20] 程站立. 计及分布式电源的配电网潮流计算及其无功优化研究 [D]. 成都：西南交通大学，2011.

[21] 温建春，韩学山，张利. 一种配电网理论线损计算的改进算法 [J]. 电力系统及其自动化学报，2008, 20 (4)：24-29.

[22] 金洪彬. 含分布式电源的配网潮流计算 [D]. 哈尔滨：哈尔滨理工大学，2015.

[23] 陈芳，张利，韩学山，等. 配电网线损概率评估及应用 [J]. 电力系统保护与控制，2014 (13)：39-44.

[24] 赵全乐. 线损管理手册 [M]. 北京：中国电力出版社，2020.

[25] 王永平. 台区线损管理与分析 [M]. 北京：中国电力出版社，2020.

[26] 党三磊，李健，肖勇，等. 线损与降损措施 [M]. 北京：中国电力出版社，2014.

[27] 魏文. 某农网 10kV 配电线路线损分析及降损措施 [J]. 电力学报，2004，19 (2)：139-142.

[28] 兰莉. 农网线损分析与降损措施 [J]. 企业技术开发，2010，29 (15)：69-77.

[29] 宋进. 配电网电能损耗及降损措施 [J]. 德州学院学报，2005，21 (4)：83-85.

[30] 张鸿雁. 配电网线损分析及降损措施研究 [D]. 北京：华北电力大学，2007.

[31] 扈国维. 配电网线损计算与降损技术措施研究 [D]. 北京：华北电力大学，2015.

[32] 王俊霞. 低压台区线损率分析及降损措施 [J]. 能源·电力，2015，11：61-62.

[33] 代鑫波. 开封县电网线损理论计算及降损措施研究 [D]. 保定：华北电力大学，2008.

[34] 曾金福. 陆丰配电网综合线损分析模型和降损策略的研究 [D]. 广州：华南理工大学，2015.

[35] 李晓松. 农村低压配电网理论线损的影响因素分析 [J]. 电力科学与技术学报，2013，28 (4)：59-64.

[36] 王彪. 农村低压配网理论线损计算及影响因素研究 [D]. 长沙：长沙理工大学，2013.

[37] 陈波. 农网线损管理与降损措施分析 [J]. 电力建设，2013，9 (18)：50-52.

[38] 高慧. 配电网的网损计算与降损措施分析 [J]. 安徽电力，2005，22 (1)：53-56.

[39] 吴强. 实际配电系统线损分析与降损措施研究 [D]. 成都：四川大学，2004.

[40] 金忻. 县级供电公司电网线损管理与降损研究 [D]. 北京：华北电力大学，2014.

[41] 周强. 中低压配电网线损计算方法与降损措施的研究 [D]. 郑州：郑州大学，2011.

[42] 余卫国，熊幼京，周新风，等. 电力网技术线损分析及降损对策 [J]. 电网技术，2006，30 (18)：54-57.

[43] 张宗伟，张鸿. 基于负荷实测的配电网线损理论计算 [J]. 电力系统保护与控制，2010，38 (14)：115-118.

[44] 韩风武，万玉良，刘钦永. 电网线损原因分析及降损措施 [J]. 内蒙古电力技术，2009，27 (3)：47-55.

[45] 叶成建. 配电网网损计算与降损决策分析的应用研究 [D]. 武汉：华中科技大学，2009.

[46] 袁宗才. 线损结构分析及其应用 [J]. 国际电力，2005，9 (6)：177-180.

[47] 时俊. 配电线路最佳线损率与经济负荷电流分析 [J]. 山西焦煤科技，2009 (5)：12-14.

[48] 冯垚，李明浩，莫玫，等. 线损率波动与影响因素的数学建模及求解 [J]. 电力系统及其自动化学报，2010，22 (5)：116-120.

[49] 田宏杰. 线损分析预测在供电管理中的应用 [J]. 电力系统保护与控制，2010，38 (7)：77-80.

[50] 袁旭峰. 基于前推回代三相潮流的低压台区理论线损计算研究 [J]. 电测与仪表，2014，11：51-56.

[51] 徐久荣. 低压配电网的结构特点与理论线损计算 [J]. 电力与能源，2013，11：356-361.

[52] 叶柏峰. 农网线损理论计算模型与降损措施的研究 [J]. 农机化研究，2006，19 (2)：139-142.

[53] 李俊游. 750kV 电网降损措施综合评估 [D]. 北京：华北电力大学，2015.

[54] 夏菁. 供电企业降损增效探讨 [D]. 广州：华南理工大学，2013.

[55] 袁秋霞. 电网降损规划方法的研究 [D]. 郑州：郑州大学，2012.

[56] 刘佳轩. 县域配网线损分析及降损措施研究 [D]. 石家庄：河北科技大学，2016.

[57] 李伟伟. 电网降损的分析与评估方法研究 [D]. 济南：山东大学，2012.

[58] 段璟靓. 配电网极限线损分析及降损措施优化 [D]. 西安：西安科技大学，2012.

[59] 商学斌. 黄埔供电局配电网降损方案研究 [D]. 广州：华南理工大学，2011.

[60] 王彬宇. 城市中低压配电网损耗分析与降损技术选择方法 [D]. 重庆：重庆大学，2014.

[61] 孙珍珍. 低压台区的线损分析及降损措施研究 [D]. 大连：大连理工大学，2016.

[62] 刘丽玲. 地区电网降损规划研究 [D]. 广州：华南理工大学，2013.

[63] 李希灿. 模糊数学方法及应用 [M]. 北京：化学工业出版社，2017.

[64] 刘晓胜，刘博，徐殿国. 基于类别语言值的电能质量信号模糊分类 [J]. 电工技术学报，2015，30（12）：392-399.

[65] 胡蓉，张焰，范超，等. 配电网规划后评估指标体系的研究 [J]. 华东电力，2007（8）：70-74.

[66] 蓝旺. 广西电网：不以单一指标"论英雄"——广西电网公司探索建立多维度、多指标、全过程线索管理综合评价体系 [J]. 广西电业，2015（4）：26-27.

[67] SAYED A, TAKESHITA T. Line loss minimization in isolated substations and multiple loop distribution systems using the UPFC [J]. IEEE Transactions on Power Electronics, 2014, 29 (11)：5813-5822.

[68] 向婷婷，王主丁，张姝，等. 农网改造中配电变压器容载比的研究及应用 [J]. 供用电，2012，29（3）：1-5，21.

[69] DEEB I, SHAHIDEHPOUR S M. Decomposition approach for minimising real power losses in power systems [J]. IEE Proceedings C-Generation, Transmission and Distribution, 1991, 138 (1)：27-38.

[70] 林勇，孙振胜，郭莉，等. 基于多元指标的农网线损率指标评价体系研究与系统开发 [J]. 科技创新导报，2016，13（19）：91-92，94.

[71] 丁珊珊. 电能计量装置故障的处理与预防 [J]. 中国高新技术企业，2014（20）：93-94.

[72] 章元德，史亮，陆巍，等. 线损信息化统计中数据质量管控机制及实现 [J]. 电力系统自动化，2016，40（7）：128-133.

[73] TENG A, ANTHONY T M, KAMARUDDIN N, et al. A simplified approach in estimating technical losses in distribution network based on load profile and feeder characteristics [C]. IEEE 2nd International Power and Energy Conference, Johor Bahru, 2008：1661-1665.

[74] 张敬华. 变电站母线电压不平衡常见原因分析 [J]. 通讯世界，2015（23）：103-104.

[75] SAATY L. The analytic hierarchy process [M]. New York：McGraw Hill International Book Company, 1980.

[76] 张勇军，石辉，翟伟芳，等. 基于层次分析法-灰色综合关联及多灰色模型组合建模的线损率预测 [J]. 电网技术，2011，35（6）：71-76.

[77] 任亚林. 基于线损灵敏度指标的城市电网降损措施分析 [D]. 郑州：郑州大学，2012.

[78] 潘艳蓉. 配电网线损考核指标及降损策略的研究 [D]. 武汉：武汉大学，2004.

[79] 王彦君. 县级配电网线损考核指标及降损策略的研究 [J]. 山东工业技术，2015（23）：158.

[80] 姜晓军. 低压用电采集系统与线损管理的关系 [J]. 电子技术与软件工程，2018（19）：232.

[81] 张军. 配电线路降低线损的技术与对策探究 [J]. 中国新技术新产品，2018（20）：87-88.

[82] 赵磊，栾文鹏，王倩. 应用 AMI 数据的低压配电网精确线损分析 [J]. 电网技术，2015，39（11）：3189-3194.

[83] NADIRA F F, WU D J, MARATUKULAM E P, et al. Bulk transmission system loss analysis [J]. IEEE Transactions on Power Systems, 1993, 8 (2)：405-416.

[84] 郜俊琴. 三相不平衡线路的线损分析 [J]. 电力学报，2001（2）：91-93.

[85] 余卫国，熊幼京，周新风，等. 电力网技术线损分析及降损对策 [J]. 电网技术，2006（18）：54-57，63.

[86] 宋成，许辉. 浅析县级供电企业的线损管理 [J]. 电力学报，2006（4）：555-558，561.

[87] 宋小忠. 县级供电企业线损管理的研究 [D]. 北京：华北电力大学，2008.

[88] 石小飞. 农网再升级小康不再远 [J]. 国家电网，2020（2）：18-21.